Julia Körner
Gekoppelte Oszillatoren als neuartige Sensoren
für Cantilever-Magnetometrie

TUD*press*

DRESDNER BEITRÄGE ZUR SENSORIK

Herausgegeben von
Gerald Gerlach

Band 64

Julia Körner

Gekoppelte Oszillatoren als neuartige Sensoren für Cantilever-Magnetometrie

TUDpress

2016

Die vorliegende Arbeit wurde unter dem Titel „Gekoppelte Oszillatoren als neuartige Sensoren für Cantilever-Magnetometrie" am 26.02.2016 als Dissertation an der Fakultät Elektrotechnik und Informationstechnik der Technischen Universität Dresden eingereicht und am 30.05.2016 verteidigt.

Vorsitzender: Prof. Dr.-Ing. Hubert Lakner
Gutachter: Prof. Dr.-Ing. habil. Gerald Gerlach
                   Prof. Dr.-Ing. habil. Jan Mehner

Bibliografische Information der Deutschen Nationalbibliothek
Die Deutsche Nationalbibliothek verzeichnet diese Publikation in der Deutschen Nationalbibliografie; detaillierte bibliografische Daten sind im Internet über http://dnb.d-nb.de abrufbar.

Bibliographic information published by the Deutsche Nationalbibliothek
The Deutsche Nationalbibliothek lists this publication in the Deutsche Nationalbibliografie; detailed bibliographic data are available in the Internet at http://dnb.d-nb.de.

ISBN 978-3-95908-064-4

© w.e.b. Universitätsverlag & Buchhandel
Eckhard Richter & Co. OHG
Bergstr. 70 | D-01069 Dresden
Tel.: 0351/47 96 97 20 | Fax: 0351/47 96 08 19
http://www.tudpress.de

Vorwort des Herausgebers

In der Sensorik gibt es eine große Zahl von Messverfahren, bei denen eine Messgröße eine Änderung des Schwingungszustandes von Biegebalken bzw. Cantilevern erzeugt. Die Detektion kann wiederum durch bekannte mechanoelektrische (zum Beispiel Dehnmessstreifen oder piezoresistive Widerstände) oder optische Verfahren (Laserinterferometrie, -deflektometrie) erfolgen. Ein Beispiel hierfür ist die Cantilever-Magnetometrie, bei der durch die Kraftwirkung zwischen einer magnetischen Probe auf einem Cantilever und einem äußeren Magnetfeld der Schwingungszustand des Cantilevers verändert und daraus die magnetischen Eigenschaften der Probe ermittelt werden können. Ist die Messgröße jedoch sehr klein und die Kraftwirkung damit sehr gering, lassen die Detektivität und das Signal-Rausch-Verhältnis häufig eine Detektion solcher extrem kleiner Kräfte nicht mehr zu.

Die vorliegende Arbeit stellt einen neuartigen Aufbau vor, der zwei gekoppelte Biegebalken-Oszillatoren nutzt, deren Eigenfrequenzen aufeinander angepasst sind. Diese ko-resonante Kopplung führt zu einer starken Wechselwirkung zwischen den beiden Biegebalken und damit zu einer sehr großen Verschiebung der Resonanzfrequenzen des gekoppelten Systems bereits bei sehr kleinen Kraftwirkungen.

Im konkreten Fall werden Kohlenstoffnanoröhren als Nanoschwinger an einen handelsüblichen Siliziumcantilever gekoppelt. Messtechnisch ist von großem Vorteil, dass die optische Auslesung am Mikrocantilever erfolgen kann und nicht am Nanoschwinger. Beispielhaft wird gezeigt, dass sich diese Messmethode für die Messung kleinster magnetischer Kräfte eignet. Prinzipiell ist dieses Sensorkonzept jedoch auch für die Messung vieler anderer Messgrößen nutzbar. Damit geht die wissenschaftliche und wirtschaftliche Bedeutung weit über das in dieser Arbeit behandelte Gebiet hinaus. Neben den vielen interessanten wissenschaftlichen Aspekten ist dies ein besonderer Grund, dass ich der Arbeit viele interessierte Leser wünsche!

Dresden im Juni 2016 Gerald Gerlach

Kurzzusammenfassung

Die vorliegende Arbeit beschreibt die Entwicklung eines neuartigen Sensorkonzeptes basierend auf der Kopplung von zwei einseitig eingespannten schwingungsfähigen Balken (Cantilever) und dessen Anwendung in der Cantilever-Magnetometrie. Bei der Cantilever-Magnetometrie handelt es sich um eine Messmethode, mit der die magnetischen Eigenschaften von Partikeln oder dünnen Schichten bestimmt werden können. Im Allgemeinen wird dazu ein einzelner, einseitig eingespannter schwingungsfähiger Balken verwendet, an dessen freiem Ende die Probe angebracht wird. Weiterhin wird der Cantilever zu Schwingungen nahe oder bei einer seiner Resonanzfrequenzen angeregt. Durch Anlegen eines äußeren Magnetfeldes kommt es zu einer magnetischen Interaktion zwischen Probe und Magnetfeld, wodurch eine Kraftwirkung auf den Cantilever entsteht. Die Interaktionskraft verändert das Schwingungsverhalten des Cantilevers und diese Änderung kann mit verschiedenen Methoden detektiert werden, wobei am häufigsten laserbasierte Verfahren zur Anwendung kommen. Aus der Änderung des Schwingungsverhaltens des Cantilevers werden magnetische Eigenschaften der untersuchten Probe abgeleitet.

Eine Herausforderung in der Cantilever-Magnetometrie stellt die Untersuchung von Proben mit immer kleineren Abmessungen, wie zum Beispiel Nanopartikel oder Schichten mit Dicken von wenigen Nanometern, dar. Mit abnehmender Probengröße verringert sich die magnetische Interaktion zwischen dem äußeren Magnetfeld und der Probe, was dementsprechend zu einer immer kleineren Änderung der Schwingungseigenschaften des Cantileversensors führt. Um dennoch ein ausreichend starkes Messsignal zu erzeugen, müssen die verwendeten Cantilever optimiert werden, wobei eine starke Steigerung der Detektivität des Messsystems durch die Verwendung von Nanocantilevern erreicht werden kann. Dies ermöglicht die Messung kleinster magnetischer Proben, stellt aber andererseits sehr hohe Anforderungen an die Detektionsverfahren, da es zunehmend schwerer wird, die Änderung des Schwingungsverhaltens zu erfassen, je kleiner der Cantilever ist. Daraus ergeben sich zwei gegensätzliche Zielstellungen: zum einen die Notwendigkeit der Verringerung der Cantilever-Abmessungen, um dessen Empfindlichkeit zu steigern, und andererseits die zuverlässige Detektion des Schwingungszustandes des Cantilevers.

Im Rahmen dieser Arbeit wurde ein neuartiges Sensorkonzept entwickelt, welches die beiden Zielstellungen vereint: durch die Kopplung eines Mikro- und eines Nanocantilevers werden sowohl eine hohe Empfindlichkeit des Systems durch den Nanocantilever, als auch eine einfache Detektion mit den bekannten laserbasierten Verfahren am Mikrocantilever realisiert. Dies wird durch die Anpassung der Eigenfrequenzen der verwendeten Cantilever ermöglicht, was als ko-resonante Kopplung bezeichnet wird. Dadurch wird eine starke Wechselwirkung zwischen den beiden Teilsystemen erzeugt, die dazu führt, dass eine Interaktion am Nanocantilever das Schwingungsverhalten des gekoppelten Systems beeinflusst und diese Veränderung des Schwingungsverhaltens am Mikrocantilever detektiert werden kann. Dieser Sensoraufbau zeichnet sich durch die Verwendung der bekannten Detektionsverfahren und dementsprechend durch die Einfachheit der Detektion und durch eine hohe Empfindlichkeit aus. Die Eigenschaften des gekoppelten Systems können durch ein gekoppeltes harmonisches Oszillatormodell beschrieben werden, welches sich wiederum als elektrische Schaltung darstellen lässt. Diese Art der Darstellung wurde in der vorliegenden Arbeit gewählt, um das Verhalten des gekoppelten Systems theoretisch zu untersuchen und zu beschreiben. Das Schaltungsmodell bietet den Vorteil, dass bekannte Regeln für elektrische Netzwerke und Schaltungssimulationssoftware verwendet werden können, welche nicht nur zum Verständnis des gekoppelten Systems, sondern auch zu einer Sensoroptimierung beitragen.

Ausgehend von der theoretischen Beschreibung wurden entsprechende Sensoren hergestellt und in der Cantilever-Magnetometrie eingesetzt, wobei zunächst eisengefüllte Kohlenstoffnanoröhren verwendet wurden. Diese dienten sowohl als Nanocantilever, als auch als magnetische Probe, wobei die Eigenschaften des Eisennanodrahtes bereits gut bekannt sind. Dies bietet die Möglichkeit, die aus den Messdaten abgeleiteten magnetischen Eigenschaften des Eisennanodrahtes mit den bekannten Werten zu vergleichen, wodurch die Anwendbarkeit des gekoppelten Sensors validiert werden konnte. Außerdem wurde eine Steigerung der Detektivität des gekoppelten Systems im Vergleich zu herkömmlichen Cantilever-Magnetometrie-Experimenten mit denselben Kohlenstoffnanoröhren um mehrere Größenordnungen demonstriert.

Weiterhin kann das ko-resonante Sensorkonzept unter Verwendung von ungefüllten Kohlenstoffnanoröhren als Nanocantilever für Magnetometriemessungen von neuartigen magnetischen Materialien eingesetzt werden. Die Ergebnisse dieser Messungen zeigen eindrucksvoll das große Potenzial dieses Sensorkonzeptes.

Abstract

Micro- and nanomechanical systems are the subject of many fields of research, including sensor applications. The PhD thesis presented here focuses on the development of a novel sensor concept and its application in cantilever magnetometry. Cantilever magnetometry is a technique to study magnetic properties of particles and thin films. The sample is placed at the free end of a one-side clamped vibratory beam (cantilever) which is excited to oscillate at or close to its resonance frequency. An external magnetic field induces an interaction with the magnetic sample which in turn creates a restoring force on the cantilever. The interaction force alters the cantilever's oscillatory state which is usually detected optically with laser-based methods. In most cases, the shift of the cantilever's resonance frequency is used as measurement signal to derive magnetic information of the sample.

With sample sizes being reduced to the nanometer scale, the interaction with the external magnetic field is diminished, hence the change of the cantilever's oscillatory state is equally decreasing. This fact requires an optimization of the cantilever sensor. A strong increase in sensitivity can be achieved by reducing the cantilever's dimensions to the nanometer scale as well. However, reliable detection of the oscillatory state of such a small cantilever becomes increasingly difficult. Consequently there are two opposing objectives: on the one hand the necessary reduction of the cantilever's dimensions in order to increase the sensitivity and on the other hand the reliable detection of the sensor signal.

The work presented in this PhD thesis focuses on the development of a novel sensor concept which combines the two objectives by co-resonant coupling of a micro- and a nanocantilever. The nanocantilever allows for a very high sensitivity of the measurement set-up while the microcantilever provides an easy detection of the oscillatory state of the coupled system with common laser-based methods. The term *co-resonant* describes that the eigenfrequencies of the two cantilevers are matched in order to create a strong interplay between the two subsystems. As consequence, any interaction at the nanocantilever alters the oscillatory state of the coupled system which can be detected at the microcantilever due to the strong interplay. The feastures of a co-resonantly coupled system can be described by a coupled harmonic oscillator model which in turn can be represented as an electric circuit. The electric circuit model has been used in this thesis to theoretically study and describe the coupled system. This model allows for the analytical treatment of the circuit with well-known methods as well as the use of circuit analysis software, not only for a deepened understanding of the coupled system but also for sensor optimization.

The presented sensor concept features the ease of detection and a very high sensitivity which is demonstrated by applying it for cantilever magnetometry. An iron-filled carbon nanotube is used as nanocantilever which acts as magnetic sample at the same time. The magnetic and material properties of the iron nanowire are well known so that it constitutes an ideal sample to verify the determination of magnetic properties from the measured frequency shifts. Furthermore a strong increase in signal strength by several orders of magnitude has been shown compared to cantilever magnetometry experiments with similar iron-filled carbon nanotubes.

In addition, the co-resonant sensor concept is employed for magnetometry measurements by using an unfilled carbon nanotube as highly sensitive nanocantilever and the measurements of novel magnetic materials once more demonstrate the vast potential of this sensor concept.

Inhaltsverzeichnis

Abkürzungen und Formelzeichen

Abkürzungen

Zeichen	Bedeutung
CNT	Carbon nanotube, dt. Kohlenstoffnanoröhre
CVD	Chemical vapor deposition, dt. Abscheidung aus der Gasphase
EBID	Electron beam-induced deposition, dt. Elektronenstrahl-induzierte Materialabscheidung
EMK	Elektromotorische Kraft
FeCNT	Eisengefüllte Kohlenstoffnanoröhre
GIS	Gas injection system, dt. Gasinjektionssystem
MFM	Magnetic force microscopy, dt. Magnetkraftmikroskopie
MWCNT	Multi-walled carbon nanotube, dt. mehrwandige Kohlenstoffnanoröhre
PE	Primärelektronen
PECVD	Plasma-enhanced CVD, dt. Plasma-unterstützte CVD
PLL	Phase-locked loop, dt. Phasenregelschleife
RE	Rückstreuelektronen
REM	Rasterelektronenmikroskop
SWCNT	Single-walled carbon nanotube, dt. einwandige Kohlenstoffnanoröhre
SE	Sekundärelektronen
TEM	Transmissions-Elektronenmikroskop

Formelzeichen

Zeichen	Einheit	Bedeutung
A	m	Schwingungsamplitude
a_0	m	Gitterkonstante im Kristall
$\vec{B}, B$	T	Magnetische Flussdichte
B_w	Hz	Bandbreite
d	Ns/m	Dämpfung
E	J	Energie
$\mathcal{E}$	Pa	Elastizitätsmodul

Zeichen	Einheit	Bedeutung
e_W	J	Energie einer Domänenwand
f	Hz	Frequenz
F	N	Kraft
$\vec{H}, H$	A/m	Magnetische Feldstärke
H_a	A/m	Anisotropiefeldstärke
H_c	A/m	Koerzitivfeldstärke
I	A	elektrischer Strom
$\mathcal{I}$	m^4	Flächenträgheitsmoment
k	N/m	Federkonstante
L	m	Länge
$\vec{l}$	m	Abstandsvektor
M	A/m	Magnetisierung
M_r	A/m	Remanenz
M_s	A/m	Sättigungsmagnetisierung
m	kg	Masse
$\hat{\mathbf{N}}$	-	Entmagnetisierungstensor
N_x, N_y, N_z	-	Entmagnetisierungsfaktoren
n_q	$\mathrm{m}/\sqrt{\mathrm{Hz}}$	Rauschleistungsdichte der Amplitude
Q	-	Gütefaktor einer Schwingung
q	Am	Magnetisches Monopolmoment
r	m	Radius
S	m^2	Querschnittsfläche
T	°C, K	Temperatur
T_c	°C, K	*Curie*-Temperatur
U	V	elektrische Spannung
V	m^3	Volumen
$\vec{v}, v$	m/s	Geschwindigkeit
β	grad	Auslenkungswinkel Cantilever
Θ	grad	Winkel zwischen leichter Achse und Magnetisierung
$\vec{\mu}$	Am^2	Magnetisches Moment
μ_r	-	relative magnetische Permeabilität
ρ	$\mathrm{kg/m}^3$	Dichte
$\vec{\tau}, \tau$	Nm	Drehmoment
Φ	A/m	magnetisches Skalarpotential

Zeichen	Einheit	Bedeutung
χ	-	Magnetische Suszeptibilität
ω	Hz	Kreisfrequenz

Naturkonstanten

Zeichen	Wert	Bedeutung
c	$2,99792458 \cdot 10^8 \; m/s$	Vakuumlichtgeschwindigkeit
e	$1,602176 \cdot 10^{-19} \; C$	Elementarladung eines Elektrons
ϵ_0	$8,854188 \cdot 10^{-12} \; As/Vm$	Dielektrizitätskonstante des Vakuums
$\hbar$	$6,62607004 \cdot 10^{-34} \; J/s$	*Planksches* Wirkungsquantum
k_B	$1,38064852 \cdot 10^{-23} \; J/m$	Boltzmann-Konstante
m_e	$9,10938356 \cdot 10^{-31} \; kg$	Elektronenmasse
μ_0	$4\pi \cdot 10^{-7} \; Vs/Am$	Permeabilität des Vakuums
μ_B	$9,274009994 \cdot 10^{-24} \; J/T$	*Bohrsches* Magneton

1 Einleitung

„There's plenty of room at the bottom "
Richard P. Feynman, 1959

Dieser Satz war der Titel eines Vortrages von Richard P. Feynman, der sich mit den vielfältigen Möglichkeiten der Miniaturisierung von Technologien befasste. Es zeigt sich in der Tat, dass es viel „Raum ", d.h. viele Anwendungen in der Nanotechnik gibt, die wir heute in verschiedensten Lebensbereichen vorfinden, seien es Nanopartikel in Beschichtungen, Polymere, die Nanoröhren enthalten, um gezielt Eigenschaften zu verändern und einzustellen, oder in elektronischen Bauelementen, welche einer zunehmenden Miniaturisierung unterworfen sind.

Ein aktives Forschungsfeld aus diesem Bereich sind mikro- und nanomechanische Systeme, welche sowohl in technischen Anwendungen als auch in der Sensorik eine wichtige Rolle spielen. Für Sensoren werden dabei häufig einseitig eingespannte, schwingungsfähige Federbalken verwendet, die als Cantilever bezeichnet werden. Mit cantileverbasierten Verfahren werden zum Beispiel in der Rasterkraftmikroskopie über Wechselwirkungen, zwischen einer am Cantilever angebrachten Interaktionsspitze und einer Probe, deren Eigenschaften untersucht. Dazu wird die Probenoberfläche mit dem Cantilever abgerastert und ein Profil einer Messgröße erstellt, woraus sich die Kraftwirkung der Interaktion und schlussendlich die Probeneigenschaften ableiten lassen.

Eine weitere Anwendung ist die Cantilever-Magnetometrie, bei der die zu untersuchende Probe am freien Ende des einseitig eingespannten schwingenden Federbalkens angebracht und das gesamte System einem homogenen äußeren Magnetfeld ausgesetzt wird. Die Interaktion zwischen der Probe und dem Magnetfeld verändert das Schwingungsverhalten des Cantilevers, woraus Aussagen über die magnetischen Eigenschaften der Probe gewonnen werden können. Mit diesem Verfahren können Nanopartikel ebenso untersucht werden, wie wenige Nanometer dünne Schichten. Doch je kleiner die Proben werden, desto größer muss die Empfindlichkeit des Messsystems sein, um die Veränderungen der Schwingungseigenschaften zu erfassen, da die Kraftwechselwirkung zwischen äußerem Magnetfeld und Probe geringer wird. Dies kann durch eine Miniaturisierung des Cantilevers, d.h. durch einen Wechsel von Mikro- zu Nanometerabmessungen, erreicht werden. Ein solches Vorgehen bringt jedoch Probleme bei der Schwingungsdetektion mit sich, da die hauptsächlich verwendeten laserbasierten Detektionsverfahren an ihre Grenzen stoßen. Daraus ergibt sich die Notwendigkeit der Verbesserung oder sogar Neuentwicklung von Detektionsverfahren bzw. die Herstellung neuartiger Sensorgeometrien, die trotz Abmessungen im Nanometerbereich noch eine zuverlässige Schwingungsmessung mit etablierten Methoden erlauben.

Eine Möglichkeit, die scheinbaren Gegensätze aus Einfachheit der Schwingungsdetektion und hoher Empfindlichkeit des Cantilevers zu vereinen, wird im Rahmen dieser Arbeit vorgestellt und beschrieben. Es handelt sich dabei um die mechanische Kopplung eines kommerziell erhältlichen Mikrocantilevers aus Silizium mit einem Nanocantilever, für den in dieser Arbeit Kohlenstoffnanoröhren verwendet werden. Die beiden Cantilever werden jedoch nicht nur miteinander gekoppelt, sondern es werden zudem die Eigenfrequenzen beider Einzelsysteme aufeinander angepasst. Dies induziert eine starke Wechselwirkung zwischen den beiden Cantilevern, welche dazu führt, dass Interaktionen zwischen dem sensitiven Nanocantilever und dessen Umgebung das Schwingungsverhalten des gekoppelten Systems beeinflussen. Diese Änderung des Schwingungsverhaltens kann mit etablierten Methoden am Mikrocantilever bestimmt werden. Dieses sogenannte ko-resonante Sensorkonzept wird nicht nur theoretisch beschrieben, sondern ebenfalls für Cantilever-Magnetometrie-Messungen angewandt. Damit zum einen das Konzept validiert und zum anderen dessen großes Potential für beliebige magnetische Proben demonstriert.

Um die theoretische Beschreibung des Sensorkonzeptes sowie die Magnetometrie-Messungen zu verstehen, sind einige Grundlagen notwendig. Deshalb werden in den Kapiteln 2 und 3 zunächst die Theorie für einen schwingungsfähigen Federbalken und die relevanten Grundlagen des Magnetismus besprochen. In Kapitel 4 wird das Verfahren der Cantilever-Magnetometrie vorgestellt, sowie in Kapitel 5 die zur Sensorherstellung und -charakterisierung verwendeten experimentellen Techniken und Geräte beschrieben. Da als Nanocantilever und als magnetische Proben zur Validierung des Sensorkonzeptes verschiedene Arten von Kohlenstoffnanoröhren verwendet werden, sind deren Herstellung und Eigenschaften in Kapitel 6 besprochen. Mit diesen Betrachtungen sind alle Voraussetzungen für die theoretischen Betrachtungen des ko-resonanten Sensors, sowie die experimentelle Anwendung und Validierung des Sensorkonzeptes in der Cantilever-Magnetometrie geschaffen, deren ausführliche Beschreibung und Diskussion in den Kapitel 7 und 8 erfolgen. Kapitel 9 befasst sich abschließend mit Magnetometrie-Messungen zweier neuartiger magnetischer Proben und gibt einen Ausblick auf das Potenzial des ko-resonanten gekoppelten Sensorsystems.

2 Theoretische Grundlagen

Die Grundlage für das in dieser Arbeit entwickelte Sensorkonzept bilden einseitig eingespannte schwingungsfähige Balken, welche als Cantilever bezeichnet werden. Dieses Kapitel soll dazu dienen, verschiedene Modelle und Beschreibungsmöglichkeiten vorzustellen, aus denen sich Eigenschaften von Cantilevern ableiten lassen. Von besonderem Interesse ist dabei das dynamische Schwingungsverhalten, dessen Verständnis grundlegend für die später vorgestellten Sensoren ist. Zunächst wird dazu die *Euler-Bernoulli*-Balkentheorie besprochen und darauf aufbauend gezeigt, wie sich ein solcher *Euler-Bernoulli*-Balken unter gewissen Voraussetzungen als harmonischer Oszillator darstellen lässt. Diese Abstraktion bildet die Grundlage für die Ableitung eines auf elektro-mechanischen Analogien basierenden Schaltungsmodells eines einseitig eingespannten Balkens.

2.1 *Euler-Bernoulli*-Balkentheorie

Einseitig eingespannte schwingungsfähige Federbalken (Cantilever) werden in vielen Anwendungen eingesetzt, zum Beispiel in der Rasterkraftmikroskopie [1], zur Detektion kleiner Massen [2] und in der Cantilever-Magnetometrie [3]. Auch in der vorliegenden Arbeit wird eine Anordnung von zwei miteinander gekoppelten Cantilevern für Magnetometriemessungen eingesetzt. Um Cantilever als Sensoren einzusetzen, werden diese im Allgemeinen entweder statisch ausgelenkt oder periodisch zu Schwingungen angeregt und aus den ermittelten Messwerten am Balken (z.B. Änderung der Amplitude oder Schwingungsfrequenz) auf die gesuchte Messgröße geschlossen. Um dieses Vorgehen zu ermöglichen, müssen die Balkeneigenschaften sowie dessen Schwingungsverhalten bekannt bzw. berechenbar sein.

Unter der Annahme einer im Vergleich zu den Querschnittsabmessungen großen Balkenlänge L und eines uniformen Balkenquerschnittes kann der Cantilever mit Hilfe der *Euler-Bernoulli*-Theorie beschrieben werden [4, S. 60]. Im Rahmen dieser Theorie werden nur Biegemomente berücksichtigt und sie gilt nur so lange wie die Auslenkung des Balkens klein gegenüber seiner Länge ist [5]. Sind die genannten Bedingungen nicht erfüllt, müssen zusätzlich zu Biegemomenten auch Rotations- und Scherdeformationen am Balken berücksichtigt werden. Dies kann mit der *Timoschenko*-Balkentheorie erfolgen, deren Spezialfall die *Euler-Bernoulli*-Balkentheorie ist [6]. Für die in der vorliegenden Arbeit verwendeten Cantilever gelten die zuvor genannten Bedingungen des großen Längen-zu-Querschnitt-Verhältnisses sowie der kleinen Auslenkung, so dass die *Euer-Bernoulli*-Beschreibung des Balkens verwendet werden kann. Da diese in vielen Standardwerken der Physik und technischen Mechanik behandelt wird (zum Beispiel in [4, 5, 7]) werden hier nur die wichtigsten Zusammenhänge angegeben.

2.1.1 Die Biegeschwingung eines *Euler-Bernoulli*-Balkens

Um das Schwingungsverhalten eines einseitig eingespannten *Euler-Bernoulli*-Balkens zu beschreiben, wird zunächst die freie Balkenschwingung untersucht. Durch Betrachtung von Kräften und Momenten an einem infinitesimalen Balkenelement, kann die Bewegungsdifferentialgleichung für jeden Punkt des Balkens abgeleitet werden [7]:

$$\frac{\partial^2}{\partial x^2}\left((\mathcal{EI})(x)\,\frac{\partial^2 u(x,t)}{\partial x^2}\right) + \rho(x)S(x)\frac{\partial^2 u(x,t)}{\partial t^2} = F(x,t)\quad. \tag{2.1}$$

Dabei ist $u(x,t)$ die vertikale Auslenkung der neutralen Faser des Balkens an der Stelle x, $\mathcal{E}$ das Elastizitätsmodul, $\mathcal{I}$ das Flächenträgheitsmoment, ρ die Massendichte, S die Querschnittsfläche und $F(x,t)$ eine senkrecht auf den Balken einwirkende Kraft (Abbildung 2.1). Die neutrale Faser oder auch Nulllinie ist diejenige Linie im Balken, deren Länge sich bei Auslenkung des Balkens nicht verändert und an welcher demzufolge keine Deformation auftritt [5, S. 89]. Sind Querschnittsfläche, Massendichte und Biegesteifigkeit, d.h. das Produkt $\mathcal{EI}$, und die Dichte $\rho(x)$ entlang des gesamten Balkens konstant, so vereinfacht sich Gleichung (2.1) zu:

$$\mathcal{EI}\frac{\partial^4 u(x,t)}{\partial x^4} + \rho S\frac{\partial^2 u(x,t)}{\partial t^2} = F(x,t)\quad. \tag{2.2}$$

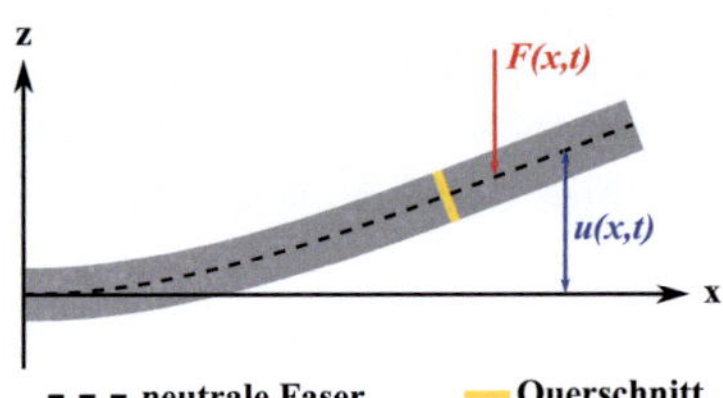

Abbildung 2.1: Einseitig eingespannter, ausgelenkter Federbalken (Cantilever) zur Veranschaulichung wichtiger Größen und Eigenschaften.

Diese Differentialgleichung vierter Ordnung lässt sich mit Hilfe eines Produktansatzes lösen [8, S. 543]:

$$u(x,t) = u_n(x)\cdot\cos\left(\omega_{0,n}t + \varphi\right)\quad. \tag{2.3}$$

Einsetzen dieses Ansatzes in die Differentialgleichung (2.2) für einen frei schwingenden Balken, d.h. $F(x,t) = 0$, und Verwendung der Definition [9, S. 10]:

$$\kappa_n^4 = \frac{\omega_{0,n}^2 \rho S}{\mathcal{E} \mathcal{I}} \quad , \tag{2.4}$$

wobei $\omega_{0,n}$ die Eigenfrequenz der n-ten Balkenschwingung ist, liefert den Ausdruck:

$$\frac{\partial^4 u_n(x)}{\partial x^4} - \kappa_n^4 \cdot u_n(x) = 0 \quad . \tag{2.5}$$

Diese Gleichung kann durch einen harmonischen Ansatz gelöst werden [9, S. 10]:

$$u_n(x) = C_1 \left(\cos\left(\kappa_n x\right) + \cosh\left(\kappa_n x\right)\right) + C_2 \left(\cos\left(\kappa_n x\right) - \cosh\left(\kappa_n x\right)\right)$$
$$+ C_3 \left(\sin\left(\kappa_n x\right) + \sinh\left(\kappa_n x\right)\right) + C_4 \left(\sin\left(\kappa_n x\right) - \sinh\left(\kappa_n x\right)\right) \tag{2.6}$$

mit den Konstanten C_1 bis C_4. Diese Konstanten können durch Einsetzen entsprechender Randbedingungen ermittelt werden. Für den einseitig eingespannten, frei schwingenden Balken lauten diese [4, S. 57]:

$$u_n(0) = 0 \quad ; \qquad \frac{\partial^2 u_n(L)}{\partial x^2} = 0 \quad ; \tag{2.7}$$
$$\frac{\partial u_n(0)}{\partial x} = 0 \quad ; \qquad \frac{\partial^3 u_n(L)}{\partial x^3} = 0 \quad .$$

Einsetzen dieser Randbedingungen in Gleichung (2.6) und Verwendung verschiedener Rechenregeln für harmonische Funktionen [8] führt auf:

$$C_1 = C_3 = 0 \quad ; \quad C_4 = \frac{\sin\left(\kappa_n L\right) - \sinh\left(\kappa_n L\right)}{\cos\left(\kappa_n L\right) + \cosh\left(\kappa_n L\right)} C_2 \tag{2.8}$$

sowie die charakteristische Gleichung [7, S. 213]:

$$\cos\left(\kappa_n L\right) \cosh\left(\kappa_n L\right) = -1 \quad . \tag{2.9}$$

Die Lösung für Gleichung (2.9) lässt sich grafisch oder numerisch bestimmen und liefert eine unendliche Anzahl an Eigenwerten $\kappa_n L, n \in N$, wobei die ersten drei gegeben sind als [7, S. 212]:

$$\kappa_1 L \approx 1,875; \quad \kappa_2 L \approx 4,694; \quad \kappa_3 L \approx 7,855 \quad . \tag{2.10}$$

Damit folgt für die Eigenfrequenz der n-ten Biegeschwingung des einseitig eingespannten Balkens durch Umstellen von Gleichung (2.4):

$$\omega_{0,n} = \kappa_n^2 \sqrt{\frac{\mathcal{E}\mathcal{I}}{\rho S}} \ . \tag{2.11}$$

Die Auslenkung des Balkens für die n-te Biegeschwingung ist in Abhängigkeit von der Position x nach den obigen Betrachtungen gegeben als:

$$u_n(x) = C_2 \left[\cos\left(\kappa_n x\right) - \cosh\left(\kappa_n x\right) + \frac{\sin\left(\kappa_n x\right) - \sinh\left(\kappa_n x\right)}{\cos\left(\kappa_n x\right) + \cosh\left(\kappa_n x\right)} \left(\sin\left(\kappa_n x\right) - \sinh\left(\kappa_n x\right)\right) \right] \tag{2.12}$$

Um die Zeitabhängigkeit zu beschreiben, muss der Ausdruck für die Amplitude in Gleichung (2.12) noch mit dem Term $\cos\left(\omega_{0,n} t + \varphi\right)$ multipliziert werden. Die Konstante C_2 kann als Fitparameter verwendet werden, um die Auslenkung an Messwerte einer Cantileverschwingung anzupassen. In Abbildung 2.2 ist die Amplitude des Balkens für die ersten drei Schwingungsmoden angegeben.

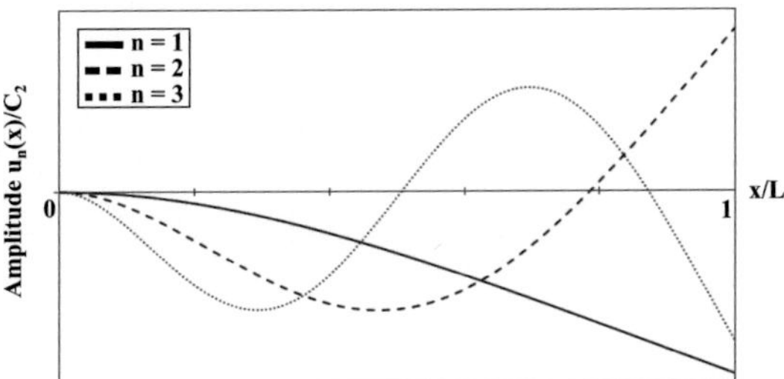

Abbildung 2.2: Amplitude der ersten drei Biegeschwingungsmoden eines einseitig eingespannten Federbalkens nach Gleichung (2.12).

2.1.2 Ableitung der Federkonstanten des Cantilevers

Bisher wurde das dynamische Verhalten des einseitig eingespannten Balkens ohne äußere Kraftwirkung betrachtet. Wirkt auf das freie Ende des Balkens jedoch eine statische punktförmige Kraft $F(x) = F_0 \delta(x - L)$, wie in der allgemeinen Form der Differentialgleichung (2.2) angegeben, so muss diese in den Randbedingungen berücksichtigt werden. Für das fest eingespannte Balkenende bleiben die Randbedingungen gleich, dagegen lauten sie am freien Balkenende nun [10]:

$$\frac{\partial^2 u_n(L)}{\partial x^2} = 0 \quad ; \qquad \frac{\partial^3 u_n(L)}{\partial x^3} = -\frac{F_0}{\mathcal{E}\mathcal{I}} \ . \tag{2.13}$$

Die Differentialgleichung vereinfacht sich außerdem für den statischen Fall, da die Zeitableitung Null wird:

$$\frac{\partial^4 u(x)}{\partial x^4} = \frac{F_0}{\mathcal{EI}} \delta(x - L) \quad .$$
(2.14)

Die Lösung der Differentialgleichung liefert für die statische Auslenkung [10]:

$$u^{stat}(x) = \frac{F_0}{6\mathcal{EI}} \left(3Lx^2 - x^3\right) \quad .$$
(2.15)

Anhand des *Hookschen* Gesetzes $F = -kx$ [4, S. 4] lässt sich aus diesem Ausdruck die statische Federkonstante des einseitig eingespannten Balkens für eine punktförmig angreifende Kraft bei $x = L$ ermitteln:

$$k_L^{stat} = 3\frac{\mathcal{EI}}{L^3} \quad ,$$
(2.16)

welche nur von Geometrie- und Materialparametern des Balkens abhängt. Diese beschreibt das Verhalten des Cantilevers bei einer statischen Auslenkung. Für die dynamische Auslenkung, beispielsweise in Form einer periodischen Schwingung, ist die Federkonstante immer etwas größer als im statischen Fall, wobei der Unterschied für die ersten beiden Biegeschwingungen und bei rechteckigem Balkenquerschnitt gering ist [11]. Für die dynamische Federkonstante der ersten Biegeschwingung ergibt sich deshalb [12]:

$$k_1^{dyn} = 1,03 \; k_L^{stat} \quad .$$
(2.17)

Die Vorfaktoren für die dynamische Federkonstante für Biegeschwingungen höherer Ordnung sind in der Literatur angegeben, zum Beispiel in [13]. Für diese Arbeit werden nur Biegeschwingungen erster Ordnung untersucht und weiterhin keine Unterscheidung zwischen statischer und dynamischer Federkonstante getroffen, sondern allgemein die Bezeichnung Federkonstante k verwendet. Statische und dynamische Federkonstante unterscheiden sich für die erste Biegeschwingung um etwa 3 %, was wesentlich geringer ist als die Unsicherheit, welche bei der experimentellen Bestimmung der Federkonstanten auftritt [14].

Die Abhängigkeit der Federkonstanten von Geometrie- und Materialparametern macht die Bestimmung für Anwendungen schwierig. So hängt zum Beispiel der Elastizitätsmodul unter anderem von der Kristallorientierung ab und lässt sich nur mit einigem Aufwand genau ermitteln. Weiterhin hängt das Flächenträgheitsmoment mit Potenzen höherer Ordnung von den Abmessungen des Balkens ab, so dass sich Messungenauigkeiten bei der Geometriebestimmung stark auswirken und eine entsprechend große Unsicherheit bei der Federkonstante erzeugen [15]. Deshalb gibt es verschiedene Ansätze zur Ermittlung von Federkonstanten [1, 14, 16]. Unter anderem kann durch Umstellen der Gleichung (2.11) für die Resonanzfrequenz des Balkens die Biegesteifigkeit EI ersetzt und damit die Abhängigkeit vom Elastizitätsmodul eliminiert und für die Geometrie verringert werden. Der Ausdruck für die Federkonstante der ersten Biege-schwingung mit der Resonanzfrequenz $\omega_1 = 2\pi f_1$ lautet somit [15]:

$$k = \frac{12\pi^2 f_1^2 \rho SL}{(\kappa_1 L)^4} \approx \frac{12\pi^2 f_1^2 \rho SL}{(1,875)^4} \quad . \tag{2.18}$$

Diese Formel hängt nur linear von der in der Regel gut bekannten Massendichte und den geome-trischen Größen Querschnittsfläche S und Länge L sowie quadratisch von der Resonanzfrequenz ab und wird für alle Betrachtungen in dieser Arbeit verwendet.

2.2 Harmonisches Oszillatormodell eines Cantilevers

Der harmonische Oszillator ist ein vielfach in Physik und Technik untersuchtes Modell, welches eine periodische mechanische Bewegung beschreibt. Dazu müssen verschiedene grundlegende Elemente vorhanden sein: eine Feder bzw. ein federähnliches Bauteil, in welchem potentielle Energie gespeichert werden kann und welches eine rücktreibende Kraft erzeugt sowie eine Masse, um kinetische Energie zu speichern und ein Moment zu erzeugen. Die Masse kann dabei entweder punktförmig oder über das gesamte schwingende Objekt verteilt sein, wobei der letztgenannte Fall durch stehende Wellen beschrieben wird. Zusätzlich kann noch ein Dämpfungselement eingefügt werden, welches den Energieverlust pro Schwingungsperiode modelliert [4, S. 3].

2.2.1 Effektive Masse des Cantilevers

Um einen einseitig eingespannten Federbalken mit dem harmonischen Oszillatormodell beschrei-ben zu können, müssen dessen Federkonstante und Masse bekannt sein. Die Federkonstante wurde bereits in Abschnitt 2.1.2 besprochen. Für die Masse eines schwingenden Cantilevers gelten folgende Überlegungen: Der Cantilever hat auf Grund seiner Geometrie und Materialzu-sammensetzung eine Masse m, welche durch die Dichte ρ und das Volumen $V = SL$ bestimmt ist:

$$m = \rho SL \quad . \tag{2.19}$$

Weiterhin existiert eine effektive Masse m_{eff}, welche darauf zurückzuführen ist, dass bei der Schwingung des Cantilevers jedes Balkenstück unterschiedlich stark beschleunigt und ausgelenkt wird [17, S. 29]. Die effektive Masse hängt von der Eigenfrequenz $\omega_{0,n}$ und damit von der Ordnung der Biegeschwingung des Balkens sowie der Federkonstante k ab [12]:

$$m_{eff} = k/\omega_{0,n}^2 \quad . \tag{2.20}$$

Unter Verwendung dieser Definition sowie der Gleichungen (2.10), (2.16) und (2.17), lautet die effektive Masse für die erste Biegeschwingung:

$$m_{eff} = 1,03 \cdot \frac{3}{1,875^4} \rho SL \approx 0,25m \quad .$$

(2.21)

Mit dieser Betrachtung sind die beiden notwendigen Elemente, Feder und Masse, für die Beschreibung eines einseitig eingespannten Federbalkens durch einen harmonischen Oszillator gegeben.

2.2.2 Bewegungsdifferentialgleichung des harmonischen Oszillators

Für alle folgenden Betrachtungen wird von einer punktförmig konzentrierten Masse ausgegangen, welche durch die effektive Masse des Cantilevers ausgedrückt ist. Verschiedene Untersuchungen haben gezeigt, dass der Cantilever und seine Bewegung und auch Interaktionen mit der Umgebung durch das Oszillatormodell abgebildet werden können [13], [18]. Allerdings muss dabei berücksichtigt werden, dass die Lösung der Differentialgleichung für einen *Euler-Bernoulli-*Balken eine unendliche Anzahl von Eigenfrequenzen liefert. Das harmonische Oszillatormodell gilt qualitativ zwar für jede Eigenfrequenz des Balkens, jedoch unterscheiden sich die quantitativen Werte der mechanischen Elemente für jede Eigenfrequenz.

Die Differentialgleichung für einen gedämpften harmonischen Oszillator mit periodischer Anregung lautet [4, S. 16]:

$$m_{eff}\ddot{x} + d\dot{x} + kx = F_0 \cos{(\omega t)} \quad .$$

(2.22)

Bei Anwendung dieser Beschreibung auf einen Cantilever sind m_{eff} die als punktförmig angenommene effektive Cantilevermasse, k die Federkonstante, d die Dämpfung und x die Auslenkung um die Gleichgewichtslage. Die Kraft $F(t) = F_0 \cos{(\omega t)}$ auf der rechten Seite von Gleichung (2.22) beschreibt die periodische Anregung des Cantilevers, welche auf dessen eingespannter Seite wirkt. Die Anregung ist oftmals als periodische Auslenkung realisiert, welche aber über die Federkonstante des Balkens in die angegebene Kraft umgerechnet werden kann [10].

Wird der Cantilever einer äußeren Interaktion in Form von kraftbasierten Wechselwirkungen ausgesetzt, so wird auf der rechten Seite von Gleichung (2.22) eine weitere Kraft $F(x)$ addiert, welche diese Interaktion beschreibt. Für Kräfte, die hinreichend klein sind und deren Gradient sich im Bereich der Schwingungsamplitude des Cantilevers nur wenig ändert, kann eine Linearisierung in Form einer Taylorreihenentwicklung [8, S. 434] durchgeführt werden, wobei Glieder höherer Ordnung vernachlässigt werden:

$$F(x) \approx F(0) + \left.\frac{\partial F(x)}{\partial x}\right|_{x=0} x = F(0) - x\Delta k \quad . \tag{2.23}$$

Das negative Vorzeichen auf der rechten Seite von Gleichung (2.23) ist dabei Konvention. Damit ergibt sich für die Bewegungsgleichung des harmonischen Oszillators der folgende Ausdruck:

$$m_{eff}\ddot{x} + d\dot{x} + (k + \Delta k)\,x = F_0 \cos\left(\omega t\right) + F(0) \quad . \tag{2.24}$$

Dieses harmonische Oszillatormodell ist in Abbildung 2.3 dargestellt. Die Beschreibung des harmonischen Oszillators nach Gleichung (2.24) wird in Kapitel 4 verwendet werden, um die Kraftwirkungen bei der Cantilever-Magnetometrie zu untersuchen.

Im Folgenden wird zunächst von einem frei schwingenden periodisch angeregten Cantilever ausgegangen, so dass nur die Federkonstante k berücksichtigt wird.

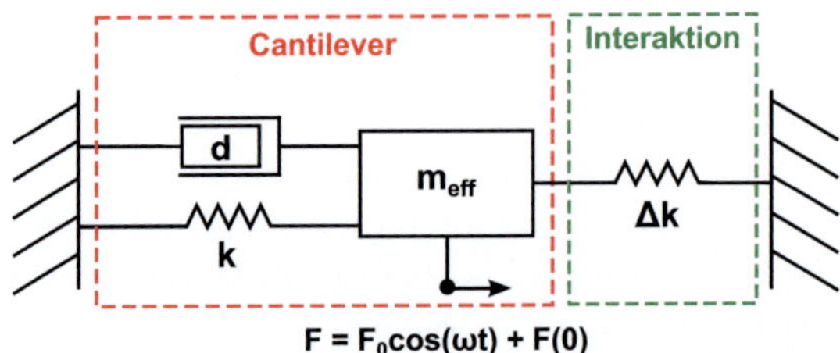

Abbildung 2.3: Harmonisches Oszillatormodell für einen einseitig eingespannten Federbalken (Cantilever), welcher aus einer Feder k, einer Masse m_{eff} und einem Dämpfungselement d besteht. Eine Interaktion des Cantilevers mit seiner Umgebung ist als zusätzliche Federkonstante Δk angegeben. Außerdem ist die Kraft F, welche den Cantilever mit der Frequenz ω zu Schwingungen anregt, eingetragen.

2.2.3 Lösung der Differentialgleichung

Die Lösung der Differentialgleichung für den gedämpften harmonischen Oszillator mit periodischer Anregung wird in der Literatur vielfach behandelt [4]. Mit dem Ansatz:

$$x(t) = A \cdot e^{j\omega t} \quad , \tag{2.25}$$

wobei A die Schwingungsamplitude ist, und der Definition einer komplexen Anregung $F(t) = F_0 e^{j\omega t}$, lautet die Lösung der Differentialgleichung

$$\underline{A} = \frac{F_0}{k - \omega^2 m_{eff} + j\omega d} \quad . \tag{2.26}$$

Mit Verwendung der Definition für die Eigenfrequenz ω_0 des harmonischen Oszillators [12]:

$$\omega_0 = \sqrt{\frac{k}{m_{eff}}} \qquad (2.27)$$

folgen für Amplitude $|\underline{A}|$ und Phase φ der Schwingung des harmonischen Oszillators [4, S. 16ff]:

$$|\underline{A}| = \frac{F_0/m_{eff}}{\sqrt{\left(\omega_0^2 - \omega^2\right)^2 + \omega^2 \left(\frac{d}{m_{eff}}\right)^2}} \quad ; \qquad (2.28)$$

$$\tan\varphi = \frac{\omega\frac{d}{m_{eff}}}{\omega^2 - \omega_0^2} \qquad \varphi \in (0, -\pi) \quad . \qquad (2.29)$$

Die beiden Funktionen sind beispielhaft in Abbildung 2.4 dargestellt. Aus dem Frequenzgang der Amplitude lässt sich die Resonanzfrequenz ω_{res} des Oszillators ermitteln, bei der das Amplitudenmaximum auftritt, d.h. $\partial|\underline{A}|/\partial\omega = 0$:

$$\omega_{res}^2 = \omega_0^2 - \frac{1}{2}\left(\frac{d}{m_{eff}}\right)^2 \quad . \qquad (2.30)$$

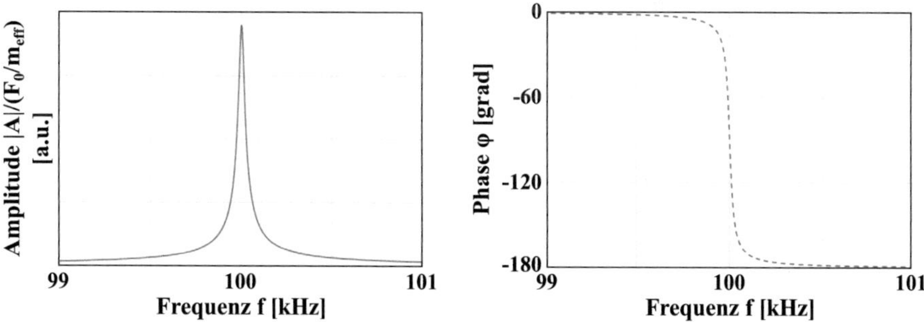

Abbildung 2.4: Amplituden- und Phasenfrequenzgang für einen Cantilever mit den Beispielparametern $f_0 = 100$ kHz, $k = 1$ N/m, $Q = 3000$, berechnet mit den Gleichungen (2.28) und (2.29) des harmonischen Oszillators.

2.2.4 Verwendung des Frequenzbegriffs

An dieser Stelle muss der Unterschied zwischen den Begriffen Eigenfrequenz und Resonanzfrequenz erläutert werden:

- Unter Eigenfrequenz soll im Folgenden diejenige Frequenz ω_0 verstanden werden, welche der Oszillator auf Grund seiner effektiven Masse und seiner Federkonstanten besitzt und die der Definition von Gleichung (2.27) folgt.

- Die Resonanzfrequenz ist die um einen Dämpfungsausdruck verminderte Eigenfrequenz, welche in Gleichung (2.30) angegeben ist [19, S. 440ff].

In der Literatur werden die beiden Bezeichnungen oft synonym verwendet, da von kleiner Dämpfung ausgegangen wird. Weiterhin ist im englischen Sprachgebrauch auch die Einteilung üblich, dass mit *Natural Frequency* die Frequenz nach Gleichung (2.27) ohne Anregung des Oszillators gemeint ist, mit *Eigenfrequency* die Frequenz einer ungedämpften Schwingung, bei der die Amplitude unendlich groß ist (Polstelle) und mit *Resonance Frequency* die Frequenz der Maximalamplitude einer gedämpften Schwingung bei Anregung.

Weiterhin soll an dieser Stelle darauf hingewiesen werden, dass im Folgenden keine Unterscheidung zwischen den Begriffen Kreisfrequenz ω und Frequenz f gemacht wird, sondern einheitlich der Begriff Frequenz gebraucht wird, da die beiden Größen über den Ausdruck

$$\omega = 2\pi f \tag{2.31}$$

zusammenhängen. In der Regel wird für theoretische Betrachtungen aber ω verwendet, für Beispiele und quantitative Berechnungen f.

2.2.5 Dämpfung

Bisher wurde die Dämpfung im harmonischen Oszillator nur als Konstante d eingeführt. Dahinter können verschiedene extrinsische und intrinsische Dämpfungsmechanismen stehen [4, S. 10], deren detaillierte Betrachtung aber nicht Gegenstand dieser Arbeit ist. Für mikrostrukturierte Cantilever, welche für die meisten Anwendungen unter Vakuum eingesetzt werden, ist der Dämpfungseinfluss im Allgemeinen klein [20]. Eine einfache praktische Möglichkeit, die Dämpfung zu ermitteln, führt statt der komplizierten Betrachtung intrinsischer Energiedissipationsvorgänge über die Betrachtung der Resonanzkurve des harmonischen Oszillators und dem damit verbundenen Gütefaktor. Dieser Gütefaktor Q kann definiert werden als das Verhältnis von Energieverlust pro Schwingungsperiode E_{per} zur Gesamtenergie E_{tot} [21, S. 398], aber auch über die Bandbreite der Resonanzkurve $\Delta\omega$. Diese ist gegeben als die Differenz der beiden Frequenzen, bei denen die Maximalamplitude auf das $1/\sqrt{2}$-fache abgesunken ist [9, S. 21]. Damit ergibt sich der Gütefaktor zu

$$Q = 2\pi \frac{E_{tot}}{E_{per}} \approx \frac{\omega_0}{\Delta\omega} \ , \tag{2.32}$$

wobei für geringe Dämpfung zudem gilt [10]:

$$Q \approx \frac{\omega_0}{\Delta\omega} \approx \frac{m_{eff}}{d}\omega_0 = \frac{\sqrt{m_{eff}k}}{d} \quad . \tag{2.33}$$

Damit ist ein einfacher Zusammenhang zwischen der Dämpfung und dem Gütefaktor der Schwingung für den harmonischen Oszillator gegeben, welcher für alle Betrachtungen in den folgenden Kapiteln verwendet werden soll.

In diesem Abschnitt wurde gezeigt, dass ein nach der *Euler-Bernoulli*-Theorie beschriebener Balken durch ein harmonisches Oszillatormodell dargestellt werden kann. Dieses Modell wird allen weiteren Betrachtungen zu Grunde gelegt und kann, wie später gezeigt wird, auch für die Beschreibung eines Systems aus gekoppelten Cantilevern verwendet werden.

2.3 Netzwerkmodellierung von mechanischen Systemen

Elektro-mechanische Analogien bilden ein nützliches Werkzeug für Verständnis und Analyse von mechanischen Systemen, zum Beispiel in der Elektroakustik [22], [23]. Dazu wird das mechanische System als ein elektrisches Netzwerk abgebildet, aus dem sich direkt Aussagen über das Systemverhalten ableiten lassen [24]. Für komplexere Systeme stehen zudem eine Reihe von Analysewerkzeugen zur Verfügung, zum Beispiel die Knotenspannungs- oder Maschenstromanalyse. Weiterhin kann eine Transformation in den *Laplace*-Raum erfolgen, in welchem Übertragungsfunktionen des System ermittelt und Reaktionen auf verschiedene Anregungsfunktionen (z.B. Impulsfunktion, harmonische Anregung) untersucht werden können. Außerdem kann mittels Schaltungssimulatoren (z.B. PSpice) das dynamische Systemverhalten numerisch berechnet werden.

Die dazu notwendigen Analogien wurden in den 1930er Jahren entwickelt und beruhen auf der Äquivalenz der systembeschreibenden Differentialgleichungen [25], [26]. Es werden die Zuordnungen *Kraft* $\Leftrightarrow$ *Strom* und *Geschwindigkeit* $\Leftrightarrow$ *Spannung* verwendet und eine entsprechende Definition der einzelnen Elemente eingeführt, die in Tabelle 2.1 zusammengefasst sind. Ein einfaches Feder-Masse-Modell wird damit in die elektrische Schaltung in Abbildung 2.5b überführt. Diese Art der Beschreibung von mechanischen Systemen folgt direkt aus der Analyse mechanischer Kraftkreise [24]. Diese Analogie hat den Vorteil, dass die räumliche Anordnung der Elemente im mechanischen und elektrischen System gleich ist und dass die *Kirchhoff*schen Gesetzmäßigkeiten erfüllt werden. Ein Nachteil ergibt sich jedoch daraus, dass sich mechanische Impedanzen nun wie elektrische Admittanzen verhalten und umgekehrt. Dies bedeutet, dass eine mechanische Dämpfung h im elektrischen Modell einem Widerstand $r = 1/h$ entspricht [27].

Vorteilhaft ist, dass die Differentialgleichungen für das mechanische und das elektrische System gleich sind. Weiterhin eignet sich die beschriebene Analogie gut für die Beschreibung von mechanischen Balken. Für die Anwendung müssen folgende Bedingungen erfüllt sein [24]:

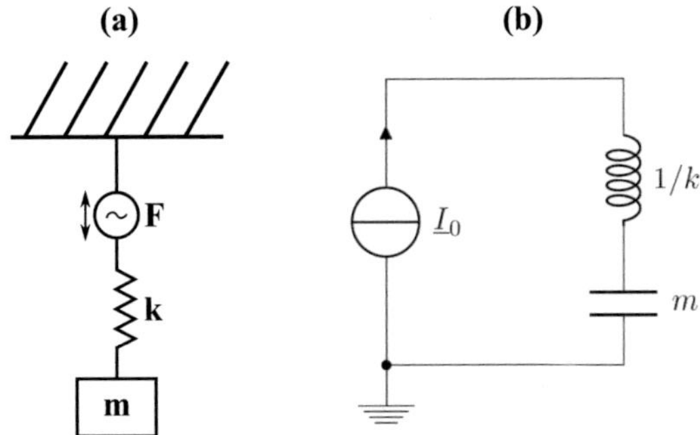

Abbildung 2.5: Das mechanische Feder-Masse System mit periodischer Kraftanregung (a) wird durch die Analogie *Kraft* ⇔ *Strom* in ein elektrisches Netzwerk (b) überführt.

Tabelle 2.1: Analogiebeziehungen zwischen mechanischen und elektrischen Netzwerken.

Mechanisch	Elektrisch
Kraft F	Strom I
Geschwindigkeit v	Spannung U
Masse m	Kapazität $C \equiv m$
Feder k	Induktivität $L \equiv 1/k$
Dämpfer d	Widerstand $R \equiv 1/d$

1. Es handelt sich um ein ebenes Netzwerk mit

2. endlich vielen Freiheitsgraden.

3. Die Analogien werden elementweise angewandt.

4. Alle Massen im mechanischen System haben dasselbe Bezugssystem (starrer Rahmen) und alle Kondensatoren im elektrischen System lassen sich auf dasselbe Potential beziehen.

Besonders der letzte Punkt spielt eine wichtige Rolle, da er die Einschränkung für die Angabe eines mechanischen Systems zu einer elektrischen Schaltung darstellt. Somit kann nicht zu jeder beliebigen elektrischen Schaltung eine mechanische Entsprechung gefunden werden [24]. Im Rahmen dieser Arbeit sollen einseitig eingespannte Balken abgebildet werden, so dass die in Tabelle 2.1 gezeigten Zusammenhänge verwendet werden.

Netzwerkbeschreibung des harmonischen Oszillatormodells

Wie in Abschnitt 2.2 besprochen, lässt sich ein einseitig eingespannter Balken, welcher an seinem eingespannten Ende zu Schwingungen angeregt wird, als harmonischer Oszillator abbilden. Diese Beschreibung des mechanischen Systems kann unter Verwendung der Analogien in Tabelle 2.1 direkt in eine elektrische Schaltung überführt werden, die in Abbildung 2.6 dargestellt ist.

Der Cantilever wird in der Regel mittels eines Piezoaktuators zum Schwingen angeregt. Für die Betrachtungen in der vorliegenden Arbeit ist es nicht notwendig, den Aktuator ebenfalls als elektrische Schaltung (Wandler) zu modellieren, obwohl dies ebenfalls möglich wäre [28, S. 578ff]. Stattdessen wird dessen Wirkung als periodische Auslenkung der Einspannung des Cantilevers mit einer Amplitude $A(t) = A_0 \sin(\omega t)$ und der Kreisfrequenz $\omega = 2\pi f$ angenommen. Diese Amplitude kann in eine Geschwindigkeit $v(t) = \partial A(t)/\partial t = A_0\omega \cos(\omega t)$ umgerechnet und dementsprechend als Spannungsquelle abgebildet werden. Weiterhin wird für die folgenden Betrachtungen die im mechanischen Modell in Abbildung 2.3 eingetragene Interaktion Δk vernachlässigt und nur der Cantilever betrachtet. Mit Hilfe dieser Schaltungsrepräsentation des Cantilevers ist es möglich, entweder analytisch oder mit Hilfe einer Schaltungssimulationssoftware das Verhalten des Cantilevers zu untersuchen. Bei Verwendung einer Schaltungssoftwarem, wie zum Beispiel *PSpice*, kann es aus Gründen der Anschaulichkeit von Vorteil sein, bei der zahlenmäßigen Umrechung von mechanischen Größen in die Werte der elektrischen Bauelemente Konversionsfaktoren zu verwenden, wobei es sich dabei um Zehnerpotenzen handelt [29, S.91]. In dieser Arbeit wird davon jedoch kein Gebrauch gemacht und es werden stattdessen immer die aus mechanischen Elementen direkt bestimmten Werte verwendet.

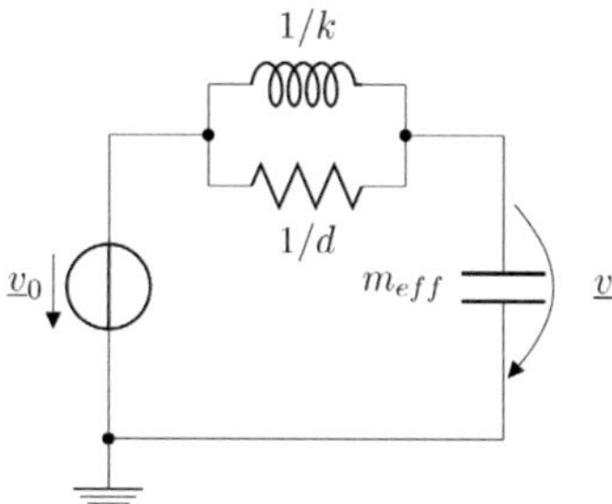

Abbildung 2.6: Schaltungsmodell für einen Cantilever ohne Interaktion, abgeleitet vom mechanischen Modell in Abbildung 2.3

Für das in Abbildung 2.6 gegebene Modell eines einseitig eingespannten Federbalkens kann der Ausdruck für die Geschwindigkeit $\underline{v}$ sehr einfach mit Hilfe der Spannungsteilerregel abgeleitet werden. Der resultierende Ausdruck wird mit den Zusammenhängen für die Federkonstante k bzw. die Nachgiebigkeit:

$$n = 1/k \quad , \tag{2.34}$$

der Eigenfrequenz

$$\omega_0^2 = k/m_{eff} = 1/(n m_{eff}) \tag{2.35}$$

und dem Gütefaktor

$$Q = \omega m_{eff}/d = \omega k/d\omega_0^2 \tag{2.36}$$

umgeformt und ist gegeben als:

$$\frac{v}{v_0} = \frac{1 - \left(\frac{\omega}{\omega_0}\right)^2 + \frac{1}{Q^2}\left(\frac{\omega}{\omega_0}\right)^4}{\left(1 - \left(\frac{\omega}{\omega_0}\right)^2\right)^2 + \frac{1}{Q^2}\left(\frac{\omega}{\omega_0}\right)^4} - j\omega \frac{\frac{1}{Q}\left(\frac{\omega}{\omega_0}\right)^4}{\left(1 - \left(\frac{\omega}{\omega_0}\right)^2\right)^2 + \frac{1}{Q^2}\left(\frac{\omega}{\omega_0}\right)^4} \quad . \tag{2.37}$$

Daraus lassen sich Amplitude und Phase angeben, wobei mit dem Zusammenhang zwischen Geschwindigkeit v und Amplitude A gilt:

$$\left|\frac{v}{v_0}\right| = \left|\frac{A}{A_0}\right| = \frac{\sqrt{\left(1 - \left(\frac{\omega}{\omega_0}\right)^2 + \frac{1}{Q^2}\left(\frac{\omega}{\omega_0}\right)^4\right)^2 + \frac{\omega^2}{Q^2}\left(\frac{\omega}{\omega_0}\right)^8}}{\left(1 - \left(\frac{\omega}{\omega_0}\right)^2\right)^2 + \frac{1}{Q^2}\left(\frac{\omega}{\omega_0}\right)^4} \quad ; \tag{2.38}$$

$$\tan\varphi = \frac{\frac{\omega}{Q}\left(\frac{\omega}{\omega_0}\right)^4}{\left(\frac{\omega}{\omega_0}\right)^2 - \frac{1}{Q^2}\left(\frac{\omega}{\omega_0}\right)^4 - 1} \quad . \tag{2.39}$$

Für den Spezialfall der Anregung des Systems mit der Eigenfrequenz ω_0 und kleiner Dämpfung $Q \gg 1$ wird:

$$\left|\frac{A}{A_0}\right| = Q \qquad \text{und} \tan\varphi = -\omega_0 Q \quad . \tag{2.40}$$

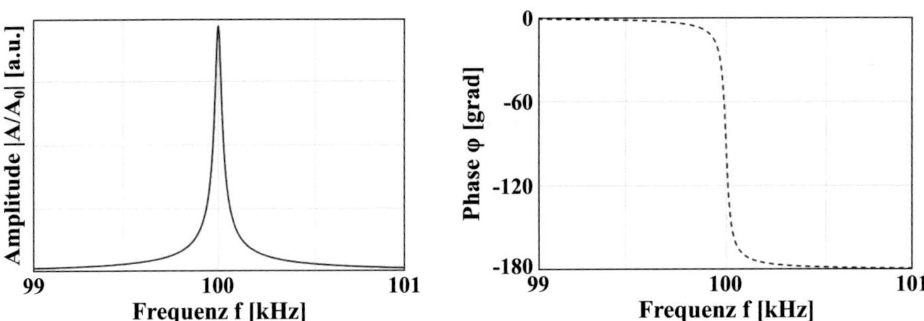

Abbildung 2.7: Amplituden- und Phasenfrequenzgang für einen durch ein elektrisches Netzwerk beschriebenen Cantilever mit den Beispielparametern $f_0 = 100$ kHz, $k = 1$ N/m, $Q = 3000$ nach den Gleichungen (2.38) und (2.39).

In Abbildung 2.7 sind die beiden mit den Gleichungen (2.38) und (2.39) berechneten Verläufe grafisch dargestellt und ein Vergleich mit Abbildung 2.4 zeigt eine Übereinstimmung der Kurven. Dies zeigt die erwartete Äquivalenz zwischen mechanischer und elektrischer Systembeschreibung, welche in späteren Kapiteln verwendet wird, um komplexe mechanische Modelle durch elektrische Schaltungen zu beschreiben und zu analysieren.

3 Grundlagen des Magnetismus

Die Erforschung magnetischer Eigenschaften von Materialien ist ein wichtiges Gebiet der Materialwissenschaft mit vielen potenziellen Anwendungsmöglichkeiten, zum Beispiel in der Mikroelektronik und Datenspeichertechnik. Um diese Eigenschaften zu analysieren und zu verstehen, ist ein grundlegendes Verständnis für Magnetismus, dessen Entstehung und die verschiedenen Ausprägungen notwendig. Einen möglichen Beschreibungsansatz bildet die quantenmechanische Betrachtung von Austauschwechselwirkungen als Grundlage von magnetischen Phänomenen [30], ein weiterer Ansatz ist die klassische Betrachtung der Bewegung von Elektronen im Atom [31], [32]. Für die Untersuchung magnetischer Eigenschaften in späteren Kapiteln sind nur ausgewählte Eigenschaften und magnetische Phänomene, wie zum Beispiel Ummagnetisierungsprozesse, von Interesse. Deshalb wird die zugrunde liegende Theorie des Magnetismus hier insbesondere im Hinblick auf diese Anwendung beschrieben und entsprechende Formeln abgeleitet. Für eine detailliertere Beschreibung der Theorie des Magnetismus wird auf die umfangreiche Literatur verwiesen, zum Beispiel [31, 33, 34, 35, 36].

3.1 Das magnetische Moment

Eine grundlegende Größe, um Magnetismus zu beschreiben, ist das magnetische Moment μ. Dieses kann für ein Elektron, welches um den Atomkern kreist, durch das klassische *Bohr*sche Atommodell beschrieben werden [31]. Die Bewegung des Elektrons auf einer Kreisbahn mit dem Radius r um den Kern entspricht einem Kreisstrom I derart, dass das magnetische Moment gegeben ist als [31]:

$$\mu = \pi r^2 I = -\frac{e\hbar}{2m_e} \equiv -\mu_B \quad .$$
(3.1)

Dabei ist e die Elementarladung des Elektrons, m_e die Elektronenmasse und μ_B das *Bohr*sche Magneton, d.h. das elementare magnetische Moment, welches das Elektron aufgrund seiner Bahnbewegung um den Atomkern besitzt.

Diese klassische Betrachtung reicht jedoch nicht aus, um das gesamte magnetische Moment eines Atoms zu beschreiben. Dieses hat insgesamt drei Ursachen: den bereits genannten Bahndrehimpuls der Elektronen, den Elektronenspin und die Änderung des Bahndrehimpulses auf Grund eines äußeren magnetischen Feldes [34, S. 456]. Je nach der Verteilung der Spin- und

Bahnmomente der Elektronen eines Atoms bilden sich verschiedene Formen des Magnetismus aus: diamagnetisches, paramagnetisches und ferro- bzw. antiferro- und ferrimagnetisches Verhalten. Im Laufe dieses Kapitels werden nur die drei erstgenannten Formen genauer betrachtet, da sie für diese Arbeit wichtig sind.

Das magnetische Moment muss auf Grund der Tatsache, dass keine magnetischen Einzelladungen existieren, immer als ein Dipolmoment aufgefasst werden. Demzufolge kann es in Analogie zu einem elektrischen Dipol durch zwei gedachte magnetische Monopole $+q$ und $-q$ mit dem Abstandsvektor $\vec{l}$ beschrieben werden [35, S. 4]:

$$\vec{\mu} = q \cdot \vec{l} \quad . \tag{3.2}$$

Die Energie E_μ des magnetischen Momentes in einem äußeren Magnetfeld $\vec{B}$ ist gegeben als:

$$E_\mu = -\vec{\mu} \cdot \vec{B} \quad . \tag{3.3}$$

Diese Energie ist minimal, wenn das magnetische Moment in Feldrichtung ausgerichtet ist. Ist dies nicht der Fall, so wirkt auf das magnetische Moment ein Drehmoment τ mit:

$$\vec{\tau} = \vec{\mu} \times \vec{B} \quad , \tag{3.4}$$

welches das Moment in Feldrichtung dreht. Da das magnetische Moment selbst einen Drehimpuls besitzt, führt es eine Präzessionsbewegung aus, d.h. die Bewegung des Momentes ist zeitabhängig [31, S. 3]. Im Falle einer wirksamen Dämpfung führt diese Präzessionsbewegung zu einer spiralförmigen Bahn, an deren Ende das magnetische Moment in Feldrichtung ausgerichtet ist. Im Folgenden werden stets zeitlich langsam veränderliche Prozesse und Dämpfung angenommen, so dass die Präzessionsbewegung des magnetischen Momentes vernachlässigt werden kann und nur die letztendliche Ausrichtung des magnetischen Momentes betrachtet wird.

3.2 Magnetisierung und magnetisches Feld

Ein Festkörper besteht aus einer großen Anzahl von Atomen, weshalb die Magnetisierung $\vec{M}$ als das magnetische Moment pro Volumeneinheit gegeben ist [34, S. 456]. Die Magnetisierung ist im Allgemeinen eine vektorielle Größe und es wird von einer „Kontinuums-Approximation" ausgegangen, d.h. das betrachtete Volumen ist so groß, dass die einzelnen atomaren magnetischen Momente nicht mehr sichtbar sind [31, S. 4].

Im freien Raum können elektromagnetische Felder auftreten, welche durch die *Maxwell*-Gleichungen beschrieben werden. Für den quasi-magnetostatischen Fall lauten diese [36, S. 233]:

$$\operatorname{rot} \vec{H} = 0 \tag{3.5}$$

$$\operatorname{div} \vec{B} = 0 \quad . \tag{3.6}$$

Ein wirbelfreies Feld lässt sich immer durch den Gradienten eines Skalarfeldes darstellen [32], so dass ein skalares magnetisches Potential Φ durch:

$$\vec{H} = -\operatorname{grad} \Phi \tag{3.7}$$

definiert werden kann.

Zwischen der magnetischen Flussdichte $\vec{B}$ und der magnetischen Feldstärke $\vec{H}$ besteht zudem im freien Raum der Zusammenhang [31, S. 4]:

$$\vec{B} = \mu_0 \vec{H} \quad , \tag{3.8}$$

mit der Permeabilität des Vakuums μ_0. Da sich nach Gleichung (3.8) diese beiden Felder lediglich um eine Proportionalitätskonstante unterscheiden, wird oftmals im allgemeinen Sprachgebrauch der Begriff *Magnetfeld* auch für die magnetische Flussdichte verwendet und demzufolge in der Einheit *Tesla* angegeben.

Für die magnetischen Felder innerhalb eines Materials wird der Ausdruck in Gleichung (3.8) um die Magnetisierung erweitert [31, S. 5], so dass sich der Zusammenhang:

$$\vec{B} = \mu_0 \left(\vec{H} + \vec{M} \right) \tag{3.9}$$

ergibt. In einem linearen Material hängt die Magnetisierung zudem linear vom äußeren magnetischen Feld ab [31, S. 5] und kann durch die magnetische Suszeptibilität χ beschrieben werden:

$$\vec{M} = \chi \vec{H} \quad . \tag{3.10}$$

Einsetzen dieses Zusammenhangs in Gleichung (3.9) liefert den Ausdruck:

$$\vec{B} = \mu_0 \left(1 + \chi \right) \vec{H} = \mu_0 \mu_r \vec{H} \tag{3.11}$$

mit der relativen Permeabilität μ_r. Je nachdem, welche Form des Magnetismus vorliegt (Dia-, Para- oder Ferromagnetismus), unterscheiden sich die magnetischen Suszeptibilitäten χ bzw. die relative Permeabilität μ_r.

3.3 Diamagnetismus

Bei diamagnetischen Materialien kompensieren sich die Bahn- und Spinmomente im Atom, so dass nur durch ein äußeres magnetisches Feld ein magnetisches Moment erzeugt werden kann. Dies kann klassisch nach der *Lenz*schen Regel beschrieben werden: Wirkt auf einen Strom ein äußeres Magnetfeld, so wird ein Gegenfeld erzeugt, welches der Ursache seiner Entstehung entgegen gerichtet ist [34, S. 457]. Für den Fall eines um den Atomkern bewegten Elektrons bedeutet dies, dass ein entgegengesetztes magnetisches Moment entsteht. Damit ergibt sich nach *Langevin* die magnetische Suszeptibilität für N Atome pro Volumeneinheit mit jeweils Z Elektronen und dem Radius r der Elektonen im Atom zu [34, S. 458]:

$$\chi = -\frac{\mu_0 N Z e^2}{6 m_e} \langle r^2 \rangle \quad .\tag{3.12}$$

Der Wert für den Radius kann entweder über quantenmechanische Betrachtungen ermittelt [34, S. 458] oder unter bestimmten Bedingungen angenähert werden [31, S. 21]. Die magnetische Suszeptibilität ist, wie Gleichung (3.12) zeigt, negativ und zudem sehr klein und liegt etwa im Bereich 10^{-6} bis 10^{-5} [37, S. 275], [35, S. 7], was gleichbedeutend mit $\mu_r < 1$ ist. Diamagnetismus ist zudem nahezu temperaturunabhängig [31, S. 21]. Alle Stoffe zeigen diamagnetisches Verhalten, jedoch ist der Effekt so klein, dass er nur auftritt, wenn er nicht vom stärkeren Para- oder Ferromagnetismus überdeckt wird [31, S. 22].

3.4 Paramagnetismus

In paramagnetischen Materialien kompensieren sich die Spin- und Bahnmomente im Atom nicht, so dass das Atom insgesamt ein magnetisches Moment besitzt, welches für ein freies Atom oder Elektron gegeben ist durch [34, S. 460]:

$$\vec{\mu} = -g \mu_B \vec{J} \quad .\tag{3.13}$$

Dabei ist μ_B das bereits diskutierte *Bohr*sche Magneton, g das gyromagnetische Verhältnis und $\vec{J}$ der Gesamtdrehimpuls, welcher die Summe von Bahn- und Spindrehimpuls ist. Je nachdem, ob der Paramagnetismus durch Atome oder das frei bewegliche *Fermi*-Gas aus Leitungsclektronen hervorgerufen wird, folgen an dieser Stelle unterschiedliche Betrachtungen. Diese quantenmechanischen Grundlagen und Details zur Entstehung des Paramagnetismus sind im Rahmen der vorliegenden Arbeit allerdings nicht von Interesse, weshalb auf entsprechende Literatur verwiesen wird [31], [34]. Hier soll nur angegeben werden, dass die magnetische Suszeptibilität eines Paramagneten klein und positiv ist, d.h. $\chi > 0$ und $\mu_r > 1$. Weiterhin gibt es die verschiedenen Formen *Langevin*-Paramagnetismus, *Van Vleck*-Paramagnetismus und *Pauli*-Paramagnetismus, welche in Abhängigkeit von Gesamtdrehimpuls und Art der Momente (lokalisiert oder delokalisiert) unterschieden werden. Von den genannten Arten ist nur der *Langevin*-Paramagnetismus von der Temperatur T abhängig und folgt dem *Curie*-Gesetz $\chi = C/T$, wobei C die *Curie*-Konstante ist [34, S. 486]. Außerdem ist der *Langevin*-Paramagnetismus die Form mit der höchsten magnetischen Suszeptibilität, welche in der Größenordnung 10^{-3} liegt [38]. Insgesamt liegt die paramagnetische Suszeptibilität im Bereich $10^{-3}...10^{-5}$ [35, S. 8]. In Abbildung 3.1 ist die magnetische Suszeptibilität für Dia- und Paramagnetismus zur Veranschaulichung dargestellt.

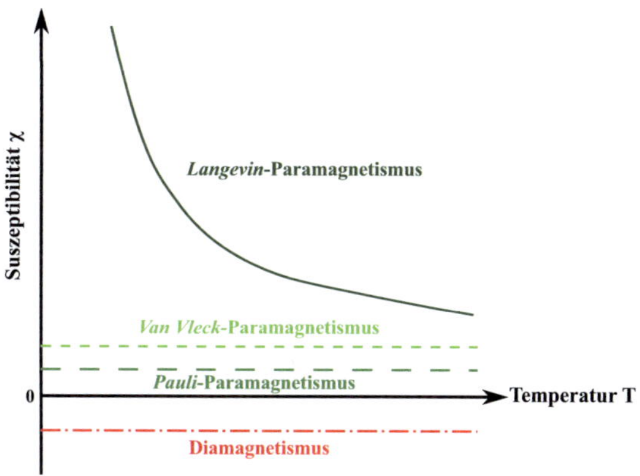

Abbildung 3.1: Magnetische Suszeptibilität in Abhängigkeit von der Temperatur für Dia- und Paramagnetismus, angelehnt an [34, S. 456].

3.5 Ferromagnetismus

In einem ferromagnetischen Material kompensieren sich ähnlich wie beim Paramagneten die Spin- und Bahnmomente der Atome nicht. Zusätzlich tritt jedoch eine Wechselwirkung auf, welche ohne ein äußeres Magnetfeld zur Ausbildung einer magnetischen Ordnung, d.h. einer Ausrichtung der magnetischen Momente, führt [34, S. 485]. Dieses Verhalten kann durch ein Austauschfeld beschrieben werden, welches 1906 von Pierre Weiss postuliert wurde und deshalb auch als *Weiss*sches Molekularfeld bezeichnet wird [39, S. 118]. Dabei handelt es sich jedoch nicht um ein reales Magnetfeld, allerdings kann es für die Ableitung der Eigenschaften eines Ferromagneten theoretisch als solches behandelt werden [34, S. 485]. Aus dieser Theorie folgt, dass ein Material zwar ein spontanes magnetisches Moment haben kann, jedoch in seiner Gesamtheit keine oder nur eine geringe Magnetisierung aufweist [33, S. 5]. Der Grund dafür liegt in der Ausbildung magnetischer Domänen, von denen jede mit der temperaturabhängigen Sättigungsmagnetisierung M_s magnetisiert ist, aber die Magnetisierungsrichtung sich je nach Domäne unterscheidet und so im Gesamten eine Magnetisierung von Null ergibt. Die

Entstehung von Domänen und deren Größe und Orientierung kann durch die Minimierung der magnetischen Gesamtenergie des Materials beschrieben werden, wie später in diesem Kapitel diskutiert wird. Eine ferromagnetische Ordnung, bei der alle magnetischen Momente innerhalb einer Domäne exakt parallel ausgerichtet sind, kann nur für die Tempertatur $T = 0$ K erreicht werden. Bei höheren Temperaturen wirkt die thermische Energie der Ordnung entgegen und oberhalb der *Curie*-Temperatur T_c geht das Verhalten in Paramagnetismus über, wie Abbildung 3.2 zeigt. In diesem Bereich ist fast keine spontane Magnetisierung mehr vorhanden und die paramagnetische Suszeptibilität folgt dem *Curie-Weiss*-Gesetz [34, S. 486]:

$$\chi = C / \left(T - T_c \right) \quad . \tag{3.14}$$

Unterhalb der *Curie*-Temperatur hängt die Magnetisierung auf Grund der Ausbildung einer spontanen Magnetisierung und gegebenenfalls einer Domänenstruktur im Allgemeinen nicht mehr linear vom äußeren Feld ab, sondern zeigt ein komplexes Verhalten, welches durch eine Hysteresekurve beschrieben werden kann. Ein Beispiel ist in Abbildung 3.3 dargestellt. Es wird deutlich, dass die Magnetisierung von der „magnetischen Vorgeschichte", d.h. vom zeitlichen Verlauf des äußeren Magnetfeldes abhängt. Wenn zunächst ein nicht aufmagnetisiertes ferromagnetisches Material angenommen wird, folgt die Magnetisierung dem Verlauf der gestrichelt eingezeichneten Neukurve. Für sehr hohe äußere Feldstärken erreicht die Gesamtmagnetisierung schließlich die Sättigungsmagnetisierung M_s. Wird nach dem Aufmagnetisieren das äußere Magnetfeld wieder zu Null, so bleibt eine Restmagnetisierung im Material, die Remanenz M_r. Um diese Restmagnetisierung zu beseitigen, muss ein entgegengesetztes äußeres Feld angelegt werden, das als Koerzitivfeld H_c bezeichnet wird [33, S. 2f]. Die gezeigte Hystereskurve ist ein generisches Beispiel, der genaue Verlauf hängt von der Art des Materials ab, wobei zum Beispiel danach unterschieden wird, ob das Material leicht (weichmagnetisch) oder schwer (hartmagnetisch) durch ein äußeres Magnetfeld magnetisierbar ist.

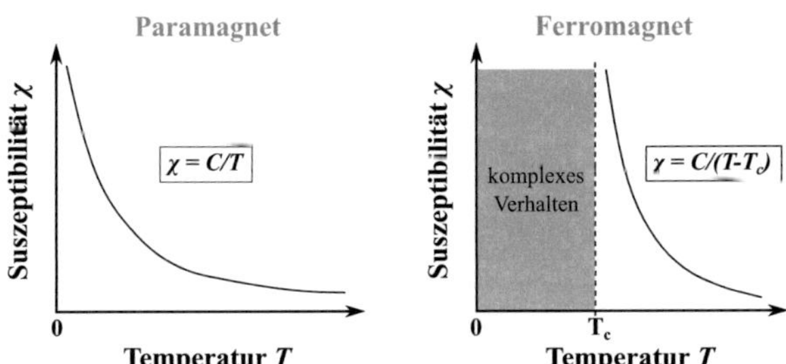

Abbildung 3.2: Magnetische Suszeptibilität in Abhängigkeit von der Temperatur für Para- und Ferromagnetismus, nach [34, S. 509].

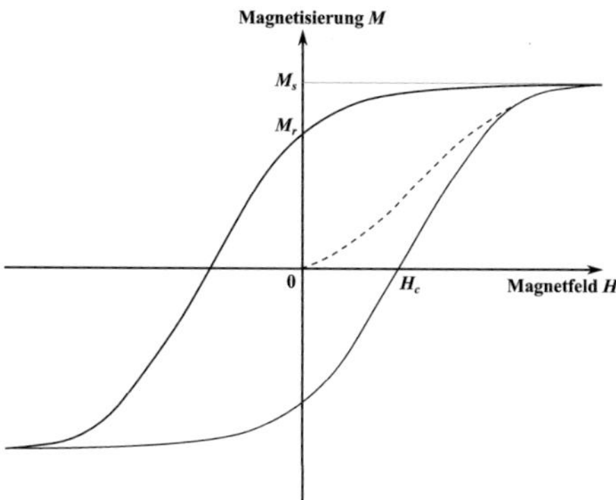

Abbildung 3.3: Generische Hysteresekurve für ein ferromagnetisches Material: M_s Sättigungsmagnetisierung, M_r Remanz, H_c Koerzitivfeld(nach [33, S. 2]).

3.5.1 Ausbildung magnetischer Domänen

Wie bereits beschrieben, bilden sich in ferromagnetischen Materialien Domänen, d.h. Bereiche, die mit der Sättigungsmagnetisierung magnetisiert sind, aus. Die Richtung der Magnetisierung unterscheidet sich dabei von einer Domäne zur nächsten und folgt aus der Minimierung der Streufeldenergie, d.h. der Energie des Magnetfeldes, welches durch den Ferromagneten erzeugt wird. Dies ist an einem Beispiel in Abbildung 3.4 gezeigt. Zunächst wird angenommen, dass nur eine magnetische Domäne vorhanden ist. Diese sei in y-Richtung magnetisiert. Das magnetische Streufeld H_d dieser Domäne kann durch die Annahme von magnetischen Ladungen an den Übergängen des magnetisierten Körpers zum freien Raum beschrieben werden. Wird nun eine Domänenwand eingefügt und die Magnetisierung der entstandenen Domänen ist gerade entgegengesetzt, wird das Streufeld stark verringert. Das Einfügen weiterer Domänenwände verringert die Streufeldenergie kaum. Stattdessen ist es nun energetisch günstiger, wenn weitere Domänen mit gedrehter Magnetisierung ausgebildet werden. Dies führt zu der in Abbildung 3.4d gezeigten Struktur [34, S. 519f].

Bei der Beschreibung von magnetischen Domänen muss neben der Energie des Streufeldes, welche durch das Einfügen der Domänenwände verringert wird, ebenfalls die Energie berücksichtigt werden, welche für den Aufbau einer solchen Wand notwendig ist. Die entsprechende Domänenkonfiguration wird sich deshalb als Folge einer Minimierung der Gesamtenergie ausbilden. In realen Materialien liegen die Domänen zudem nicht so ideal wie in Abbildung 3.4d gezeigt, sondern es existieren verschiedenste Orientierungen der Magnetisierung, da zum Beispiel auch Defekte im Kristallgitter eine Rolle spielen [34, S 513].

Es treten zwei verschiedene Arten von Domänenwänden auf: *Bloch*- und *Néel*-Wände, wobei die letztgenannten in der Regel nur bei sehr dünnen Schichten entstehen. Die beiden Wandarten unterscheiden sich in ihrer Breite und der Wandenergie, welche jeweils von der Austauschwech-

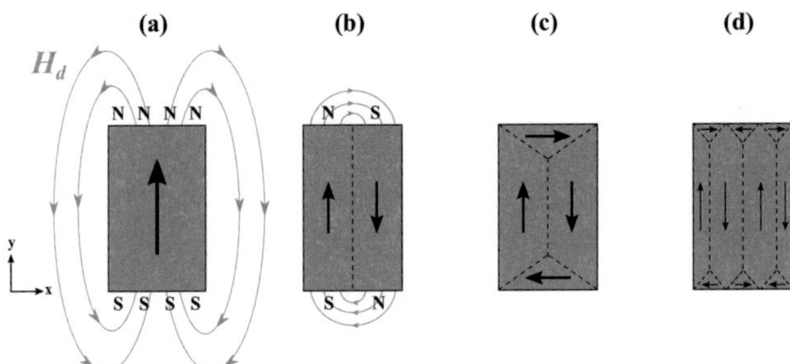

Abbildung 3.4: Domänenbildung zur Minimierung der Streufeldenergie H_d (nach [34, S. 520]): (a) nur eine Domäne, (b) bis (d) Verringerung des Streufeldes durch Hinzufügen weiterer Domänen mit unterschiedlicher Magnetisierungsrichtung. Die Pfeile zeigen die Richtung der Magnetisierung der einzelnen Domänen.

selwirkung der magnetischen Momente und der Spins der Domänen (ausgedrückt durch die Konstante A) und der Kristallstruktur (Anisotropiekonstante K) abhängen. Weiterhin dreht die Magnetisierung in einer *Néel*-Wand in der Ebene der Magnetisierung, was eine höhere Wandenergie zur Folge hat als bei der *Bloch*-Wand, in der die Magnetisierung senkrecht zur Ebene dreht [36, S. 243]. Für die im Allgemeinen vorkommende *Bloch*-Wand ist die Wanddicke gegeben als $\delta_w = 4\sqrt{A/K}$ mit der Wandenergie $e_w = 4\sqrt{AK}$ [36, S. 242].

3.5.2 Eindomänigkeit

Die obigen Betrachtungen zur Minimierung der Streufeldenergie durch Einfügen von Domänenwänden führt zu der Schlussfolgerung, dass ein kritisches Volumen des magnetischen Körpers existieren muss, bei dem die Minderung der Streufeldenergie durch Einfügen einer Domänenwand **kleiner** ist als die Wandenergie. Dies ist die Grenzbedingung für den eindomänigen Zustand. Um das kritische Volumen zu ermitteln, müssen die Streufeld- und Wandenergie bestimmt werden, welche von der atomaren Struktur des Materials und der Geometrie abhängen [31, S. 133]. Für eine Kugel ergibt sich ein kritischer Radius r_c zu [31, S. 134]:

$$r_c < \frac{9e_w}{\mu_0 M_s^2} \quad . \tag{3.15}$$

Für andere Geometrien, wie zum Beispiel Zylinder, steigt die kritische Größe mit steigendem Aspektverhältnis von Länge zu Durchmesser [40].

Alle in dieser Arbeit mit Cantilever-Magnetometrie untersuchten Proben haben so kleine Abmessungen, dass sie im Bereich der Eindomänigkeit liegen. Deshalb wird im Folgenden das Verhalten solcher eindomäniger Partikel näher betrachtet, wobei von einem Rotationsellipsoid ausgegangen wird [41], durch welches sich viele andere Partikelformen annähern lassen.

3.5.3 Magnetische Energie

Die magnetische Gesamtenergie eines ferromagnetischen Partikels E_{tot} setzt sich im Allgemeinen aus mehreren Beiträgen zusammen: Austauschenergie E_A, *Zeeman*-Energie E_Z, Formanisotropieenergie E_F (teilweise auch als Entmagnetisierungsenergie bezeichnet), magnetokristalline Anisotropieenergie E_{mk}, Energie durch Magnetostriktion E_{ms} und Energien E_0 durch äußere Einwirkungen [36, S. 234]:

$$E_{tot} = E_A + E_Z + E_F + E_{mk} + E_{ms} + E_0 \quad . \tag{3.16}$$

Die magnetische Struktur in einem Material bildet sich so aus, dass diese Gesamtenergie minimal wird. Für den Fall eines eindomänigen homogen magnetisierten Rotationsellipsoids, auf den keine äußere Kraft wirkt, können die letzten beiden Energieterme vernachlässigt werden. Die anderen vier Energiebeiträge werden im Folgenden näher betrachtet.

a. Austauschenergie E_A

Die Austauschenergie beschreibt die Wechselwirkung der Spins, welche die magnetische Ordnung hervorruft, und ist für einen Ferromagneten gegeben als:

$$E_A = -\sum_{i>j} J_{ij} S^2 \quad , \tag{3.17}$$

wobei J_{ij} das Austauschintegral und S den zu einem Atom gehörigen Spin darstellt [42]. Die Wechselwirkung ist kurzreichweitig und kann durch die Konstante A ausgedrückt werden, welche von der *Curie*-Temperatur T_c und der Gitterkonstanten a_0 abhängt [36, S. 235]

$$A \approx \frac{k_B T_c}{2a_0} \quad . \tag{3.18}$$

Weiterhin kann eine Austauschlänge l_{ex} definiert werden, welches die kürzeste Längeneinheit darstellt, auf der die Magnetisierung gedreht werden kann, um die Energie zu minimieren. Diese ist gegeben als [36, S. 236]:

$$l_{ex} = \sqrt{\frac{A}{\mu_0 M_s^2}} \quad . \tag{3.19}$$

b. *Zeeman*-Energie E_Z

Die *Zeeman*-Energie ist die Energie, die ein magnetisierter Körper mit der Magnetisierung $\vec{M}$ in einem äußeren Magnetfeld $\vec{H}$ aufweist [42]. Diese ist allgemein in Integralform gegeben und wird genau dann minimal, wenn die Magnetisierung entlang des äußeren Feldes ausgerichtet ist [17]. Im Allgemeinen sorgen jedoch die anderen Energiebeiträge im Ferromagneten dafür, dass die Magnetisierung nicht in Richtung des äußeren Feldes zeigt, sondern mit dem Feld einen Winkel α einschließt. Für einen homogen magnetisierten Körper mit dem Volumen V ergibt sich deshalb mit Verwendung der Sättigungsmagnetisierung M_s:

$$E_Z = -\mu_0 \int \vec{M} \cdot \vec{H} dV = -\mu_0 V H M_s \cos \alpha \quad . \tag{3.20}$$

c. Formanisotropieenergie E_F

Die Formanisotropieenergie bzw. Entmagnetisierungsenergie ist bestimmt durch die Wechselwirkung des magnetisierten Volumens mit seinem eigenen Streufeld ohne die Einwirkung eines äußeren Magnetfeldes. Auf Grund der Form eines ferromagnetischen Körpers bilden sich bestimmt Vorzugsrichtungen der Magnetisierung aus, sogenannte leichte Achsen, und energetisch ungünstige Richtungen, sogenannte schwere Achsen.

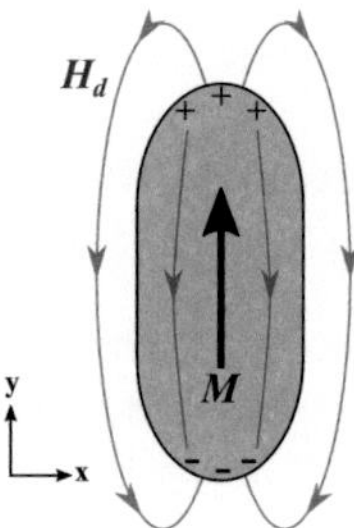

Abbildung 3.5: Streufeld H_d und Magnetisierung M in einem eindomänigen homogen magnetisierten Partikel. Das Streufeld kann durch angenommene magnetische Ladungen am Übergang zwischen Material und Luft beschrieben werden. (nach [43])

Um die Energie der Formanisotropie zu bestimmen, muss das Entmagnetisierungsfeld einos homogen magnetisierten Volumens genauer betrachtet werden, welches in Abbildung 3.5 dargestellt ist. Aus der Magnetisierung resultiert das gezeigte Streufeld $\vec{H}_d$, welches sich sowohl im Inneren des magnetischen Körpers als auch im freien Raum ausbreitet und im Inneren der Magnetisierung entgegengerichtet ist. Mathematisch lässt sich dieses Streufeld durch die *Maxwell*-Gleichung (3.6) und den Zusammenhang für die magnetische Flussdichte aus Gleichung (3.9) ausdrücken:

$$\text{div } \vec{H}_d = -\text{div } \vec{M} \quad . \tag{3.21}$$

Mit der Definition, dass sich ein wirbelfreies Feld durch den Gradienten eines skalaren magnetischen Potentials Φ_d beschreiben lässt, folgt in Analogie zur Poisson-Gleichung der Elektrostatik [43]:

$$\text{div grad } \Phi_d = \text{div } \vec{M} \quad . \tag{3.22}$$

Daraus kann über die Definition einer magnetischen Volumenladungsdichte und einer Oberflächenladungsdichte die Streufeldenergie E_d abgeleitet werden, welche sich durch [36, S. 237]

$$E_d = -\frac{1}{2} \int_{Probe} \mu_0 \vec{H}_d \vec{M} dV = \frac{1}{2} \int_{Raum} \mu_0 \vec{H}_d^2 dV \tag{3.23}$$

ausdrücken lässt. Einsetzen der Gleichungen (3.22) und (3.21) führt zu einem komplexen Ausdruck für die Streufeldenergie, welche von der Probenform abhängt [43]. Wird jedoch ein homogen magnetisiertes Rotationsellipsoid angenommen, kann der Zusammenhang zwischen Streufeld und Magnetisierung durch einen Entmagnetisierungstensor $\hat{N}$ angegeben werden [36, S. 237]. Liegt die Magnetisierung entlang einer der Hauptachsen des Ellipsoids, kann der Tensor diagonalisiert werden und hat die Form [36, S. 36]

$$\hat{N} = \left\{ \begin{array}{ccc} N_x & 0 & 0 \\ 0 & N_y & 0 \\ 0 & 0 & N_z \end{array} \right\} \tag{3.24}$$

mit den Entmagnetisierungsfaktoren N_x, N_y, N_z. Diese sind zudem über die Bedingung

$$N_x + N_y + N_z = 1 \tag{3.25}$$

verknüpft [36, S. 36]. Für das Rotationsellipsoid mit der langen Achse c und der kurzen Achse a und dem Verhältnis $\Lambda = c/a$ können die Entmagnetisierungsfaktoren exakt angegeben werden. Dazu wird angenommen, dass die lange Achse c parallel zur x-Achse im Koordinatensystem liegt und sich dementsprechend ergibt [42]:

$$N_x = \frac{1}{\Lambda^2 - 1} \left[\frac{\Lambda}{2\sqrt{\Lambda^2 - 1}} \cdot ln\left(\frac{\Lambda + \sqrt{\Lambda^2 - 1}}{\Lambda - \sqrt{\Lambda^2 - 1}} \right) - 1 \right] \tag{3.26}$$

$$N_y = N_z = \frac{\Lambda}{2(\Lambda^2 - 1)} \left[\Lambda - \frac{1}{2\sqrt{(\Lambda^2 - 1)}} \cdot ln\left(\frac{\Lambda + \sqrt{\Lambda^2 - 1}}{\Lambda - \sqrt{\Lambda^2 - 1}} \right) \right] \tag{3.27}$$

Tabelle 3.1: Entmagnetisierungsfaktoren für verschiedene Geometrien (aus [36, S.36]).

Form	Richtung der Magnetisierung	N_i
Kugel	beliebig	1/3
Zylinder	parallel zur Achse	0
	senkrecht zur Achse	1/2
Dünner Film	parallel zur Ebene	0
	senkrecht zur Ebene	1

Für andere Geometrien sind die Ausdrücke für die Entmagnetisierungsfaktoren im Allgemeinen kompliziert, jedoch können für bestimmte geometrische Formen sehr gute Näherungswerte angegeben werden [36, S. 36]. Dabei wird angenommen, dass sich zum Beispiel Zylinder, Kugeln oder auch dünne Schichten durch einbeschriebene Rotationsellipsoide annähern lassen. In Tabelle 3.1 sind einige Beispiele angegeben. Genauere Betrachtungen und Berechnungen zu Entmagnetisierungsfaktoren finden sich zum Beispiel in [44, 45, 46, 47].

Mit diesen Entmagnetisierungsfaktoren lässt sich die Formanisotropieenergie schließlich angeben als [36, S. 53]

$$E_F = \frac{1}{2}\mu_0 V M_s^2 N \quad , \tag{3.28}$$

wobei V das Volumen und N die Entmagnetisierungsfaktoren entsprechend dem gewählten Koordinatensystem sind.

d. Magnetokristalline Anisotropieenergie E_{mk}

Einen weiteren Energiebeitrag liefert die magnetokristalline Anistotropie, welche durch das lokale Kristallfeld und dessen Einfluss auf die Spin- und Bahnmomente gegeben ist. Dieser Beitrag ist im Allgemeinen komplex und hängt von den Anisotropiekonstanten und den Winkeln zwischen der Magnetisierungsrichtung und den Kristallachsen ab [42]. Da für die im Rahmen dieser Arbeit untersuchten eisengefüllten Kohlenstoffnanoröhren bereits gezeigt wurde, dass die Formanistoropie gegenüber der magnetokristallinen Anisotropie dominiert und letztere vernachlässigt werden kann [40], wird diese hier nicht weiter betrachtet.

Zusammenfassend gilt für die Energiebeiträge, dass Austausch-, *Zeeman-* und Formanisotropieenergie für die in dieser Arbeit untersuchten magnetischen Strukturen dominieren. Für ein beliebig orientiertes äußeres Magnetfeld kann über die Minimierung dieser Energiebeiträge die Richtung der Magnetisierung der Struktur ermittelt werden. Die Austauschenergie liefert bei dieser Minimierung einen konstanten Beitrag, welcher in den Betrachtungen folgender Kapitel keine Rolle spielt und deshalb werden nachfolgend ausschließlich die *Zeeman-* und die Formanisotropieenergie berücksichtigt.

Eine Beschreibung eines magnetischen Körpers, bei dem nur *Zeeman*- und Anisotropieenergie betrachtet werden, ist das *Stoner-Wohlfarth*-Modell [33, S. 105]. In diesem Modell wird von einem homogen magnetisierten Rotationsellipsoid ausgegangen, welches eine uniaxiale Anisotropie aufweist, wobei es keine Rolle spielt, ob es sich um Formanisotropie oder magnetokristalline Anisotropie handelt [33, S. 105], [36, S. 247]. Dieses Modell ist die einfachste Beschreibung für ein solches Rotationsellipsoid und kann zum Beispiel dazu verwendet werden, um Hysteresekurven analytisch zu berechnen. Eine genauere Beschreibung des Modells findet sich zum Beispiel in [41] oder [48]. Es werden jedoch dazu einige vereinfachende Annahmen getroffen, welche für reale Systeme nicht unbedingt zutreffen, wie zum Beispiel die uniaxiale Anisotropie oder die Annahme der Form eines Ellipsoiden [48]. Dies führt dazu, dass wichtige Größen wie das Schaltfeld, bei dem die Magnetisierung des Materials ihre Richtung „sprunghaft" ändert, überschätzt werden.

3.5.4 Ummagnetisierungsprozesse

Wird an ein homogen magnetisiertes Partikel ein äußeres Magnetfeld angelegt, welches der Magnetisierung entgegengerichtet ist, so kommt es bei einer ausreichend hohen Feldstärke zu einem Ummagnetisieren, d.h. die Magnetisierung dreht sich in Richtung des äußeren Feldes. Dieses Ummagnetisieren, welches auch als magnetisches Schalten bezeichnet wird, ist eine Folge der Minimierung der magnetischen Gesamtenergie und kann durch drei verschiedene Prozesse beschrieben werden: kohärente Rotation, Curling oder Buckling. Aufgrund des Fehlens einer passenden deutschen Übersetzung werden für die beiden letztgenannten Mechanismen die englischen Bezeichnungen verwendet. Kohärente Rotation und Curling sind schematisch in Abbildung 3.6 dargestellt.

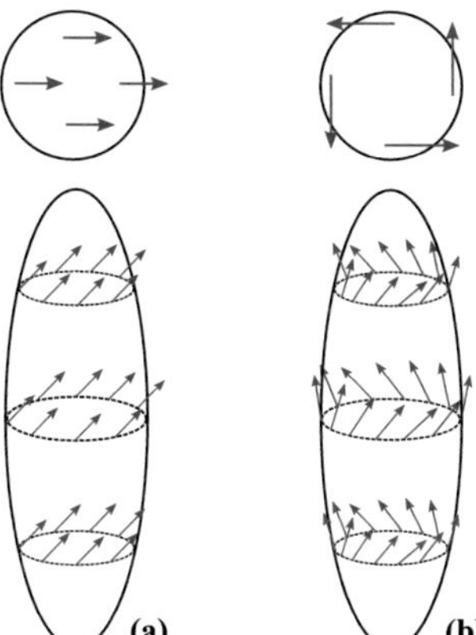

Abbildung 3.6: Mögliche Ummagnetisierungsprozesse in einem eindomänigen homogen magnetisierten Rotationsellipsoiden: (a) kohärente Rotation, (b) Curling (nach [34] und [42]).

Bei der kohärenten Rotation wird angenommen, dass alle magnetischen Momente während des gesamten Umkehrprozesses parallel bleiben und als Gesamtheit drehen [42]. Dabei wird zwar die Austauschenergie minimiert, jedoch kommt es zu einer Zunahme an Streufeldenergie, da die Magnetisierung durch die schwere Achse des Körpers drehen muss [42]. Die kohärente Rotation wird durch das *Stoner-Wohlfarth*-Modell beschrieben.

Bei Ummagnetisierung durch Curling müssen die magnetischen Momente während der Drehung nicht parallel ausgerichtet sein, sondern bilden einen „Vortex"-Zustand, bei dem die Momente parallel zur Oberfläche liegen [36, S. 246]. Durch diese Drehung der einzelnen magnetischen Momente wird die Austauschenergie erhöht, aber die Streufeldenergie minimiert, da auch beim Drehen durch die schwere Richtung kein Streufeld erzeugt wird [42]. Die dritte Form, das Buckling, ist eine Mischung aus den beiden zuvor beschriebenen Mechanismen und es erzeugt ein geringeres Streufeld als die kohärente Rotation [36, S. 247]. Allerdings ist diese Form der Ummagnetisierung eher theoretischer Natur [49].

Aus den obigen Betrachtungen folgt, dass der Prozess der Ummagnetisierung von der Wechselwirkung aus Austausch- und Streufeldenergie abhängt. Demzufolge kann eine kritische Partikelgröße r_{krit} angegeben werden, bei welcher die Art des Ummagnetisierungsprozesses wechselt [42]:

$$r_{krit} = q\sqrt{\frac{2}{N_m}}\frac{\sqrt{A}}{M_s} \quad . \tag{3.29}$$

Dabei ist q die erste Lösung der *Bessel*-Funktion und liegt zwischen 1,8412 für einem unendlich ausgedehnten Zylinder und 2,0816 für eine Kugel [42]. N_m ist der Entmagnetisierungsfaktor entlang der kurzen Achse des Rotationsellipsoids, A die Konstante zur Beschreibung der Austauschwechselwirkung und M_s die Sättigungsmagnetisierung. Für Partikel, deren Radius kleiner als r_{krit} ist, kann kohärente Rotation angenommen werden, andernfalls tritt Curling auf. Diese Berechnung ist jedoch lediglich als Richtwert zu verstehen, da in realen Körpern zusätzliche Effekte, wie zum Beispiel Defekte, auftreten, welche dem einen oder dem anderen Umkehrmechanismus den Vorzug geben.

Die Ummagnetisierung durch kohärente Rotation ist eine Annahme des *Stoner-Wohlfarth*-Modells und das Schaltfeld H_s kann direkt daraus berechnet werden [36, S. 250]. Es hängt vom Winkel zwischen leichter Achse und äußerem Magnetfeld β sowie von der Anisotropiefeldstärke $H_a = 2K/(\mu_0 M_s)$ mit der Anisotropiekonstante K ab [42]:

$$H_{s,kr} = \frac{H_a}{\left(\cos^{3/2}\beta + \sin^{3/2}\beta\right)^{3/2}} \quad . \tag{3.30}$$

Für Curling ist das Schaltfeld nur näherungsweise bestimmbar [42] und für einen unendlich langen Zylinder gegeben als [50]:

$$H_{s,c} = \frac{M_s}{2} \frac{a(1+a)}{\sqrt{a^2 + (1+2a)\cos^2\beta}} \quad . \tag{3.31}$$

Dabei ist $a = -1,08\,(d/d_0)^2$ mit dem Durchmesser des Zylinders d und der Austauschlänge $d_0 = 2\sqrt{A/(\mu_0 M_s^2)}$. In Kapitel 8 wird das Schaltfeld von eisengefüllten Kohlenstoffnanoröhren untersucht, wobei für Eisen $d_0 \approx 12$ nm ist [50]. Weiterhin wurde bereits gezeigt, dass das Ummagnetisieren in diesen Eisennanodrähten durch Curling ausgelöst wird [40, 50, 51], so dass für die Berechnungen des Schaltfeldes später Gleichung (3.31) verwendet wird.

Sowohl bei der kohärenten Rotation als auch beim Curling kann der Beginn des Ummagnetisierungsprozesses eines homogen magnetisierten Körpers durch ein sogenanntes Nukleationsfeld beschrieben werden. Dies ist das Magnetfeld, bei welchem zum ersten Mal eine Abweichung von der homogenen Magnetisierung auftritt [36, S. 253f]. Die zugehörigen Nukleationsfelder können für beide Mechanismen berechnet werden und sind zum Beispiel in [36, S. 253f] angegeben, werden hier aber nicht genauer untersucht.

4 Cantilever-Magnetometrie

Magnetische Materialien finden sich in einer Vielzahl von Anwendungen, zum Beispiel für die Datenspeicherung, in der Energieversorgung und in der Medizin [52]. Die Untersuchung der magnetischen Eigenschaften spielt deshalb eine wichtige Rolle, insbesondere bei der Entwicklung neuer Materialien und Materialkombinationen. Magnetische Grundbegriffe, Eigenschaften und abgeleitete Größen wurden bereits in Kapitel 3 besprochen. Das folgende Kapitel behandelt die Messung magnetischer Eigenschaften und die in dieser Arbeit verwendete Methode der Cantilever-Magnetometrie. Zunächst wird das Verfahren vorgestellt und eingeordnet. Anschließend wird eine allgemeine analytische Beschreibung der Signalentstehung angegeben, die in den folgenden Kapiteln zur Auswertung der magnetischen Messungen herangezogen wird.

4.1 Einordnung des Verfahrens

Cantilever-Magnetometrie gehört zu den kraftbasierten magnetischen Untersuchungsverfahren [17]. Die Probe befindet sich auf einem Cantilever, dessen statische oder dynamische Eigenschaften durch die Wechselwirkung zwischen der Probe und einem äußeren Magnetfeld beeinflusst werden. Ein weiteres kraftbasiertes Verfahren ist die Magnetkraftmikroskopie (engl. Magnetic Force Microscopy - MFM), bei der ebenfalls ein Cantilever verwendet wird. Allerdings befindet sich die Probe nicht auf dem schwingenden Balken, sondern wird mit Hilfe einer am Cantilever befestigten ferromagnetischen Spitze untersucht. Die Kraftwirkung zwischen dem magnetischen Streufeld der Probe und der Spitze beeinflusst ebenfalls die statischen oder dynamischen Eigenschaften des Cantilevers.

Neben den kraftbasierten Verfahren gibt es feldbasierte Verfahren, bei denen die Änderung des magnetischen Flusses als Messsignal verwendet wird. Dies kommt zum Beispiel bei der Mikro-*Hall*-Magnetometrie zum Einsatz, bei der die elektrische *Hall*-Spannung durch das magnetische Streufeld einer Probe verändert wird [50]. Auch bei sogenannten SQUID-Sensoren (engl. Superconducting Quantum Interference Device) erzeugt der Einfluss des magnetischen Streufeldes einer Probe eine Flussänderung, woraus eine messbare elektrische Spannung entsteht [53].

All den genannten Verfahren ist gemein, dass magnetische Eigenschaften mikro- und nanometergroßer Proben sehr genau gemessen werden können. Allerdings unterscheiden sich die notwendigen Randbedingungen. So erfordern die auf Supraleitung beruhenden SQUID-Sensoren zum Beispiel tiefe Temperaturen [54]. Cantilever-Magnetometrie dagegen erlaubt sowohl Messungen bei Raumtemperatur als auch bei tiefen Temperaturen [55]. Die meisten Messungen werden zudem unter Vakuum durchgeführt, aber es gibt auch die Möglichkeit, unter Normaldruck zu messen [56]. Weiterhin ist Cantilever-Magnetometrie ein Volumenverfahren, bei dem die magnetischen Eigenschaften des gesamten Probenvolumens erfasst werden [17].

Mit Hilfe von Cantilever-Magnetometrie wurden bereits eine Vielzahl magnetischer Proben vermessen, zum Beispiel Magnetit-Gestein [57], dünne ferromagnetische Schichten [55, 58, 59] und Nanodrähte [60, 61, 62, 63] sowie magnetotaktische Bakterien [55]. Aber auch zur Messung von Magnetfeldern im Nanotesla-Bereich kann Cantilever-Magnetometrie eingesetzt werden, wie Honschoten et al. gezeigt haben [64]. Diese Beispiele zeigen, dass das Verfahren einen weiten Anwendungsbereich umfasst und dass sowohl magnetische Partikel als auch dünne Schichten und biologische Proben untersucht werden können.

4.2 Arten von Cantilever-Magnetometrie

Grundlage der Cantilever-Magnetometrie ist die Wechselwirkung der auf dem Federbalken befindlichen Probe mit einem äußeren Magnetfeld. Diese führt zu einem Drehmoment (engl. Torque), welches auf den Cantilever wirkt, so dass das Verfahren im Englischen auch als Cantilever Torque Magnetometry bezeichnet wird. Es lassen sich drei verschiedene Messmodi unterscheiden, je nachdem ob die statische Auslenkung oder das dynamische Verhalten des Cantilevers gemessen wird [65].

Im statischen Fall wird der Cantilever durch das Drehmoment, welches die Interaktion zwischen äußerem Feld und Probe erzeugt, ausgelenkt, und die Verbiegung kapazitiv [57], piezoresistiv [62], [66] oder mittels laserbasierten Verfahren [58] bestimmt.

Im dynamischen Fall wird der Cantilever zu einer Schwingung nahe oder bei seiner Resonanzfrequenz angeregt und die Resonanzfrequenzverschiebung auf Grund des durch die magnetische Interaktion induzierten Drehmomentes gemessen. Durch die Frequenzmessung ist die Sensitivität gegenüber dem statischen Verfahren um den Gütefaktor der Schwingung erhöht [17]. Im dynamischen Fall wird noch nach der Art des äußeren Magnetfeldes unterschieden: dies ist entweder statisch oder ein magnetisches Wechselfeld mit der Resonanzfrequenz des Cantilevers [65]. Letzteres Verfahren wird als Phase-locked Cantilever Magnetometry bezeichnet und erfordert einen aufwendigeren Messaufbau, weshalb in den meisten Fällen ein statisches Magnetfeld verwendet wird. Auch für die Messungen in dieser Arbeit wurde die dynamische Cantilever-Magnetometrie mit einem statischen äußeren Magnetfeld verwendet. Die Auslenkung des Cantilevers wird in der Regel mittels Laser-Deflektometrie [55, 64, 67] oder Interferometrie [59, 60, 61] gemessen. Zudem wird in den meisten Fällen die erste Biegeschwingung des Federbalkens angeregt, es gibt allerdings auch vereinzelt die Messung mit Hilfe einer Torsionsmode des Cantilevers [56]. Die Anregung der Cantileverschwingung erfolgt typischerweise mittels eines Piezoaktors [59].

4.3 Dynamische Cantilever-Magnetometrie

Das Grundprinzip der dynamischen Cantilever-Magnetometrie mit statischem äußeren Feld und Laser-Deflektometrie ist in Abbildung 4.1 dargestellt. Die Probe wird am freien Ende des Cantilevers platziert und der Federbalken mit der Resonanzfrequenz seiner ersten Biegeschwingung angeregt. Wird ein äußeres Magnetfeld angelegt, kommt es auf Grund der Interaktion zwischen der magnetischen Probe und dem Feld zu einer Verschiebung der Cantileverresonanzfrequenz gegenüber der freien Schwingung. Der Grund ist, dass sich das zu untersuchende Partikel normalerweise im äußeren Magnetfeld ausrichten würde, ähnlich wie bei einer Kompassnadel. Da es jedoch auf dem Cantilever fixiert ist, wirkt das Drehmoment auf den Cantilever, so dass sich dessen dynamische effektive Federkonstante verändert, was eine Verschiebung der Resonanzfrequenz zur Folge hat. Die Richtung des äußeren Magnetfeldes ist frei wählbar. Da in den Experimenten in dieser Arbeit jedoch immer ein Feld parallel zur langen Achse des Cantilevers in Ruhelage verwendet wurde, wird dieser Fall für alle weiteren Diskussionen zugrunde gelegt (vgl. auch Abbildung 4.1).

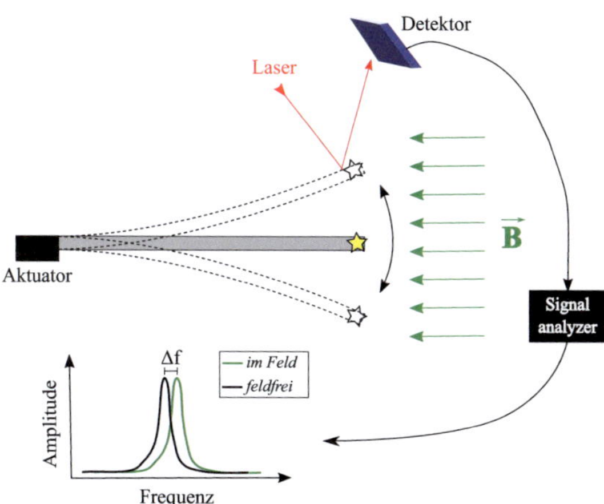

Abbildung 4.1: Messprinzip der dynamischen Cantilever-Magnetometrie mit Laser-Deflektometrie.

Die Resonanzfrequenzverschiebung des Cantilevers gegenüber dem feldfreien Zustand dient als Messsignal für die Cantilever-Magnetometrie. Im Folgenden wird gezeigt, wie sich die Frequenzverschiebung und daraus die magnetischen Informationen sowohl für ein ferromagnetisches als auch für ein paramagnetisches Material ableiten lassen. Um diese Herleitung analytisch durchführen zu können, sind einige Vereinfachungen nötig. Wenn diese nicht zutreffend sind, können die Frequenzverschiebung und abgeleitete magnetische Größen nur numerisch bestimmt werden.

4.3.1 Frequenzverschiebung für ein ferromagnetisches Partikel

a. Bewegungsgleichung

Die folgende Herleitung der Frequenzverschiebung orientiert sich hauptsächlich an [17]. Zunächst ist es zweckmäßig, noch einmal das Modell für den gedämpften harmonischen Oszillator zu betrachten, welches bereits in Abschnitt 2.2 besprochen wurde. Die Bewegungsgleichung im Falle einer äußeren magnetischen Wechselwirkung F_{mag} lautet:

$$m_{eff}\ddot{z} + d\dot{z} + kz = F_{mag} \quad . \tag{4.1}$$

Dabei sind m_{eff} die effektive Masse, d die Dämpfungskonstante und k die Federkonstante des schwingenden Cantilevers. Für den Fall der Cantilever-Magnetometrie wirkt die Interaktionskraft in Form eines Drehmomentes τ. Für die Umrechnung der Kraft in ein Drehmoment wird eine effektive Cantileverlänge L_e zugrunde gelegt, welche in Abbildung 4.2 gezeigt ist, so dass $F_{mag} = \tau/L_e$ gilt. Die effektive Länge ist gegeben als die Tangente an den Anstieg am freien Ende des Cantilevers und hängt von der Ordnung der Biegeschwingung ab [12]. Für die erste Biegeschwingung des Cantilevers gilt bei hinreichend kleinen Auslenkungen z bzw. Auslenkungswinkeln β, dass $L_e \approx L_{cant}/1,377$ [55].

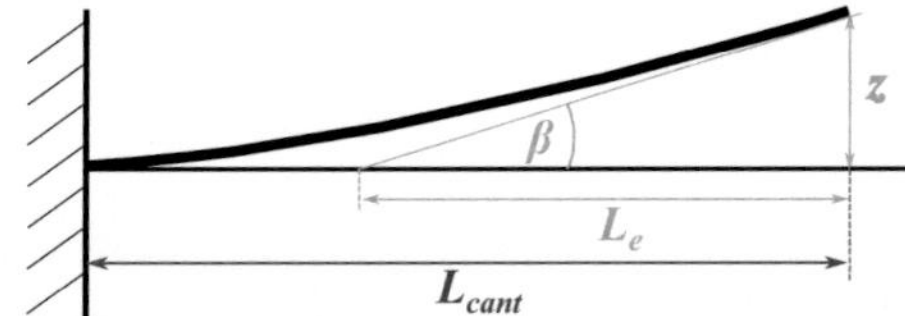

Abbildung 4.2: Skizze zur Defintion einer effektiven Cantileverlänge.

Die näherungsweise Beschreibung der Auslenkung z des Cantilevers über die effektive Länge ist nur gültig für kleine Auslenkungswinkel β des schwingenden Cantilevers [17]. Ausgehend davon kann die Auslenkung mit der Kleinwinkelnäherung mit $z = \beta \cdot L_e$ angegeben werden. Einsetzen in die Bewegungsgleichung und Multiplikation mit L_e liefert:

$$m_{eff}L_e^2\ddot{\beta} + dL_e^2\dot{\beta} + kL_e^2\beta = \tau \quad . \tag{4.2}$$

Das Drehmoment wird durch eine magnetische Wechselwirkung erzeugt und kann deshalb über die Änderung der magnetischen Energie in Abhängigkeit von der Cantileverauslenkung ausgedrückt werden:

$$\tau = -\frac{\partial E_{mag}}{\partial \beta} \quad . \tag{4.3}$$

Für kleine Auslenkungswinkel kann das Drehmoment linearisiert und über eine Reihenentwicklung beschrieben werden, wobei Terme höherer Ordnung vernachlässigt werden [17], [55]:

$$\tau\left(\beta\right) \approx \tau\left(0\right) + \left.\frac{\partial \tau}{\partial \beta}\right|_{\beta=0} \cdot \beta = -\left.\frac{\partial E_{mag}}{\partial \beta}\right|_{\beta=0} - \left.\frac{\partial^2 E_{mag}}{\partial \beta^2}\right|_{\beta=0} \cdot \beta \quad . \tag{4.4}$$

Einsetzen dieser Näherung in die Bewegungsgleichung (4.2) und Umstellen liefert:

$$m_{eff}\ddot{\beta} + d\dot{\beta} + \left(k + \frac{1}{L_e^2}\left.\frac{\partial^2 E_{mag}}{\partial \beta^2}\right|_{\beta=0}\right) \cdot \beta = -\frac{1}{L_e^2}\left.\frac{\partial E_{mag}}{\partial \beta}\right|_{\beta=0} \quad . \tag{4.5}$$

Der Ausdruck auf der rechten Seite von Gleichung (4.5) ist unabhängig vom Auslenkungswinkel β des Cantilevers und gibt deshalb eine statische Auslenkung des Federbalkens an, wie sie für den Fall der statischen Cantilever-Magnetometrie ausgewertet wird. Für den dynamischen Fall stellt diese Auslenkung lediglich eine Verschiebung der Schwingungsruhelage dar und kann deshalb für die Bestimmung der Frequenzverschiebung vernachlässigt werden [17], [55]. Der Ausdruck in Klammern auf der linken Seite in Gleichung (4.5) gibt eine effektive Federkonstante an. Diese setzt sich aus der Federkonstanten des Cantilevers k und deren Änderung auf Grund der magnetischen Wechselwirkung Δk zusammen, wobei gilt:

$$\Delta k = \frac{1}{L_e^2}\left.\frac{\partial^2 E_{mag}}{\partial \beta^2}\right|_{\beta=0} \quad . \tag{4.6}$$

Aus Kapitel 2 ist bekannt, dass die Resonanzfrequenz eines schwingenden Balkens durch dessen Federkonstante und effektive Masse durch $\omega_0 = \sqrt{k/m_{eff}}$ bestimmt ist. Für die Resonanzfrequenzverschiebung durch die magnetische Wechselwirkung gilt mit den oben beschriebenen Zusammenhängen von Gleichung (4.5) und (4.6):

$$\Delta \omega = \omega_{mag} - \omega_0 = \sqrt{\frac{k + \Delta k}{m_{eff}}} - \sqrt{\frac{k}{m_{eff}}} \quad . \tag{4.7}$$

Division durch ω_0 und Verwendung der Näherung $\sqrt{1+\epsilon} \approx \frac{\epsilon}{2} + 1$, $\epsilon << 1$ [68] liefert für die Frequenzverschiebung:

$$\frac{\Delta \omega}{\omega_0} = \frac{\Delta k}{2k} \quad , \tag{4.8}$$

wobei schließlich für Δk der Ausdruck aus Gleichung (4.6) eingesetzt werden kann.

b. Magnetische Energie eines ferromagnetischen Partikels im externen Magnetfeld

Das Änderung der effektiven Federkonstante des Cantilevers ist durch die Wechselwirkung des ferromagnetischen Partikels mit einem äußeren Magnetfeld gegeben. Je nach Partikelausrichtung, Auslenkung des Cantilevers, auf dem sich das Partikel befindet, und der Richtung des äußeren Feldes kann die Magnetisierung des Partikels aus ihrer leichten Achse (engl. Easy Axis - e.a.) ausgelenkt werden. Dies ist in Abbildung 4.3 für zwei Fälle dargestellt, wobei das äußere Feld in beiden Fällen entlang der x-Achse gerichtet ist und die leichte Achse entlang des Cantilevers zeigt. Bei Auslenkung des Cantilevers um den Winkel β wird die Magnetisierung des Partikels um den Winkel Θ aus der leichten Richtung gedreht, so dass der Winkel zwischen Magnetisierung und äußerem Magnetfeld durch die Differenz $(\beta - \Theta)$ gegeben ist (vgl. Abbildung 4.3b).

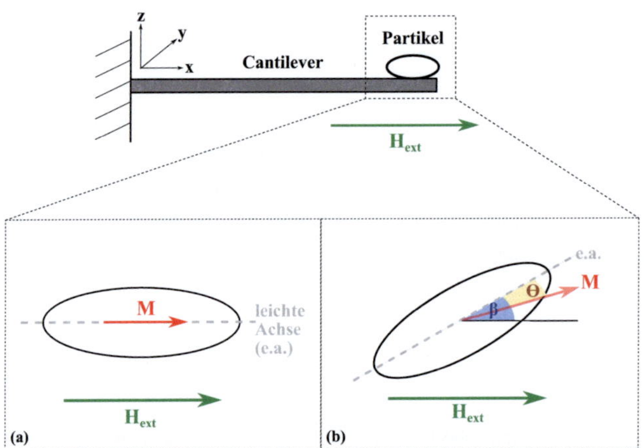

Abbildung 4.3: Magnetisches Partikel auf einem Cantilever, die leichte Richtung der Magnetisierung zeigt entlang der langen Cantileverachse und das äußere Magnetfeld ist entlang der x-Achse gerichtet. (a) In Ruhelage des Cantilevers zeigt die Magnetisierung entlang der leichten Achse parallel zum äußeren Magnetfeld. (b) Bei Auslenkung des Cantilevers um den Winkel β wird die Magnetisierung um den Winkel Θ aus der leichten Achse gedreht. Der Winkel ergibt sich aus der Minimierung der gesamten magnetischen Energie des Partikels.

Unter der Annahme, dass der Cantilever ausschließlich in z-Richtung schwingt und dass *Zeeman*-Energie E_Z und Formanisotropieenergie E_F dominieren (vlg. Kapitel 3), ist die magnetische Energie [17]:

$$E_{mag} = E_Z + E_F = -\mu_0 V H_{ext} M_s \cos(\beta - \Theta) + \frac{\mu_0}{2} M_s^2 V \left(N_x \cos^2\Theta + N_z \sin^2\Theta\right) \qquad (4.9)$$

mit der Sättigungsmagnetisierung M_s, dem Partikelvolumen V und den Demagnetisierungsfaktoren N_x und N_z. Der Demagnetisierungsfaktor N_y entfällt auf Grund der Annahme, dass die Schwingung nur in z-Richtung erfolgt [17] und das Feld entlang der x-Achse orientiert ist. Um die Änderung der Federkonstanten zu ermitteln, muss zunächst der Winkel Θ bestimmt werden, welcher sich durch das äußere Magnetfeld und die Cantileverauslenkung einstellt. Dieser Winkel ist bestimmt durch das Energieminimum, d.h. es müssen folgende Bedingungen erfüllt sein:

$$\frac{\partial E_{mag}}{\partial \Theta} = 0 \tag{4.10}$$

$$\frac{\partial^2 E_{mag}}{\partial \Theta^2} > 0 \quad . \tag{4.11}$$

Mit der ersten Bedingung von Gleichung (4.10) und der Kleinwinkelnäherung für β, so dass $\cos\beta \approx 1$ und $\sin\beta \approx \beta$ gilt, lässt sich ein Ausdruck für den Winkel β ableiten:

$$\beta = \frac{M_s}{H_{ext}}\left(N_z - N_x\right) \cdot \sin\Theta + \tan\Theta \quad . \tag{4.12}$$

Aus Gleichung (4.12) kann der Winkel Θ nicht analytisch berechnet werden. Deshalb wird Θ ebenfalls in eine Taylorreihe um die Stelle $\beta = 0$ entwickelt und so umgeformt, dass Gleichung (4.12) verwendet werden kann:

$$\Theta = \Theta\bigg|_{\beta=0} + \frac{\partial\Theta}{\partial\beta}\bigg|_{\beta=0} \cdot \beta \tag{4.13}$$

$$\Theta = \Theta_0 + \left(\frac{\partial\beta}{\partial\Theta}\bigg|_{\Theta=\Theta_0}\right)^{-1} \cdot \beta \quad . \tag{4.14}$$

Θ_0 ergibt sich, indem in Gleichung (4.12) β zu Null gesetzt wird. Für den Ausdruck vor β in Gleichung (4.14) wird zunächst Gleichung (4.12) nach Θ abgeleitet und anschließend der Wert für Θ_0 eingesetzt. Diese Rechnung liefert drei Werte, deren Gültigkeitsbereiche durch die zweite Bedingung von Gleichung (4.10) bestimmt sind, d.h. die zweite Ableitung der magnetischen Energie nach dem Winkel Θ muss größer als Null sein, damit die Energie ein Minimum aufweist. Aus diesen Betrachtungen ergibt sich die folgende Lösung für Θ [17]:

$$\Theta\left(\beta\right)= \begin{cases} 0 & +\dfrac{H_{ext}}{H_{ext}+M_s(N_z-N_x)}\cdot\beta & H_{ext}>-M_s\left(N_z-N_x\right) \\[2ex] \pi & +\dfrac{H_{ext}}{H_{ext}-M_s(N_z-N_x)}\cdot\beta & H_{ext}<M_s\left(N_z-N_x\right) \\[2ex] \pm\arccos\left(-\dfrac{H_{ext}}{M_s(N_z-N_x)}\right) & +\dfrac{H_{ext}^2}{M_s^2(N_z-N_x)^2-H_{ext}^2}\cdot\beta & |H_{ext}|<|M_s\left(N_z-N_x\right)| \\ & & \text{und}\left(N_z-N_x\right)<0 \end{cases}$$

$$(4.15)$$

c. Resonanzfrequenzverschiebung

Mit dem bekannten Winkel zwischen Magnetisierung und leichter Achse kann die zusätzliche Federkonstante Δk und damit die Resonanzfrequenzverschiebung $\Delta\omega/\omega_0$ bestimmt werden. Dazu wird die magnetische Energie aus Gleichung (4.9) zweimal nach dem Auslenkungswinkel des Cantilevers β abgeleitet und anschließend Gleichung (4.15) sowie die Bedingung $\beta=0$ eingesetzt. Daraus folgt unter Verwendung von Gleichung (4.8) für die Verschiebung der Resonanzfrequenz des Cantilevers durch magnetische Wechselwirkung [17]:

$$\frac{\Delta\omega}{\omega_0}=\frac{\mu_0 V H_{ext}M_s}{2kL_e^2}\begin{cases} \dfrac{M_s(N_z-N_x)}{H_{ext}+M_s(N_z-N_x)} & H_{ext}>-M_s\left(N_z-N_x\right) \\[2ex] \dfrac{M_s(N_z-N_x)}{H_{ext}-M_s(N_z-N_x)} & H_{ext}<M_s\left(N_z-N_x\right) \\[2ex] \dfrac{H_{ext}}{M_s(N_z-N_x)}\cdot\dfrac{2H_{ext}^2-M_s^2(N_z-N_x)^2}{M_s^2(N_z-N_x)^2-H_{ext}^2} & |H_{ext}|<|M_s\left(N_z-N_x\right)| \\ & \text{und}\left(N_z-N_x\right)<0 \end{cases}$$

$$(4.16)$$

d. Diskussion der Ergebnisse

Sowohl die Auslenkung der Magnetisierung aus der leichten Richtung $\Theta(\beta)$ als auch die Frequenzverschiebung $\Delta\omega/\omega$ liefern drei verschiedene Lösungen mit unterschiedlichen Gültigkeitsbereichen. Dabei wurde in Anlehnung an das *Stoner-Wohlfarth*-Modell [17] nur die Formanisotropie berücksichtigt und ein Rotationsellipsoid als Partikel angenommen. Befindet sich dieses Partikel derart auf dem Cantilever, dass beide langen Achsen parallel liegen (vgl. Abbildung 4.3), so ergeben sich Entmagnetisierungsfaktoren N_x und N_z, so dass $(N_z-N_x)>0$ gilt. In diesem Fall ist die dritte Lösung für die Frequenzverschiebung nicht gültig.

Die ersten beiden Lösungen lassen sich unter Einführung eines reduzierten Feldes [33, S.115]:

$$h=\frac{H_{ext}}{M_s\left(N_z-N_x\right)}$$

$$(4.17)$$

grafisch darstellen, wie in Abbildung 4.4 gezeigt. Für den Winkel Θ ist der Kosinus angegeben, der für den Fall $\beta = 0$ nur die Werte ± 1 annehmen kann. Dies entspricht der Magnetisierung entweder parallel oder antiparallel zum äußeren Magnetfeld. Sowohl die Kurve für $\cos \Theta$ als auch für die Frequenzverschiebung zeigen Hysterese, d.h. innerhalb des Bereiches $-1 < h < 1$ sind beide Lösungen gültig und die Wahl des passenden Zweiges hängt von der „magnetischen Vorgeschichte" ab.

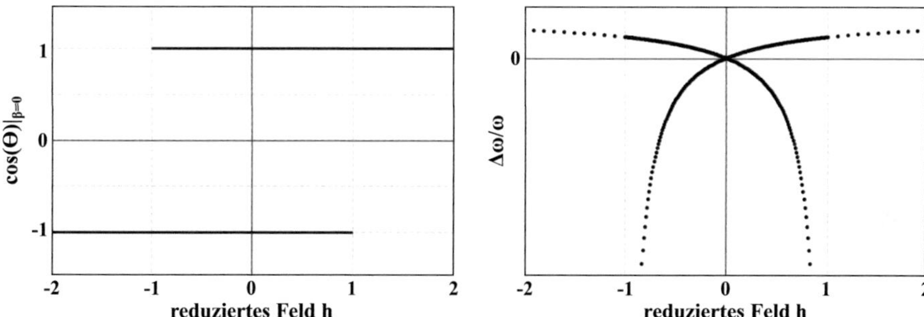

Abbildung 4.4: Winkel zwischen Magnetisierung und leichter Achse $\cos \Theta$ für die Cantileverauslenkung $\beta = 0$ und Resonanzfrequenzverschiebung als Funktion des reduzierten Feldes h. Die Magnetisierung zeigt ohne Auslenkung entweder in Richtung oder entgegen des äußeren Feldes. In beiden Diagrammen tritt magnetische Hysterese auf.

Eine andere Darstellungsmöglichkeit für den Ausdruck der Frequenzverschiebung, welche häufig in der Literatur zu finden ist [63], [3], ist die Einführung des Anisotropiefeldes H_a. Zusätzlich können die Sättigungmagnetisierung M_s und das Partikelvolumen V durch das magnetische Moment m ersetzt werden. Damit ergibt sich die Frequenzverschiebung in den ersten beiden Ausdrücken in Gleichung (4.16) zu:

$$\frac{\Delta\omega}{\omega_0} = \frac{\mu_0 H_{ext}}{2kL_e^2} \cdot m \cdot \frac{H_a}{H_{ext} \pm H_a} \quad . \tag{4.18}$$

Anhand dieser Darstellungsform können sehr leicht magnetische Informationen abgeleitet werden. Für den Fall $H_{ext} \ll H_a$ wird der Ausdruck auf der rechten Seite von Gleichung (4.18) ungefähr eins und die Frequenzverschiebung zeigt nur noch eine lineare Abhängigkeit vom äußeren Magnetfeld mit dem magnetischen Moment der Probe als Parameter. Daraus lässt sich unter der Vorraussetzung eines bekannten (kleinen) Magnetfeldes direkt das magnetische Moment bestimmen. Für ein größeres äußeres Magnetfeld kann der Term auf der rechten Seite in Gleichung (4.18) nicht mehr vernachlässigt werden, so dass sich aus der Frequenzverschiebung ebenfalls das Anisotropiefeld der Probe ableiten lässt.

4.3.2 Frequenzverschiebung für ein paramagnetisches Partikel

Mitunter ist es von Interesse, magnetische Materialien zu untersuchen, die bei Raumtemperatur paramagnetisch sind und erst bei niedrigeren Temperaturen ferromagnetisches Verhalten zeigen [55]. Um das unterschiedliche magnetische Verhalten zu untersuchen, ist es notwendig zu wissen, wie sich ein Paramagnet bei der Untersuchung mit Cantilever-Magnetometrie verhält. Die Herleitung der Frequenzverschiebung des Cantilevers orientiert sich an [55] und folgt den gleichen Schritten wie im Falle des Ferromagneten in Abschnitt 4.3.1. Durch Umstellen der Bewegungsgleichung (4.2) und Verwendung der Kleinwinkelnäherung lässt sich eine zusätzliche Federkonstante Δk berechnen, womit sich die Frequenzverschiebung wie in Gleichung (4.8) ergibt. Allerdings ist es im Fall des Paramagneten nicht zweckmäßig, die zusätzliche Federkonstante über die magnetische Energie auszudrücken. Stattdessen wird direkt das Drehmoment τ verwendet [69, S.496], welches über das magnetische Moment $\vec{m} = V\vec{M}$ und das äußere Magnetfeld $\vec{B}_{ext} = \mu_0 \vec{H}_{ext}$ bestimmt ist:

$$\vec{\tau} = \vec{m} \times \vec{B}_{ext} = \mu_0 V \left(\vec{M} \times \vec{H}_{ext} \right) \quad . \tag{4.19}$$

Die Interaktionskraft kann wiederum durch das Drehmoment und die effektive Cantileverlänge L_e beschrieben werden:

$$F = |\vec{\tau}|/L_e \quad . \tag{4.20}$$

Entwicklung des Drehmomentes in eine Taylorreihe um den Entwicklungspunkt $\beta = 0$ und Vernachlässigung des konstanten Terms liefert die zusätzliche Federkonstante:

$$\Delta k = -\frac{1}{L_e^2} \frac{\partial |\vec{\tau}|}{\partial \beta} \bigg|_{\beta=0} \quad . \tag{4.21}$$

Das Drehmoment hängt, wie Gleichung (4.19) zeigt, von der Magnetisierung des Partikels ab. In einem Paramagneten existieren zwar magnetische Momente, diese sind jedoch ohne ein äußeres Magnetfeld ungeordnet, so dass der paramagnetische Körper als ganzes keine spontane Magnetisierung aufweist [38, S.208]. In einem externen Magnetfeld richten sich die magnetischen Momente im Material jedoch aus, wobei die Magnetisierung immer annähernd in Feldrichtung zeigt [55]. Die Magnetisierung hängt dabei über die magnetische Suszeptibilität χ des Materials vom internen Magnetfeld H_{int} ab:

$$\vec{M} = \chi \vec{H}_{int} \quad . \tag{4.22}$$

Das interne Magnetfeld ist durch das externe Magnetfeld und die Entmagnetisierungsfaktoren bestimmt [33]. Letztere hängen nur von der Geometrie des Partikels ab und können im Falle des betrachteten Rotationsellipsoids als ein diagonalisierter Tensor $\mathbf{N}$ zweiter Stufe mit den Diagonalelementen N_x, N_y und N_z angegeben werden. Für den Fall des schwingenden Cantilevers muss zusätzlich der Auslenkungswinkel β berücksichtigt werden, welcher den Entmagnetisierungstensor um eine bestimmte Drehachse rotiert [55]. Für die in Abbildung 4.3 gegebene Anordnung rotiert der Cantilever mit dem Partikel um die y-Achse des Koordinatensystems, so dass sich die Rotationsmatrix $\mathbf{S}$ zu:

$$\mathbf{S} = \begin{pmatrix} \cos\beta & 0 & \sin\beta \\ 0 & 1 & 0 \\ -\sin\beta & 0 & \cos\beta \end{pmatrix} \tag{4.23}$$

ergibt. Das interne Magnetfeld ist damit gegeben als:

$$\vec{H}_{int} = \vec{H}_{ext} - \left(\mathbf{SNS}^{-1}\right)\vec{M} \quad . \tag{4.24}$$

Wird die Abhängigkeit für $\vec{M}$ von der Suszeptibilität in Gleichung (4.24) eingesetzt, so lautet der Ausdruck für die Magnetisierung in Abhängigkeit vom äußeren Feld:

$$\vec{M} = \left(\frac{1}{\chi} + \left(\mathbf{SNS}^{-1}\right)\right)^{-1} \cdot \vec{H}_{ext} \quad . \tag{4.25}$$

Dieser Ausdruck kann in Gleichung (4.19) eingesetzt und die Taylorreihenentwicklung angewendet werden. Zusätzlich kann durch den Zusammenhang $N_x + N_y + N_z = 1$ ein Entmagnetisierungsfaktor ersetzt werden. Nach einigen weiteren Umformungen ergibt sich die gesuchte Frequenzverschiebung für ein paramagnetisches Partikel zu [55]:

$$\frac{\Delta\omega}{\omega} = \frac{\mu_0 V H_{ext}^2}{2k L_e^2} \cdot \frac{\chi^2\left(N_z - N_x\right)}{1 + \chi\left(N_x - N_z\right) + \chi^2 N_x N_z} \quad . \tag{4.26}$$

Wie dieser Ausdruck zeigt, ist bei paramagnetischen Materialien die Form des Partikels von entscheidender Bedeutung, da im Fall von $N_x = N_z$ keine Frequenzverschiebung auftritt. Aus diesem Grund muss zusätzlich zur Magnetometrie-Messung stets die Partikelform betrachtet werden und diese gegebenenfalls bei der Platzierung auf dem Cantilever berücksichtigt werden. Auch für $N_x \neq N_z$ ergibt sich nur eine geringe Frequenzverschiebung, da die Suszeptibilität sehr klein ist. Bei der stärksten Form, dem $Langevin$-Paramagnetismus [38, S.215], gilt $\chi \approx 10^{-2}...10^{-3}$. Weiterhin zeigt Gleichung (4.26), dass die Frequenzverschiebung quadratisch vom äußeren Feld abhängt, d.h. eine Parabel bildet, deren Öffnungswinkel von der Form des Partikels sowie dessen magnetischer Suszeptibilität abhängt.

4.4 Rauschbetrachtungen

In der Cantilever-Magnetometrie ist die Messgrenze bei der Bestimmung magnetischer Eigenschaften durch die minimal detektierbare Frequenzverschiebung gegeben. Diese ist von verschiedenen Dämpfungs- und Rauscheinflüssen bestimmt, welche im Folgenden kurz diskutiert werden. Diese Einflüsse betreffen nicht nur den Cantilever, sondern das gesamte Messsystem.

4.4.1 Reibungsdämpfung

Ein schwingender Cantilever kann, wie in Kapitel 2.2 gezeigt, als ein gedämpfter harmonischer Oszillator beschrieben werden. Die Dämpfung ist dabei ein Maß dafür, wie viel Energie pro Schwingungsperiode in Form von extrinsischer und intrinsischer Reibung verloren geht, wobei als Beschreibungsgröße für diesen Energieverlust der Gütefaktor des Cantilevers verwendet werden kann [70]. In der Regel werden Experimente bei der Cantilever-Magnetometrie im Vakuum durchgeführt, so dass fast ausschließlich intrinsische Reibungsvorgänge dominieren [20]. Diese Reibungsverluste müssen zunächst überwunden werden, um den Cantilever zu Schwingungen anzuregen, wobei der Cantilever als linear dissipatives System betrachtet werden kann [3]. Für eine ausführliche Beschreibung der intrinsischen Reibungsvorgänge wird auf die Literatur, zum Beispiel [71], verwiesen.

4.4.2 Magnetisches Rauschen

In der dynamischen Cantilever-Magnetometrie tritt ein weiterer Verlustmechanismus auf, welcher als magnetisches Rauschen bezeichnet wird [3]. Trotz der Bezeichnung Rauschen handelt es sich dabei im eigentlichen Sinne um einen Energieverlust. Dieser entsteht dadurch, dass die Magnetisierung einer ferromagnetischen Probe bei Schwingung des Cantilevers aus ihrer leichten Magnetisierungsrichtung ausgelenkt wird [3], [64]. Dies führt zu einem Energieverlust an Anisotropieenergie pro Schwingungsperiode, dessen Größe durch den maximalen Auslenkungswinkel der Magnetisierung gegenüber ihrer leichten Achse bestimmt ist. Dieser Energieverlust ist jedoch sehr viel geringer als die nachfolgend besprochenen Einflüsse des thermischen Rauschens und des Detektorrauschens [3].

4.4.3 Thermisches Rauschen

Die Grundlage für thermisches Rauschen bildet die thermisch angeregte Bewegung der Atome eines Materials [70]. In den meisten Fällen dominiert in Cantilever-basierten Messsystemen das Rauschen durch eine thermisch angeregte Cantileverschwingung [64, 72, 73, 74, 75]. Diese zufällige thermische Anregung führt zu einer minimal detektierbaren Frequenzverschiebung [76]:

$$\frac{\delta f_{th}}{f_0} = \sqrt{\frac{k_B T B_w}{\pi k f_0 Q A^2}} \quad , \tag{4.27}$$

welche von den Cantilevereigenschaften (Federkonstante k, Resonanzfrequenz f_0, Gütefaktor Q), der Messbandbreite B_w, der Temperatur T und der Cantileveramplitude A abhängt. Einsetzen von Gleichung (4.27) in Gleichung (4.18) unter der Annahme $H_{ext} << H_a$ und Umstellen liefert ein minimal detektierbares magnetisches Moment von:

$$m_{min} = \frac{L_e^2}{B_{ext} A} \cdot \sqrt{\frac{4 k_B T k B_w}{\pi Q f_0}} \quad . \tag{4.28}$$

Anhand von Gleichung (4.28) wird deutlich, welche Möglichkeiten es gibt, um die Empfindlichkeit des Cantileversensors noch weiter zu steigern. Im Zuge dieser Optimierung können zum Beispiel die Dimensionen des Cantilevers verringert werden, so dass die effektive Länge und Federkonstante kleiner werden. Ebenfalls von Vorteil sind eine große Schwingungsamplitude, ein hohes externes Magnetfeld, ein hoher Gütefaktor und eine hohe Resonanzfrequenz.

Insbesondere bei längeren Messungen kann eine Änderung der Umgebungstemperatur außerdem zu einer thermisch induzierten Drift der Resonanzfrequenz des Cantilevers führen. Diese Drift zeigt eine $1/f$-Abhängigkeit im Frequenzspektrum der Rückkoppelschleife [76].

4.4.4 Rauschen des Detektionssystems

Zusätzlich zum thermischen Rauschen muss das Rauschen der Detektions- und Auswerteelektronik berücksichtigt werden [64]. In den meisten Fällen wird die Bewegung des Cantilevers mit Laser-Deflektometrie oder Laser-Interferometrie bestimmt. Hierbei tritt zum einen ein optisches Rauschen auf, welches durch die Photonen des Laserlichtes entsteht, die auf den Cantilever treffen. Diese Interaktion erzeugt jedoch im Allgemeinen nur eine vernachlässigbare Kraft auf den Cantilever [77]. Ebenfalls vernachlässigbar sind demzufolge Schwankungen der Laserintensität [64].

Dominant ist dagegen das Rauschen der Halbleiterphotodiode, mit der das reflektierte Laserlicht detektiert wird. Hier tritt sogenannter „Shot Noise" auf, welcher durch die statistische Bewegung der erzeugten Elektronen im Halbleiter entsteht [78]. Unter der Annahme, dass die Resonanzfrequenz des Cantilevers kaum schwankt, kann ein konstantes Detektorrauschen mit der Rauschleistungsdichte n_q angenommen werden, welches zu einem Bandbreiten- und Amplituden-abhängigen Frequenzrauschen führt [76]:

$$\frac{\delta f_{detect}}{f_0} = \frac{2}{3} \cdot \frac{n_q B_w^{3/2}}{A f_0} \quad . \tag{4.29}$$

Besonders im Fall von geringen Gütefaktoren und der dadurch bedingten Verringerung der Schwingungsamplitude ist das Detektorrauschen nicht mehr vernachlässigbar [72].

Zusätzlich zum Detektorrauschen muss das Rauschen der gesamten Auswerteelektronik, zum Beispiel das Verstärkerrauschen, berücksichtigt werden. Da dies vom Aufbau des Messsystems und den verwendeten Komponenten abhängt, kann keine allgemeingültige Formel angegeben werden. Jedoch ist zu berücksichtigen, dass im Falle einer Messung mit Phasenregelschleife (engl. Phase Locked Loop - PLL) die Anregung des Cantilevers mit einem verrauschten Messsignal gespeist wird. Dadurch kann es passieren, dass der Cantilever nicht exakt mit seiner Resonanzfrequenz angeregt wird, was als Oszillator-Rauschen bezeichnet wird [76].

4.5 Auslegung von Sensoren für die Cantilever-Magnetometrie

Wie im letzten Abschnitt gezeigt, ist die Untergrenze für die Detektierbarkeit von Frequenzverschiebungen in der Cantilever-Magnetometrie durch Rauschvorgänge bestimmt. Dabei müssen jedoch auch die Sensoreigenschaften mit einbezogen werden. Ein Blick auf die Gleichungen (4.18) und (4.26) zeigt, dass die Frequenzverschiebung zum einen von den magnetischen Eigenschaften der Probe (magnetisches Moment, Anisotropiefeld bzw. Entmagnetisierungsfaktoren und Suszeptibilität) und dem äußeren Magnetfeld abhängt. Andererseits ist die Frequenzverschiebung ebenfalls durch die Cantilevereigenschaften Resonanzfrequenz, Federkonstante und effektive Länge bestimmt, wobei gilt

$$\Delta\omega \propto \frac{\omega_0}{kL_{eff}^2} \quad . \tag{4.30}$$

Diese Parameter müssen beim Entwurf eines Sensors so optimiert werden, dass die Frequenzverschiebung und damit die Empfindlichkeit bezüglich magnetischer Eigenschaften maximiert wird. Vorteilhaft sind dementsprechend eine kleine Federkonstante, eine geringe effektive Länge und eine hohe Resonanzfrequenz des Cantilevers.

Diese Forderungen können auf verschiedene Weise erfüllt werden, zum Beispiel durch die Verringerung der Abmessungen des Cantilevers. Für eine möglichst kleine Federkonstante kann nach Gleichung (2.16) insbesondere das Flächonträgheitsmoment $\mathcal{I}$ verringert werden, welches für einen Cantilever mit rechteckigem oder auch trapezförmigem Querschnitt kubisch von der Dicke des Balkens abhängt [79, S. 220ff]. Diese Überlegung führt zur Verwendung von Cantilevern mit einer Dicke im Bereich von wenigen hundert Nanometern. Solche Cantilever erfordern jedoch spezielle Materialien und Herstellungstechniken und sind schwierig zu handhaben, zum Beispiel beim Anbringen von zu untersuchenden Proben [61]. Diese unter anderem von Weber et al. [61] verwendeten dünnen Cantilever haben zwar Federkonstanten im Bereich von einigen $\mu N/m$, gleichzeitig sind sie aber mehrere hundert Mikrometer lang und haben dementsprechend kleine Resonanzfrequenzen von nur einigen Kilohertz. Dies führt wiederum zu einer Verschlechterung der minimal detektierbaren Frequenzverschiebung. Zudem muss, um die Bewegung des Cantilevers hochgenau mit laserbasierten Methoden erfassen zu können, die Breite des Cantilevers zumindest in einem bestimmten Bereich so groß sein, dass der Laserpunkt fokussiert werden kann. Dazu wird im Allgemeinen eine Paddelstruktur nahe des freien Cantileverendes angebracht [61].

Mit der Miniaturisierung des Cantilevers haben sich ebenfalls Philippi et al. [80] beschäftigt. Sie konnten zeigen, dass Kohlenstoffnanoröhren als hoch sensitive Cantilever eingesetzt werden können. Die Nanoröhren haben den Vorteil einer geringen Länge von einigen Mikrometern, einen Durchmesser von weniger als 100 nm und Resonanzfrequenzen von einigen hundert Kilohertz. Dementsprechend ist die allein durch die Cantilevereigenschaften gegebene Frequenzverschiebung sehr hoch und diese Art Cantilever eignet sich für die Messung sehr kleiner magnetischer Proben, welche nur eine schwache Wechselwirkung mit einem äußeren Magnetfeld zeigen. Die Schwierigkeit bestand jedoch in diesem Experiment in der Detektierbarkeit der Schwingung der Nanoröhre. Da diese nicht mit Hilfe laserbasierter Methoden erfasst werden konnte, wurde die Schwingung in einem Rasterelektronenmikroskop beobachtet, was sehr aufwändig ist und die Genauigkeit einschränkt [80].

Diese Betrachtung zeigt, dass die Verwendung einer Nanoröhre als Cantilever auf Grund der kleinen Federkonstante, hohen Resonanzfrequenz und geringen effektiven Länge sehr vorteilhaft wäre, aber dass der Schwingungszustand eines so kleinen Systems nur mit sehr aufwendigen Methoden detektierbar ist. Deshalb ist es ein wichtiges Ziel der Sensorauslegung für die Cantilever-Magnetometrie, einen Kompromiss zwischen der Verringerung der Abmessungen und der einfachen und genauen Detektierbarkeit der Cantileverschwingung zu erreichen.

5 Experimentelle Techniken und Geräte

In diesem Kapitel werden die in dieser Arbeit verwendeten experimentellen Techniken und Geräte vorgestellt. Dazu gehören Rasterelektronenmikroskop, Ionenfeinstrahlanlage, Schwingungsprobenhalter und Mikromanipulation. Diese werden im Folgenden beschrieben, wobei insbesondere auf die Verwendung bei der Sensorherstellung und -charakterisierung eingegangen wird.

5.1 Rasterelektronenmikroskop

Das Rasterelektronenmikroskop (REM) ermöglicht die hochaufgelöste Untersuchung von Strukturen bis in den Nanometerbereich [81] mit Hilfe eines Elektronenstrahls, der rasterförmig über die Probenoberfläche geführt wird. Das Bild entsteht dabei nicht, wie beispielsweise im Lichtmikroskop, direkt durch den Strahlengang, sondern indirekt aufgrund der Wechselwirkung zwischen Probe und Elektronenstrahl. Um zu erreichen, dass der Elektronenstrahl ausschließlich mit der Probe interagiert, wird das Mikroskop unter Hochvakuum betrieben. Das Rasterelektronenmikroskop (REM, engl. scanning electron microscope - SEM) ermöglicht die hochaufgelöste Untersuchung von Strukturen bis in den Nanometerbereich [81] mit Hilfe eines Elektronenstrahls, der rasterförmig über die Probenoberfläche geführt wird. Das Bild entsteht dabei nicht, wie beispielsweise im Lichtmikroskop, direkt durch den Strahlengang, sondern indirekt aufgrund der Wechselwirkung zwischen Probe und Elektronenstrahl. Um zu erreichen, dass der Elektronenstrahl ausschließlich mit der Probe interagiert, wird das Mikroskop unter Hochvakuum betrieben.

Der Aufbau eines REMs ist schematisch in Abbildung 5.1 dargestellt. Es besteht aus einem System zur Generierung des Elektronenstrahls (Kathode, Anode, *Wehnelt*zylinder), einem System magnetischer Linsen (Kondensor, Objektiv) und verschiedenen Detektoren.

Die Erzeugung des Elektronenstrahls erfolgt entweder über Glüh- oder Feldemission. Bei der Glühkathode wird üblicherweise entweder ein haarnadelförmig gebogener Wolframdraht oder ein LaB_6 - Kristall verwendet. Durch Erwärmen wird die thermische Energie der Elektronen im Material so weit erhöht, dass sie aus der Spitze emittiert werden (thermoionische Emission) [83]. Bei der Feldemission wird dagegen an eine sehr feine Metallspitze eine hohe Spannung angelegt, die dazu führt, dass Elektronen das Material auf Grund des Tunneleffektes verlassen (kalte Feldemission). Bei der thermischen Feldemission wird die Kathode zusätzlich leicht geheizt,

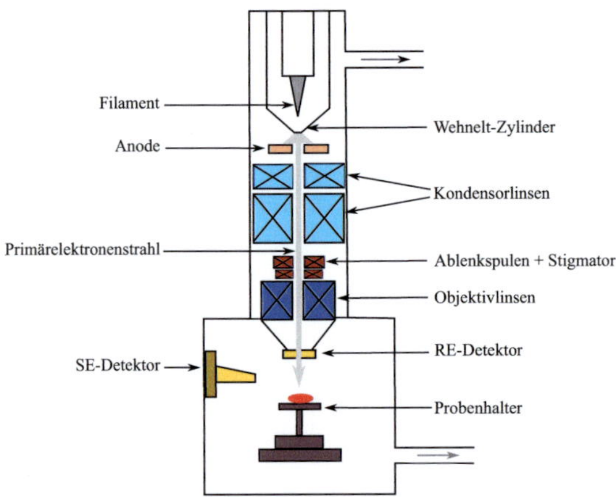

Abbildung 5.1: Schematische Darstellung des Aufbaus eines Rasterelektronenmikroskops (angelehnt an [82, S. 22]).

was zu einer noch höheren Strahlenintensität und damit zu guter Bildqualität bei geringer Beschleunigungsspannung führt [83]. Die Feldemission ermöglicht eine höhere Lebensdauer der Kathode, erfordert aber gleichzeitig ein sehr gutes Kathoden-Vakuum (10^{-7} bis 10^{-10} mbar). Außerdem sind Abbildungen mit geringerer Beschleunigungsspannung möglich und der Strahl kann besser fokussiert werden.

Unabhängig von ihrer Erzeugungsart werden die Elektronen nach dem Materialaustritt durch eine Beschleunigungsspannung zwischen 1 kV bis 50 kV zur Anode hin beschleunigt. Ein *Wehnelt*zylinder mit einer kreisförmigen Aperturöffnung, welcher die Kathode umschließt, dient zur Bündelung des Elektronenstrahls [84]. Die Strahlintensität wird als *gauss*verteilt angenommen [83]. Durch eine Reihe von Kondensorlinsen wird der Strahl fokussiert und durch Ablenkspulen rasterförmig über die Probenoberfläche bewegt. Imperfektionen im Linsensystem oder Kontaminationen der Aperturen können dazu führen, dass der Querschnitt des Elektronenstrahls nicht mehr kreisförmig ist, sondern zu einer Ellipse verzerrt wird. Dieser sogenannte Astigmatismus kann durch ein weiteres Linsensystem, den Stigmator ausgeglichen werden, was eine höhere Auflösung erlaubt [82]. Astigmatismus kann aber ebenfalls durch ferromagnetische Proben verursacht werden, wie zum Beispiel den in dieser Arbeit verwendeten eisengefüllten Kohlenstoffnanoröhren. Diese Proben erfordern für eine gute Bildqualität deshalb eine sorgfältige Einstellung des Stigmators.

5.1.1 Wechselwirkungen zwischen Probe und Elektronenstrahl

Das Bild im REM entsteht auf Grund der Wechselwirkung zwischen Probe und Elektronenstrahl, wobei eine Reihe von verschiedenen Interaktionen innerhalb eines Wechselwirkungsvolumens (Ionisations-Birne) auftreten können, die in Abbildung 5.2 dargestellt sind.

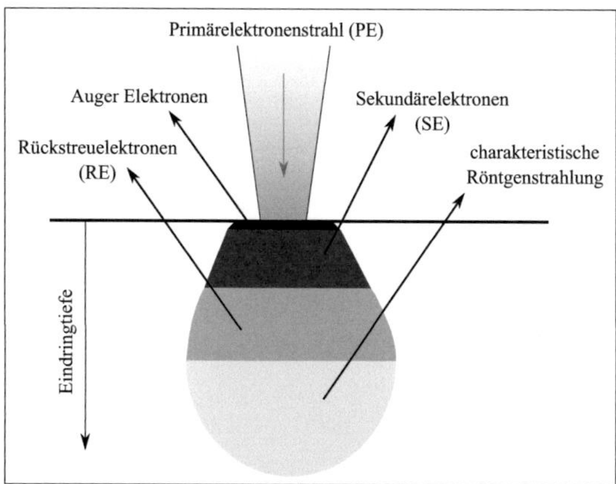

Abbildung 5.2: Schematische Darstellung der Wechselwirkungen zwischen Primärelektronenstrahl und Probe (nach [82, S. 3]). Die verschiedenen Eindringtiefen sind als Orientierung zu verstehen, da Rückstreuelektronen zum Beispiel auch bereits an der Oberfläche entstehen können.

Die Primärelektronen (PE) des auftreffenden Strahls treten in das Probenmaterial ein und unterliegen dort elastischen und inelastischen Streuprozessen. Bei der elastischen Streuung wird die Bahn der Elektronen durch die positiv geladenen Atomrümpfe oder äußere Hüllenelektronen gleicher Energie verändert, ohne dass die Elektronen dabei Energie verlieren. Die Elektronen, welche nach Einfach- oder Mehrfachstreuung die Probe mit einer Energie größer als 50 eV wieder verlassen, tragen zur Signalerzeugung bei und werden als Rückstreuelektronen (RE) bezeichnet [82]. Da diese RE auf ihrem Weg durch das Probenmaterial in eine beliebige Richtung abgelenkt werden können, treten sie mitunter auch weit entfernt von der Position des Elektronenstrahls wieder aus. Die RE erlauben sowohl Rückschlüsse auf die Topographie als auch auf die Zusammensetzung einer Probe. Bei der inelastischen Streuung ionisieren die eindringenden Elektronen des Primärstrahls Atome in der Probe und erzeugen so niederenergetische Sekundärelektronen (SE). Deren Energie ist kleiner als 50 eV [82] und deshalb können sie das Material nur verlassen, wenn sie nahe der Probenoberfläche entstehen, d.h. etwa innerhalb einer Eindringtiefe von (5 ... 50) nm [84]. Aus diesem Grund geben sie zum einen die exakte Position des Elektronenstrahls wider. Zum anderen kann mit Hilfe der Sekundärelektronen eine genaue Topographieabbildung mit einer Auflösung von 10 nm und weniger erfolgen [82, S. 5]. Sekundärelektronen können jedoch nicht nur vom Primärelektronenstrahl erzeugt werden, sondern auch durch Rückstreuelektronen. Die so erzeugten SE treten nicht innerhalb der Position des Elektronenstrahls aus und verschlechtern dadurch die Auflösungsgrenze.

Neben der Erzeugung von RE und SE, die hauptsächlich für die Abbildung im REM verwendet werden, gibt es eine Reihe weiterer Interaktionen, die aber an dieser Stelle nicht von Interesse sind und zum Beispiel in [82] und [84] besprochen werden.

Die Detektion der Rückstreu- und Sekundärelektronen erfolgt in der Regel über einen *Everhart-Thornley*-Detektor, welcher aus einem Szintillator und einem Photomultiplier besteht [85]. Die aus der Probenoberfläche austretenden Elektronen werden auf Grund einer zwischen Detektor und Probe anliegenden Spannung zum Detektor beschleunigt. Die am Detektor eintreffenden Elektronen erzeugen im Szintillator Photonen, die im Photomultiplier verstärkt und über den photoelektrischen Effekt in Elektronen und anschließend in Spannungsimpulse umgewandelt werden. Je nach der elektrischen Polarität, welche das vor dem Detektor befindliche Gitter aufweist, kann eingestellt werden, ob nur energiereiche Rückstreuelektronen oder auch niederenergetische Sekundärelektronen den Detektor erreichen.

5.1.2 Kontrastentstehung

Auf Grund der vielfältigen Wechselwirkungen zwischen Probe und Elektronenstrahl können verschiedene Kontraste betrachtet werden, die unterschiedliche Informationen über die Probe liefern [84, S. 15ff]. In der vorliegenden Arbeit wurde Topographie-, Material- und Potenzialkontrast verwendet. Es gibt jedoch eine Reihe weiterer Effekte, wie zum Beispiel Kristallorientierungskontrast und Magnetkontrast.

Topographiekontrast entsteht dadurch, dass je nach dem Winkel, unter dem der Elektronenstrahl auf die Probe trifft, unterschiedlich viele Sekundär- und Rückstreuelektronen entstehen. An schrägen Kanten können mehr Rückstreuelektronen die Probenoberfläche wieder verlassen und dabei weitere Sekundärelektronen erzeugen, so dass sich insgesamt die Ausbeute erhöht und die Struktur heller erscheint als bei einer Fläche senkrecht zum Elektronenstrahl (Kanteneffekt, vgl. Abbildung 5.3). Zusammen mit Schattenbildung führt dies zu einem dreidimensionalen Bildeindruck [84, S. 13]. Zusätzlich zum Winkel zwischen Probe und Elektronenstrahl wird der Topographiekontrast durch die Position des Detektors beeinflusst. In der vorliegenden Arbeit wurde der Topographiekontrast genutzt, um Strukturen zu vermessen.

Materialkontrast ermöglicht die Unterscheidung von verschiedenen Stoffen, da die Ausbeute von Rückstreu- und Sekundärelektronen von der Ordnungszahl des Materials abhängt. Je höher die Ordnungzahl, desto mehr positive Atomrümpfe stehen als Streuzentren zur Verfügung und demzufolge steigt die Elektronenausbeute, d.h. das REM-Bild erscheint heller. Daraus resultiert, dass leichte Elemente wie Kohlenstoff im Kontrast dunkler erscheinen als schwerere Elemente, z.B. Gold [82]. Der Materialkontrast ist insbesondere in der vorliegenden Arbeit von Bedeutung, um die Eisenfüllung in Kohlenstoffnanoröhren zu untersuchen. Wie in Abbildung 5.4 dargestellt, erscheint die Kohlenstoffhülle eher dunkel und die Eisenfüllung hell.

Unterschiedliche elektrische Potenziale auf der Probe beeinflussen ebenfalls die Elektronenausbeute und liefern den Potenzialkontrast. Dieser Effekt wurde in dieser Arbeit nicht untersucht,

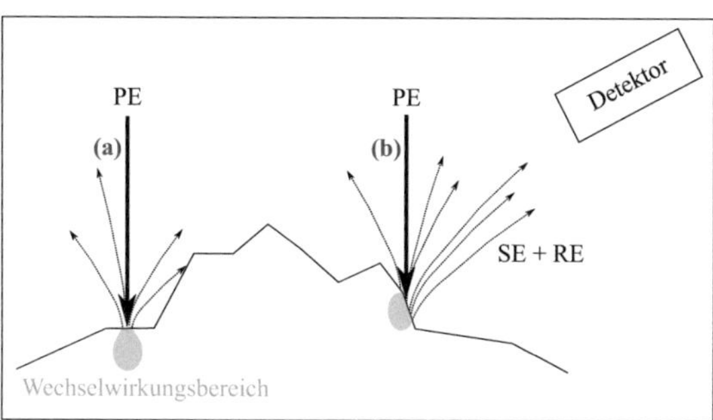

Abbildung 5.3: Schematische Darstellung von Kanteneffekt und Schattenbildung. Bei (a) erreichen weniger Rückstreu- und Sekundärelektronen den Detektor als bei Position (b), wo zudem noch mehr Sekundärelektronen erzeugt werden.

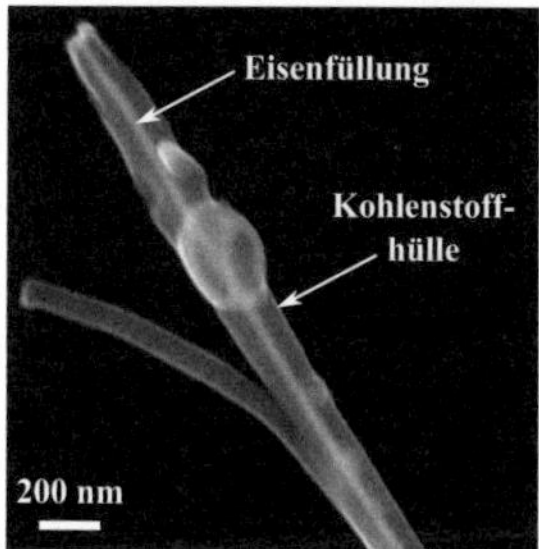

Abbildung 5.4: Materialkontrast am Beispiel einer eisengefüllten Kohlenstoffnanoröhre. Im gemischten Sekundär- und Rückstreuelektronenbild erscheint die Eisenfüllung hell und die Kohlenstoffhülle dunkler.

aber auf Grund von lokalen Aufladungen der Probe trat er trotzdem auf. Die Aufladungen waren auf einen unzureichenden Potenzialausgleich der Probe zurückzuführen, so dass die Ladungen von der Probe nicht abfließen konnten. Der Einfluss besteht in einer steigenden Unschärfe im REM-Bild und Drifterscheinungen. Um diesen Aufladungseffekt zu vermeiden, wurden alle Proben entweder mit Leitsilber kontaktiert oder mit einer wenige Nanometer dicken, leitfähigen Schicht bedampft.

5.1.3 Auflösung

Die Auflösungsgrenze ist definiert als der Abstand, den zwei Strukturen haben dürfen, so dass sie noch als zwei Objekte abgebildet werden können [82, S. 1]. Im REM ist die Auflösung bestimmt durch die Energie der Primärelektronen, den Durchmesser des Primärstrahls, Linsenfehler, das Probenmaterial und den Detektor. Wenn die Probe kleiner ist als der Wechselwirkungsbereich des Primärelektronenstrahls, wird der gesamte Bereich durchstrahlt und das Objekt ist zwar noch erkennbar, nicht aber seine Struktur. Durch eine bessere Fokussierung und Anpassung der

Energie des Primärstrahls kann die Auflösung verbessert werden. Allerdings bedeutet dies, dass weniger Primärelektronen auf die Probe treffen und weniger Sekundär- und Rückstreuelektronen erzeugen. Daraus resultiert ein geringeres Detektorsignal, so dass sich das Signal-zu-Rausch-Verhältnis verschlechtert. Die Dichte des Materials begrenzt ebenfalls die Auflösung, denn sie beeinflusst die Ausdehnung des Interaktionsbereichs. Für dichte Materialien ergibt sich eine Auflösung von etwa 2 nm und für weniger dichte eine Auflösung von 5 nm [81]. Zudem wird die Auflösung durch die Sekundärelektronen verschlechtert, welche durch Rückstreuelektronen ausgelöst werden und nicht im Wirkungsbereich des Primärstrahls austreten [84, S. 13ff].

5.1.4 Materialabscheidung im Elektronenstrahl

Mit Hilfe des Elektronenstrahls ist es nicht nur möglich, Objekte abzubilden, sondern es kann auch Material abgeschieden werden (engl. Electron Beam Induced Deposition - EBID). Dazu wird ein gasförmiger Precursor eingeleitet, welches das abzuscheidende Material in gebundener Form enthält (meistens Metallcarbonyle) [86]. Die Gasmoleküle werden auf der Oberfläche der Probe adsorbiert. Wenn der Elektronenstrahl auf dieser Stelle auftrifft, werden durch die erzeugten Elektronen die Bindungen im Precursor aufgespalten, so dass flüchtige und nichtflüchtige Bestandteile entstehen. Die flüchtigen Bestandteile, unter anderem Kohlenstoff und Sauerstoff, verlassen die Probenoberfläche und werden abgepumpt, während die nichtflüchtigen Bestandteile auf der Oberfläche verbleiben [86], [87]. Mit dieser Technik können verschiedenste Materialien, wie zum Beispiel Gold, Wolfram, Kobalt, Kohlenstoff und Platin, abgeschieden werden. Die Abscheidung erfolgt dabei nur in dem Bereich, der vom Elektronenstrahl abgescannt wird, so dass Strukturen in nahezu beliebiger Form erzeugt werden können. Da die Abscheidung hauptsächlich durch Sekundärelektronen bestimmt ist und diese einen gewissen Austrittsbereich auch außerhalb des Primärelektronenstrahls aufweisen, können die Strukturen nicht beliebig klein werden [86]. Weiterhin treten auf Grund der Zusammensetzung des Precursor-Gases stets Verunreinigungen in Form von Kohlenstoff auf, die mit in die abgeschiedene Struktur eingebaut werden.

Auch ohne die Einleitung eines Precursor-Gases kann es zur Abscheidung von Material auf der Probenoberfläche kommen. Trotz des Hochvakuums finden sich in der REM-Kammer freie Kohlenwasserstoffverbindungen, die sich auf der Probenoberfläche ablagern. Trifft der Elektronenstrahl darauf, wird eine Schicht aus amorphem Kohlenstoff abgeschieden. Obwohl diese Schicht sehr dünn ist (wenige Monolagen), kann sie zu Problemen führen, wie später gezeigt wird.

Für die hergestellten Strukturen in dieser Arbeit wurde die EBID dazu verwendet, um zusätzliche Masse abzuscheiden, nicht aber für die Herstellung spezieller geometrischer Strukturen. Um die Masse möglichst punktförmig aufzubringen, wurde der Spot-Modus des REMs verwendet, bei dem der Elektronenstrahl nur auf einen Punkt fokussiert wird anstatt die Fläche abzurastern. So entstanden die in Abbildung 5.5 gezeigten nadel- und punktförmigen Abscheidungen. Es wurde Kohlenstoff und Platin für die Abscheidung verwendet, wofür entsprechende Precursor-Gase mit Hilfe eines Gasinjektionssystems (GIS, engl. gas injection system) in die REM-Kammer eingeleitet wurden.

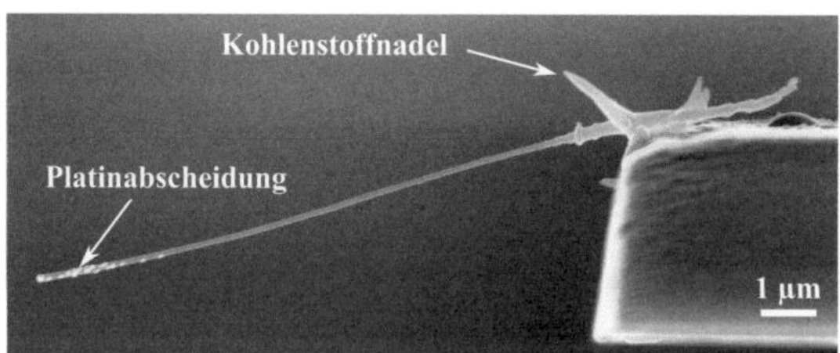

Abbildung 5.5: Materialabscheidung im Elektronenstrahl: Platin am freien Ende der Nanoröhre als Zusatzmasse und Kohlenstoff zur Befestigung der Nanoröhre. Für die Abscheidung wurde der Spot-Modus des REMs verwendet und der Elektronenstrahl ohne Abrastern auf einen Punkt fixiert.

5.2 Ionenfeinstrahlanlage

Zur Abbildung von Strukturen können nicht nur Elektronen, sondern ebenfalls Ionen zur Anwendung kommen, welche zusätzlich eine Probenbearbeitung in Form von Sputtern erlauben. Dies wird in einer Ionenfeinstrahlanlage (engl. Focused Ion Beam - FIB) durchgeführt, deren Aufbau und Funktion sich kaum von der eines Rasterelektronenmikroskops unterscheidet. Als Ionenquelle wird in der Regel Gallium verwendet und die Ionen werden ebenso wie die Elektronen beim REM durch eine Hochspannung von (5 ... 50) kV an einer Kathode erzeugt und der Strahl durch elektrostatische und magnetische Linsensysteme fokussiert und über die Probe gerastert [88]. Treffen die Ionen des Strahls auf die Probenoberfläche, werden Sekundärelektronen erzeugt, welche wie beim REM detektiert und zur Abbildung von Objekten verwendet werden. Da die Ionen im Vergleich zu Elektronen eine wesentlich höhere Masse haben, ist die Interaktion zwischen Probe und Ionenstrahl stärker, was zum Abtrag von Oberflächenatomen führen kann. Folglich sollten für eine reine Abbildung nur sehr kleine Strahlströme (im Picoamperebereich) verwendet werden. Höhere Strahlströme, die Werte von bis zu einigen Nanoampere erreichen können, werden zur Bearbeitung von Proben verwendet [88]. Zudem hat der Ionenbeschuss auch immer Verunreinigungen der Probe zur Folge, da es zum Einlagern von Gallium-Ionen kommt [88].

5.2.1 Materialabtrag im Ionenstrahl

Durch ausreichend große Strahlströme kann der Materialabtrag durch Sputtern erreicht werden. Dabei haben die Ionen eine so große kinetische Energie, dass beim Auftreffen auf die Probe Teilchen herausgeschlagen werden, die vom Vakuumsystem abgepumpt werden. Bei den Teilchen handelt es sich entweder um Ionen oder Neutralteilchen. Der Abtrag erfolgt oberflächlich, da die Eindringtiefe für die Gallium-Ionen nur wenige Nanometer beträgt, z.B. ≈ 20 nm bei 25 keV Beschleunigungsspannung [88]. In der vorliegenden Arbeit wurde die FIB eingesetzt, um Siliziumcantilever in eine gewünschte Form zu schneiden (vgl. Abbildung 5.6). Der Materialabtrag erfolgte entweder mit kleinen Strahlströmen von wenigen Picoampere, um den Cantilever abzudünnen, oder mit großen Strahlströmen zwischen (21 ... 65) nA, um das gesamte Material abzutragen. Neben der flächigen Bearbeitung ist auch das Schneiden von Linienstrukturen möglich. Allerdings besteht bei dieser Methode das Problem, dass die Teile nach dem Durchtrennen noch auf Grund von Anziehungskräften (elektrostatische und *Van-der-Waals*-Kräfte) aneinander haften und mit Hilfe eines Mikromanipulators (vgl. Abschnitt 5.4) entfernt werden müssen.

5.2.2 Materialabscheidung im Ionenstrahl

Genau wie im Elektronenstrahl kann auch mit dem Ionenstrahl eine Materialdeposition erfolgen. Dazu wird ebenfalls ein Precursor-Gas eingeleitet, welches das abzuscheidende Material in gebundener Form enthält. Die Moleküle werden auf der Oberfläche adsorbiert und die Bindungen bei Kontakt mit dem Ionenstrahl aufgespalten. Die nichtflüchtigen Bestandteile verbleiben auf der Probenoberfläche, während die flüchtigen Bestandteile vom Vakuumsystem abgepumpt werden. Auch hier können eine Vielzahl von Materialien, z.B. Platin, Kupfer und Kohlenstoff, abgeschieden werden [89]. Allerdings ist eine genaue Einstellung des Strahlstroms für den Abscheideprozess notwendig, da bei zu hohen Strömen der Abtrag durch Sputtern überwiegt und kein Material deponiert wird. Die Materialdeposition im Ionenstrahl wurde in dieser Arbeit dazu verwendet, um Säulen aus Kohlenstoff abzuscheiden (Abbildung 5.6e).

5.2.3 Verwendete Geräte

Zur Herstellung der Strukturen in dieser Arbeit kamen zwei verschiedene Geräte zum Einsatz: *1540 XB CrossBeam* von Carl Zeiss AG und *Helios NanoLab 600i* von FEI. Beide Geräte kombinieren ein REM mit einem fokussierten Ionenstrahl, so dass sowohl Abbildung als auch Bearbeitung von Strukturen möglich sind. Der Vorteil dieser kombinierten Geräte ist, dass die Bearbeitung im Ionenstrahl, die Betrachtung aber im Elektronenstrahl erfolgt und damit unerwünschte Beschädigungen durch den Ionenstrahl vermieden werden können. Weiterhin bieten ebenfalls beide Geräte die Möglichkeit, verschiedene Materialien mit Hilfe eines Gasinjektionssystems abzuscheiden.

Zur Sensorcharakterisierung wurden unter anderem Strukturgrößen vermessen, weshalb Auflösung und Kalibrationsgenauigkeit von Interesse sind. Die Anlage *1540 XB CrossBeam* hat eine Auflösung von 5 nm und der relative Fehler der Längenmessung liegt nach Kalibration bei

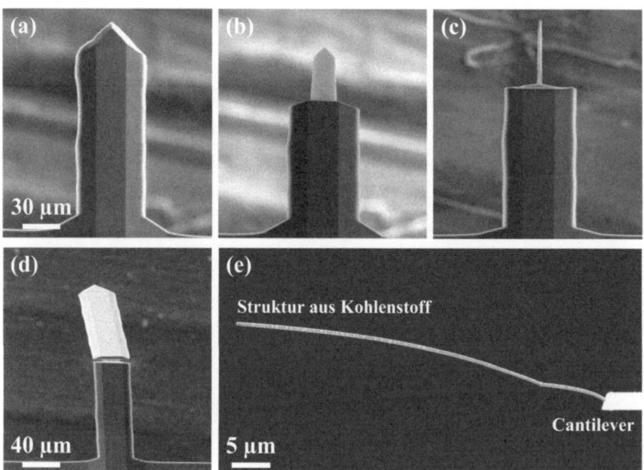

Abbildung 5.6: Bearbeitungsmöglichkeiten mit der FIB: (a) - (c) flächiges Abdünnen und Zurecht-schneiden eines Cantilevers. Das gesamte Material wurde durch Ionenbeschuss ent-fernt. (d) Linienschnitt mit dem Ionenstrahl, wobei der abgetrennte Teil auf Grund von Anziehungskräften noch am Cantilever haftet. (e) Mit Hilfe des Ionenstrahls ab-geschiedene Kohlenstoffstruktur mit rechteckigem Querschnitt, etwa (240 x 480) nm.

weniger als 1,5 % [10]. Für das Gerät *Helios NanoLab 600i* wird aus Tests je nach Beschleuni-gungsspannung und Arbeitsabstand eine Auflösung von 1 nm angegeben [90].

5.3 Schwingungsprobenhalter

Um Schwingungsexperimente durchzuführen und Aussagen über die Eigenschaften der herge-stellten Sensoren abzuleiten, wurde ein Schwingungsprobenhalter verwendet, welcher im We-sentlichen aus einer Scherpiezo-Platte und einem Aluminiumblock als Probenhalter besteht. Dieser Block ist so ausgelegt, dass der Trägerchip, an dem sich der Cantilever befindet, sicher platziert werden kann (vgl. Abbildung 5.7). Die Fixierung des Trägerchips erfolgt mit Leitsilber (Acheson Silver DAG 1415), so dass sich die Probe ohne Beschädigung auch wieder vom Halter entfernen lässt. Wird eine Wechselspannung an den Piezoaktuator angelegt, kann die Probe zu Schwingungen angeregt werden. Typische Spannungswerte für die verwendeten Strukturen liegen dabei bei $U \leq 1$ V. Der gesamte Aufbau befindet sich auf einem handelsüblichen REM-Probenteller, so dass die Schwingungsexperimente direkt im Rasterelektronenmikroskop durch-geführt werden können. Die elektrische Kontaktierung des Probenhalters erfolgt dazu über ein geschirmtes Koaxialkabel, welches über eine Vakuumdurchführung aus der REM-Probenkammer herausführt und an einen Signalgenerator angeschlossen ist. Bei der Schwingungsbeobachtung im REM kann allerdings nicht direkt die Schwingung verfolgt werden. Da die Schwingungsfre-quenzen der Cantilever wesentlich größer sind als die Rasterfrequenz des Elektronstrahls, wird vielmehr nur die Einhüllende der Schwingung abgebildet. Diese ist am Beispiel eines Cantilevers in Abbildung 5.8 dargestellt. Die Schwingungsexperimente im REM bilden einen wichtigen Bestandteil der Sensorherstellung und Charakterisierung. Zum einen kann direkt die Resonanzfrequenz der einzelnen Cantilever bestimmt werden. Dazu wird bei kleiner Anregungsspannung (typisch U = 1 V) der Frequenzbereich durchgefahren und die Maximalauslenkung gesucht. Andererseits können auch vollständige Resonanzkurven vermessen werden, woraus sich Kenngrößen wie Federkonstante und Gütefaktor ableiten lassen. Dazu wird die Frequenz in einem gewissen Bereich um die Resonanzfrequenz durchfahren und in bestimmten Frequenzabständen ein REM-Bild aufgenommen. Aus diesen Bildern können die Schwingungsamplituden vermessen und mit Hilfe der Betrachtungen aus Kapitel 2 die Resonanzkurve und weitere Größen bestimmt werden. Der durchfahrene Frequenzbereich wird ausgehend von der Beobachtung im REM festgelegt und beginnt und endet jeweils, wenn keine Amplitude des Schwingers mehr erkennbar ist.

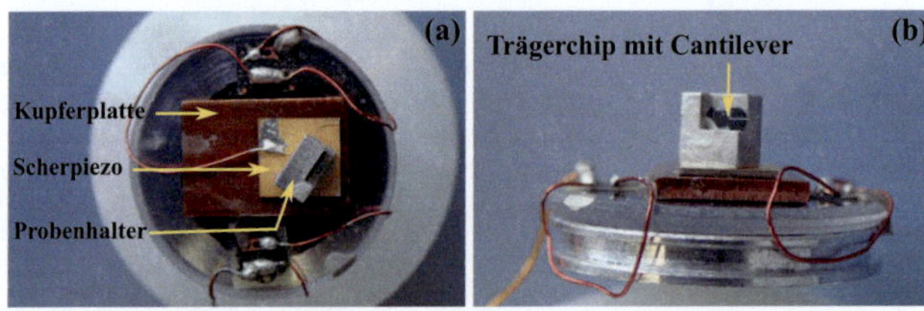

Abbildung 5.7: Schwingungsprobenhalter zur Messung von Cantileverresonanzkurven, (a) Draufsicht mit Kennzeichnung aller wichtigen Bestandteile, (b) Seitenansicht mit eingeklebtem Cantilever am Trägerchip.

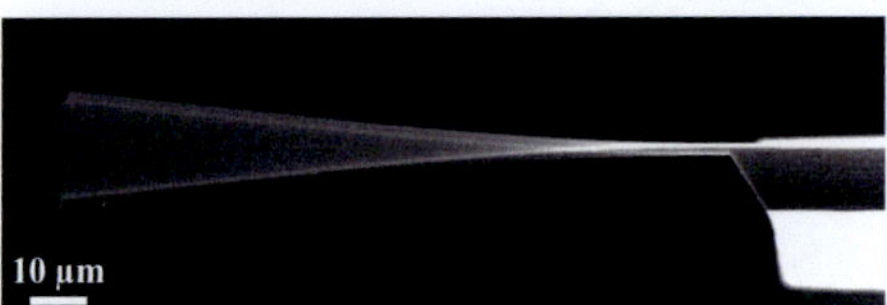

Abbildung 5.8: Einhüllende der ersten Biegeschwingung eines Cantilever bei einer sinusförmigen Anregungsspannung mit einer Amplitude von 1 V.

5.4 Mikromanipulator

Um Strukturen gezielt zu manipulieren, wurde ein Mikromanipulator MM3A-EM (Kleindiek Nanotechnik GmbH) mit Rotationsspitze (ROTIP-EM) verwendet (vgl. Abbildung 5.9). Dabei handelt es sich um einen Roboterarm, welcher über Piezomotoren gesteuert und so in verschiedene Richtungen bewegt werden kann. Der Mikromanipulator selbst verfügt über die Bewegungsrichtungen *auf - ab*, *rechts - links* und *vor - zurück*, wobei sich die Manipulatorspitze dabei in einem sphärischen Koordinatensystem bewegt. Durch die Rotationsspitze, die sich vorn in den

Manipulator einschieben lässt, gibt es zudem den zusätzlichen Freiheitsgrad der Rotation. Der Manipulator kann über Drehknöpfe und mit sechs verschiedenen Geschwindigkeiten gesteuert werden.

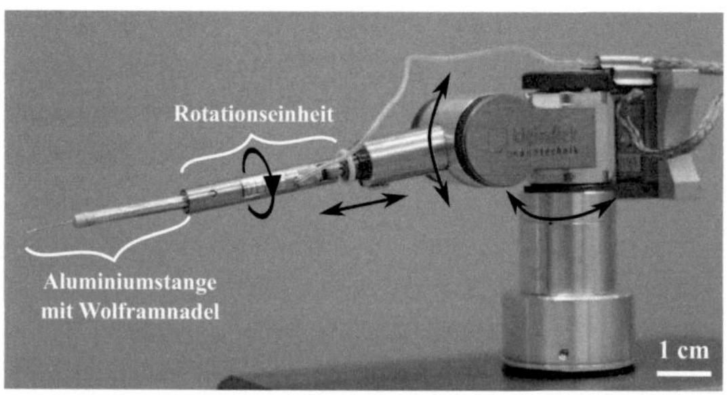

Abbildung 5.9: Mikromanipulator mit Rotationsspitze und eingeklebter Wolframnadel zur gezielten Herstellung von Strukturen.

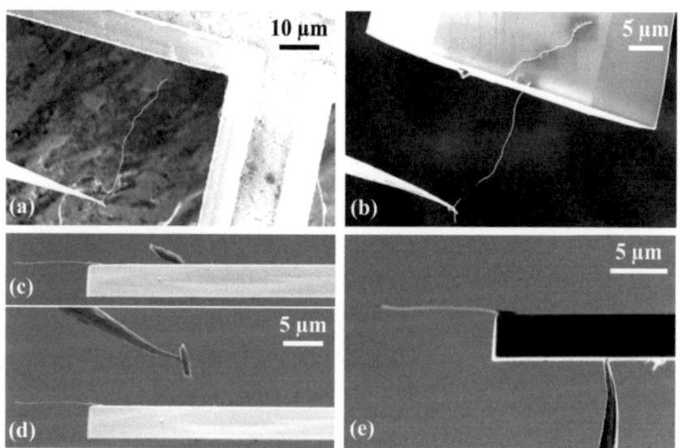

Abbildung 5.10: Beispiele für den Einsatz des Mikromanipulators mit einer Wolframnadel: (a) Aufnahme einer Kohlenstoffnanoröhre von einem Substrat und (b) Ablegen auf einem Cantilever. (c), (d) Entfernen von Verunreinigungen auf einem Cantilever. (e) Festhalten eines Cantilevers bei Schwingungsexperimenten. Im Bild drückt die Wolframnadel von unten an den Cantilever.

Um Manipulationen durchzuführen, muss eine entsprechende Spitze verwendet werden. In dieser Arbeit kamen Wolframnadeln mit einem typischen Spitzendurchmesser von 200 nm zum Einsatz. Diese werden aus Wolframdraht (Nenndurchmesser 250 µm) mit Hilfe einer elektrochemischen Ätzvorrichtung hergestellt und mit Leitsilber in einer Aluminiumstange fixiert, welche wiederum in den Manipulator eingesteckt werden kann. Mit Hilfe dieser Wolframnadel sind vielfältige Manipulationen möglich. Eine Auswahl ist in Abbildung 5.10 dargestellt. Um ein Objekt mit der Nadel aufzunehmen, wird die Wolframspitze damit in Kontakt gebracht und anschließend mit dem Elektronenstrahl Material auf dem Kontaktpunkt abgeschieden. In der Regel wurde in der vorliegenden Arbeit für Befestigungszwecke amorpher Kohlenstoff verwendet. Mit Hilfe des Manipulators kann das Objekt nach dem Aufnehmen zu seinem Ziel transportiert und dort abgelegt werden. Dazu muss wiederum ein Kontaktpunkt zwischen dem Ablageort und dem Objekt hergestellt werden, an welchem amorpher Kohlenstoff abgeschieden wird. Diese Befestigung muss stärker sein als die an der Wolframnadel, so dass das Objekt beim Zurückfahren des Manipulators von der Nadel abreißt. Der gesamte Prozess der Manipulation, insbesondere die Befestigung, ist fehleranfällig, so dass oft mehrere Versuche notwendig sind, um ein Objekt erfolgreich zu manipulieren. Mit dem beschriebenen Verfahren wurden Kohlenstoffnanoröhren von dem Substrat, auf dem sie gewachsen sind, aufgenommen und an Siliziumcantilevern befestigt. Weiterhin wurden Verunreinigungen entfernt (vgl. Abbildung 5.10c und d) sowie Strukturen bei FIB-Schnitten und Schwingungsexperimenten mit Hilfe der Wolframnadeln festgehalten.

6 Kohlenstoffnanoröhren

Kohlenstoffnanoröhren (engl. carbon nanotubes - CNT) bilden seit einigen Jahrzehnten ein breites Forschungs- und Anwendungsfeld. In den letzten Jahren wurden vielfältige Anwendungsmöglichkeiten entwickelt und untersucht [91], wie zum Beispiel CNT-basierte Feldeffekttransistoren [92] und Gassensoren [93]. Weiterhin werden sie für die Herstellung von Verbundmaterialien mit vorteilhaften mechanischen Eigenschaften [94] und in der biomedizinischen Forschung unter anderem als Transportmittel für Medikamente [95] eingesetzt. Man unterscheidet zwei verschiedene Arten von Nanoröhren: einwandige (single-walled CNT - SWCNT) und mehrwandige (multi-walled CNT - MWCNT). Die SWCNTs bestehen aus einer einzelnen aufgerollten Graphitschicht, während MWCNTs aus mehreren ineinander aufgerollten Röhren bestehen. MWCNTs sind einfacher herzustellen, weisen aber auch eine höhere Defektdichte auf als einwandige CNTs [91].

Ein wichtiger Grund für die vielfältigen Anwendungsmöglichkeiten sind die sehr guten chemischen und physikalischen Eigenschaften der CNTs. Sie sind chemisch stabil, können mit verschiedenen Materialien gefüllt werden, weisen sehr hohe Zugfestigkeiten auf, besitzen ein hohes Aspektverhältnis (Verhältnis von Länge zu Durchmesser) und können thermisch und elektrisch leitfähig sein [96]. Auf Grund dieser vorteilhaften Eigenschaften wurden eisengefüllte Kohlenstoffnanoröhren (FeCNT) bereits als magnetische Sensoren in der Magnetkraftmikroskopie (engl. Magnetic Force Microscopy - MFM) eingesetzt [97] und für die Herstellung bidirektionaler ko-resonanter MFM-Sonden verwendet [10]. Hierbei spielt vor allem die mechanische Belastbarkeit eine Rolle, sowie die Möglichkeit, die Kohlenstoffnanoröhre mit einem ferromagnetischen Material zu füllen. Diese Füllung wird durch die Kohlenstoffhülle vor Umgebungseinflüssen geschützt und bildet somit eine mechanisch stabile Sonde.

Auch in der vorliegenden Arbeit werden FeCNTs als Teilsystem der ko-resonant gekoppelten Sensoren für Cantilever-Magnetometrie eingesetzt. Die FeCNTs dienen dabei gleichzeitig als Bestandteil des schwingenden Systems und als magnetische Probe, wobei die magnetischen Eigenschaften der Eisenfüllung untersucht werden. Die Eigenschaften sind schon gut bekannt und bieten dadurch die Möglichkeit, das in Kapitel 7 beschriebene, neu entwickelte Sensorkonzept zu validieren. Neben den FeCNTs wurden auch ungefüllte MWCNTs eingesetzt, um den entwickelten Sensor für die Messung von anderen magnetischen Proben einzusetzen.

Im Folgenden werden die Herstellungsverfahren für beide Arten von CNTs sowie deren mechanischen und im Falle der FeCNT magnetischen Eigenschaften beschrieben. Aufgrund der Vielzahl an Publikationen auf dem Gebiet der CNT-Forschung wird hier nur ein begrenzter Einblick in die unmittelbar für diese Arbeit relevanten Informationen gegeben.

6.1 Eisengefüllte Kohlenstoffnanoröhren

6.1.1 Herstellung von eisengefüllten Kohlenstoffnanoröhren

Für die Herstellung von Kohlenstoffnanoröhren kommen verschiedene Verfahren zum Einsatz, die sich hinsichtlich der Qualität der produzierten CNTs sowie der Ausbeute und damit der Eignung für eine großtechnische Herstellung unterscheiden. Dazu gehören Lichtbogenverfahren, die Laser-Ablation und die Abscheidung aus der Gasphase (engl. Chemical Vapor Deposition - CVD) [91]. Bei den CVD-Verfahren gibt es verschiedene Modifikationen, zum Beispiel Plasmaunterstützung (PECVD) oder Aerosol-CVD [98]. Die eisengefüllten Kohlenstoffnanoröhren (FeCNT) wurden im katalytischen CVD-Verfahren [99] hergestellt, welches in Abbildung 6.1 schematisch dargestellt ist. Es handelt sich dabei um ein Zwei-Zonen Verfahren, bei dem der feste Precursor in der ersten Heizzone des Ofens verdampft wird und in der zweiten Zone aus der Gasphase CNTs abgeschieden werden. Für die Herstellung der FeCNTs wird als Precursor Bis(η^5-cyclopentadienyl)eisen (Ferrocen) [100] verwendet, welches gleichzeitig als Eisen- und als Kohlenstoffquelle dient [101]. Das Ferrocen wird in einen Quarztiegel gegeben und in der ersten Heizzone bei einer Temperatur von (120 ... 180)°C sublimiert. Mit Hilfe eines Argon-Gasstromes wird das sublimierte Material in die zweite Heizzone transportiert, welche eine Temperatur von (750 ... 950)°C hat [99]. Dort zersetzt sich das Ferrocen auf Grund der hohen Temperatur unter anderem in Eisen und Kohlenwasserstoffe [102], wobei diese Zersetzungsprodukte mit den Katalysatorpartikeln auf einem Substrat reagieren. Als Substrat werden Siliziumwafer mit einer Siliziumdioxidschicht und einer (2 ... 10) nm dünnen ferromagnetischen Beschichtung verwendet. Diese Schicht bricht beim Erhitzen auf, so dass sich quasi-flüssige Inseln aus ferromagnetischem Material bilden [101]. An diesen Inseln können sich die Zersetzungsprodukte des Ferrocens anlagern. Nach einer gewissen Zeit bilden sich teilweise oder ganz mit Eisen gefüllte, mehrwandige Kohlenstoffnanoröhren, die in der Regel an beiden Enden mit Kohlenstoff verschlossen sind [99] und als teppichartige Struktur senkrecht nach oben wachsen. Zum Wachstumsmechanismus der FeCNTs gibt es verschiedene Annahmen [102]. Gesichert ist, dass sowohl die Geschwindigkeit des Gasstromes als auch die Temperaturen und die Struktur des Substrates den Wachstumsprozess beeinflussen. Zudem ist das Wachstum terminiert, wobei die zu Grunde liegenden Mechanismen noch nicht genau verstanden sind [99]. Für die FeCNTs konnten Längen von (15 ... 45) µm erreicht werden [99].

Bei der Eisenfüllung im Inneren der CNTs handelt es sich vorwiegend um eine kubisch raumzentrierte Gitterstruktur, sogenanntes α-Eisen. In geringen Konzentrationen treten auch andere

Strukturen wie γ-Eisen (kubisch-flächenzentriert) und Eisencarbid (Fe_3C) auf [102]. Die Eisenfüllung hat einen Durchmesser von (15 ... 30) nm und der Außendurchmesser der CNTs beträgt (20 ... 60) nm [101].

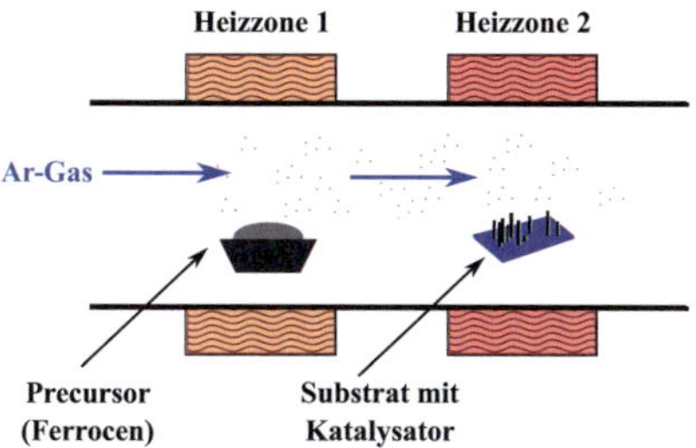

Abbildung 6.1: Schematische Darstellung des Zwei-Zonen CVD-Verfahrens zur Herstellung von eisengefüllten Kohlenstoffnanoröhren (angelehnt an [103]).

Abbildung 6.2: Auf einem Siliziumsubstrat mittels CVD gewachsener Teppich aus eisengefüllten Kohlenstoffnanoröhren.

6.1.2 Mechanische und magnetische Eigenschaften von FeCNTs

a. Struktur von Kohlenstoffnanoröhren

Um die mechanischen Eigenschaften der FeCNTs zu verstehen, muss die grundlegende Struktur von Kohlenstoffnanoröhren betrachtet werden. Eine in der Natur vorkommende Modifikation des Kohlenstoffes ist Graphit, welches aus einzelnen Graphenschichten besteht. Diese Schichten setzen sich wiederum aus in Hexagonen angeordneten Kohlenstoffatomen zusammen. Ein Kohlenstoffatom besitzt vier Valenzelektronen, von denen im Fall der Kohlenstoffnanoröhre aber nur drei eine σ-Bindung mit den Nachbaratomen bilden (sp^2-Hybridisierung) [91]. Die restlichen Elektronen bilden eine delokalisierte π-Bindung aus, welche sich über die gesamte Graphenschicht erstreckt.

Im Fall einer einwandigen Kohlenstoffnanoröhre ist eine Graphenlage zu einem Zylinder aufgerollt, an dessen Enden halbkugelförmige Kappen sitzen können. In Abbildung 6.3 ist eine offene einwandige Kohlenstoffnanoröhre dargestellt. Mehrwandige Kohlenstoffnanoröhren bestehen aus mehreren ineinander geschobenen SWCNTs, wobei die einzelnen Zylinder einen konstanten Abstand voneinander haben (etwa 0,34 nm [104]) und über *Van-der-Waals*-Kräfte zusammen gehalten werden. Die Hüllen können ineinander gleiten, so dass es möglich ist, einzelne Kohlenstoffhüllen abzuziehen. Weiterhin nimmt die Anzahl an Defekten nach außen hin zu, was die mechanischen Eigenschaften beeinflusst [104].

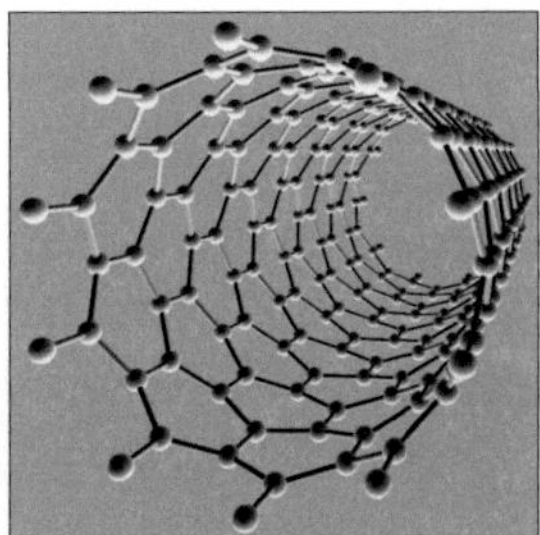

Abbildung 6.3: Einwandige offene Kohlenstoffnanoröhre, die aus einer aufgerollten Graphenschicht besteht. Die Grafik wurde mit dem Programm *Nanotube Modeler* erstellt [105].

b. Mechanische Eigenschaften

Es gibt vielfältige Methoden, um die mechanischen Eigenschaften von Kohlenstoffnanoröhren zu untersuchen, z.B. thermische Vibrationsmessungen, statische Verbiegung, dynamische Biegung in Schwingungsexperimenten und Zugversuche [103]. Eine sehr ausführliche Untersuchung der FeCNTs ist in [103] gezeigt. Die meisten der hier angegebenen Werte und Ergebnisse beziehen sich darauf.

Das mechanische Verhalten einer CNT lässt sich in sehr guter Näherung mit der *Euler-Bernoulli*-Balkentheorie beschreiben (vgl. Abschnitt 2.1) [51], [103]. Darauf aufbauend kann mit statischen und dynamischen Methoden ein Elastizitätsmodul von (120 ... 698) MPa bestimmt werden. Dieser Wert ist deutlich kleiner als der oft im Zusammenhang mit CNTs genannte Wert von 1 TPa [106]. Werte von mehr als 1 TPa können mit mehrwandigen CNTs kaum erreicht werden, da die Defektdichte mit der Anzahl an Wänden zunimmt. Weiterhin wird auch die Welligkeit, die beim Wachsen der CNTs auftritt, als mögliche Ursache für den verringerten Elastizitätsmodul diskutiert [107]. Für die eisengefüllten CNTs wurde außerdem gezeigt, dass der Einfluss der Eisenfüllung auf die Steifigkeit vernachlässigbar ist, während die Gesamtmasse der FeCNT stark von der Masse der Eisenfüllung abhängt [103]. Demzufolge muss für die Berechnung der Dichte von FeCNTs, abhängig von Durchmesser und Länge der Eisenfüllung, eine gewichtete Dichte verwendet werden. Für alle in der vorliegenden Arbeit durchgeführten Berechnungen wurden die

Tabelle 6.1: Für Berechnungen verwendete Dichtewerte für CNT und amorphen Kohlenstoff, entnommen aus [103].

Material	Eisen	Kohlenstoffhülle	amorpher Kohlenstoff
Dichte $[kg/m^3]$	7874	2200	1800

in Tabelle 6.1 angegebenen Dichtewerte verwendet. Für die Sensoreigenschaften in dieser Arbeit ist zudem die Federkonstante der FeCNTs von Interesse. Diese liegt in der Größenordnung von wenigen Millinewton pro Meter [51], [103] und kann aus der Geometrie und der Resonanzfrequenz der FeCNT in einem Schwingungsexperiment ermittelt werden. Dieses Vorgehen wurde auch im Rahmen dieser Arbeit gewählt.

c. Magnetische Eigenschaften

Die magnetischen Eigenschaften sowohl von einzelnen als auch von Ensembles von FeCNTs wurden bereits mit verschiedenen Methoden untersucht: mittels Cantilever-Magnetometrie [63], [80], Mikro-*Hall*-Magnetometrie [50] und im Magnetkraftmikroskop [40], [108]. Die Ergebnisse werden hier in kurzer Form zusammengefasst und die Zahlenwerte in Tabelle 6.2 angegeben.

Der in der Kohlenstoffnanoröhre eingeschlossene Eisen-Nanodraht besteht in der Regel nur aus einer magnetischen Domäne, kann aber bei starker Deformation auch in einen mehrdomänigen Zustand übergehen [40], [50]. Die Ursache dafür sind durch die Verformung induzierte Defekte im Eisendraht, an denen sogenanntes „Pinning", d.h. das Festhalten einer Domänenwand, auftritt [109]. Weiterhin dominiert auf Grund des großen Aspektverhältnisses die Formanisotropie gegenüber der magnetokristallinen Anisotropie [99], wie die in Tabelle 6.2 angegebenen Werte zeigen [40, 63, 108]. Aus diesem Grund liegt die leichte Richtung der Magnetisierung im Allgemeinen entlang der Zylinderachse der CNT. Die Sättigungsmagnetisierung des Eisendrahtes stimmt gut mit Literaturwerten für α-Fe überein [50], [63]. Weiterhin wurde das magnetische Moment einer FeCNT mit verschiedenen Methoden bestimmt und liegt etwa bei $m_{FeCNT} \approx 10^{-14}$ Am^2 [63], [80].

Wird die FeCNT einem entsprechend hohen Magnetfeld ausgesetzt, welches der Magnetisierung entgegengesetzt gerichtet ist, kann es zur Magnetisierungsumkehr, dem sogenannten magnetischem Schalten, kommen. Es wurde gezeigt, dass dieser Vorgang durch die Entstehung einer Domänenwand bevorzugt an den Enden des Eisendrahtes ausgelöst wird [63] und mit dem Curling-Modell beschrieben werden kann [50], [110]. Die Untersuchung der Schaltfelder von Ensembles von FeCNTs mit Hilfe der Magnetkraftmikroskopie zeigt, dass die Schaltfelder sehr stark von der Geometrie und der Struktur des Eisendrahtes abhängen und dementsprechend in einem sehr breiten Bereich streuen [40], [108]. Lipert et al. haben zudem Untersuchungen mit verschiedenen Winkeln zwischen der leichten Achse der Magnetisierung des Eisendrahtes und dem äußeren Feld durchgeführt. Liegen beide etwa parallel, ergaben sich Schaltfelder von

Tabelle 6.2: Magnetische Eigenschaften von FeCNTs

Eigenschaft	Formelzeichen	Wert
Formanisotropieenergie	A_{form}	$0,96\ \text{MJ/m}^3$
Kristallanisotropieenergie	A_{kris}	$0,048\ \text{MJ/m}^3$
Koerzitivfeld	$\mu_0 H_K$	$1,1\ \text{T}$
Sättigungsmagnetisierung	M_s	$1,71 \cdot 10^6\ \text{A/m}$
magnetisches Moment	m	$10^{-14}\ \text{Am}^2$
Schaltfeld	B_s	$(125 - 425)\ \text{mT}$

minimal 265 mT. Steht das äußere Feld senkrecht zur leichten Achse, erreichte das Schaltfeld einen Wert von 890 mT. Diese Untersuchungen der Winkelabhängigkeit stimmen zum einen gut mit der Beschreibung der Ummagnetisierung durch das Curling-Modell überein und zeigen zum anderen die starke Anisotropie von Eisennanodrähten [50].

6.2 Ungefüllte Kohlenstoffnanoröhren

6.2.1 Herstellung ungefüllter Kohlenstoffnanoröhren

Die ungefüllten Kohlenstoffnanoröhren werden in einem Aerosol-CVD-Prozess (Abbildung 6.4) hergestellt [1]. Zunächst wird ein Precursor-Gemisch erzeugt, welches aus einer flüssigen kohlenstoffhaltigen Quelle und einem Katalysator-Precursor besteht. Als Kohlenstoffquelle werden zum Beispiel Benzol oder Cyclohexan verwendet. Katalysatoren bilden die in Metallocen gebundenen Metalle Eisen, Nickel oder Kobalt oder Gemische davon [98]. Sind beide Precursoren Feststoffe, so kann zusätzlich zu Kohlenstoffquelle und Katalysator ein Lösungsmittel zugegeben werden, falls dieses der Kohlenstoffquelle noch nicht beigemischt ist.

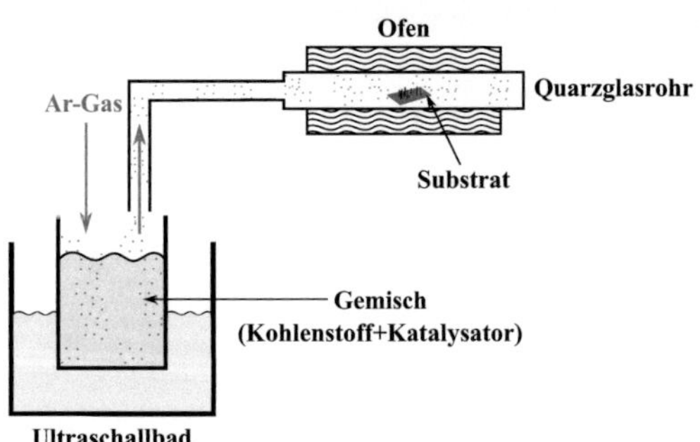

Abbildung 6.4: Aerosol-CVD Prozesses zur Herstellung von ungefüllten Kohlenstoffnanoröhren.

---

[1] Die Herstellung erfolgte von Robert Fuge, IFW Dresden.

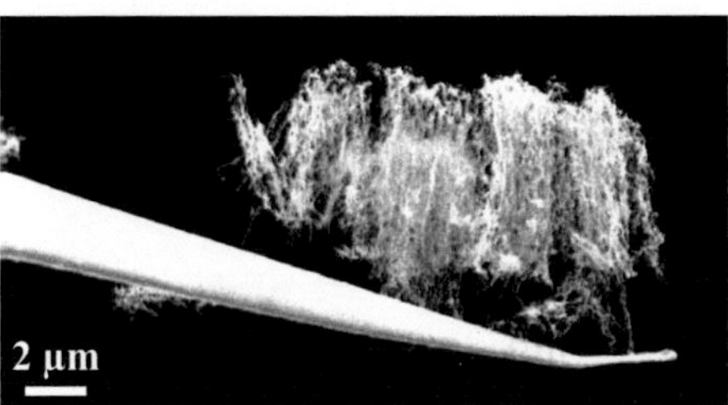

Abbildung 6.5: Nach der Entfernung vom Substrat bilden die CNTs ballenartige Strukturen. Eine solche Zusammenballung wurde hier mit Hilfe einer Wolframnadel aufgenommen.

Das flüssige Precursor-Gemisch wird in ein Ultraschallbad gegeben, wodurch die Partikel in der Lösung in Aerosol-Tröpfchen mit einer Größe im Submikrometerbereich zerlegt werden. Die Größe der Tröpfchen beeinflusst den Durchmesser der CNTs [98]. Durch Einleiten eines Transportgases, z.B. Argon oder Stickstoff, werden die Aerosol-Tröpfchen abtransportiert. Für die verwendeten Nanoröhren wurde eine Lösung aus 2,4 g Ferrocen als Percursor (Seelzen Sigma Aldrich, synthetischer Grad) und 60 ml Cyclohexan (Merck Darmstadt, synthetischer Grad) verwendet. Dieses Gemisch wurde bei einer Ultraschallfrequenz von 817 kHz behandelt [111].

Durch den Argon-Gasstrom werden die Partikel in ein Quarzglasrohr transportiert, welches sich in einem Ofen mit einer Temperatur zwischen (600 ... 900) °C befindet. Das Rohr enthält das Substrat, auf dem die Nanoröhren wachsen sollen. Durch die hohe Temperatur im Ofen werden die im Gasstrom mitgeführten Partikel zersetzt, so dass das zuvor in Metallocen gebundene Metall frei wird und mit der Kohlenstoffquelle reagieren kann. Das Reaktionsprodukt lagert sich auf dem Substrat ab. Die Wachstumsrichtung der Röhren ist senkrecht zur Substratoberfläche, da sich die Reaktionsprodukte bevorzugt auf Stellen ablagern, wo bereits ähnliches Material vorhanden ist. Für die vorliegenden Nanoröhren wurde mit einer Ofentemperatur von 840 °C gearbeitet und als Substrat ein Silizium-Wafer mit einer 500 nm dicken Siliziumdioxid-Schicht verwendet. Die Wachstumszeit betrug 20 Minuten, was eine Länge des CNT-Teppiches von etwa 1 mm ergab [111].

Nach dem Abkühlen des Substrates werden die Nanoröhren mit einem Skalpell vom Substrat abgekratzt und in einen Graphittiegel gegeben. Dieser wurde im vorliegenden Fall für eine Stunde bei 2500 °C in einem Hochtemperaturofen unter Argon-Atmosphäre ausgeheizt, um die Eisenkatalysator-Partikel zu verdampfen und möglichst reine Kohlenstoffnanoröhren herzustellen. Andere Kombinationen aus Zeitdauer und Temperatur sind möglich [111]. Zusätzlich zum Verdampfen der Metallbestandteile führt die hohe Temperatur zu Rekristallisierungseffekten, bei denen sich bevorzugt eine hexagonale Ringstruktur ausbildet, welche die strukturelle Qualität der Nanoröhren verbessert [112].

Nach dem Ausheizen haften die CNTs in größeren ballenartigen Strukturen zusammen (vgl. Abbildung 6.5), so dass sie für eine weitere Verwendung noch dispergiert werden müssen. Da-

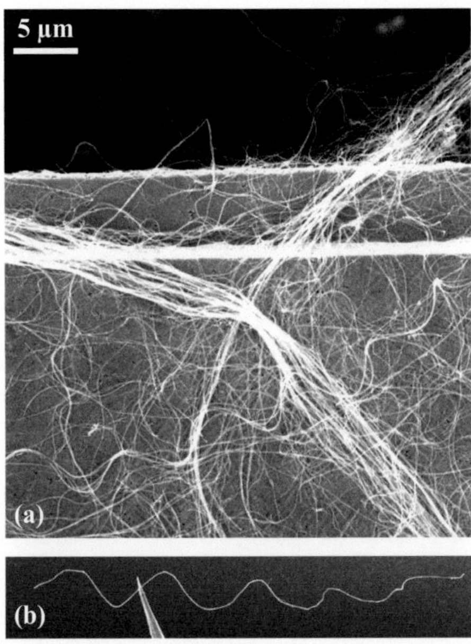

Abbildung 6.6: Mit Aerosol-CVD hergestellte Kohlenstoffnanoröhren, (a) dispergiert auf einem TEM-Netz und (b) ein einzelnes CNT, welches mit einer Wolframnadel im Mikromanipulator aufgenommen wurde. Es ist deutlich die wellige Struktur des CNTs zu erkennnen.

zu wurden die CNTs für etwa 60 Minuten in Isopropanol im Ultraschallbad behandelt [111]. Dies führt nicht nur zu einer Vereinzelung der CNTs, sondern oftmals auch zum Zerbrechen an strukturellen Schwachstellen, so dass die mittlere Länge der Nanoröhren nach dem Dispergieren etwa 16 µm betrug, wobei auch CNTs mit einer Länge bis zu 40 µm gefunden wurden [111]. Die mit Ultraschall behandelte Lösung wird anschließend mit einer Pipette auf einem TEM-Netz verteilt und für 24 Stunden an Luft und bei Raumtemperatur getrocknet. Danach liegen die Nanoröhren in dem in Abbildung 6.6a gezeigten Zustand vor und können einzeln verwendet werden. In Abbildung 6.6b ist ein einzelnes CNT gezeigt, welches mit Hilfe des Mikromanipulators aufgenommen wurde. Es ist deutlich eine wellige Struktur zu erkennen. Die Ursache dieses sogenannten Waviness-Effektes ist noch nicht genau geklärt und es gibt verschiedene Untersuchungen dazu, wie dieser Effekt die mechanischen Eigenschaften der Nanoröhren beeinflusst [96], [107], [113]. Für die Verwendung als schwingenden Cantilever stellt diese Welligkeit jedoch kein Problem dar und das CNT zeigt ein normales Schwingungsverhalten.

6.2.2 Mechanische Eigenschaften der ungefüllten CNTs

Die mechanischen Eigenschaften der ungefüllten Nanröhren werden zur Zeit am IFW Dresden von Robert Fuge genauer untersucht, so dass bisher nur Messungen an einzelnen CNTs durchgeführt wurden. Die dabei ermittelten Werte stellen nur einen groben Schätzwert für die hier bei den ko-resonanten Sensoren verwendeten CNTs dar.

Die vermessenen Nanoröhren wiesen Längen im Bereich von 15 µm bis 35 µm, Resonanzfrequenzen zwischen (200 ... 400) kHz und Federkonstanten von (0,02 ... 1) mN/m auf. Die Durchmesser lagen bei (65 ... 110) nm, woraus sich das Flächenträgheitsmoment berechnen lässt. Aus diesen Daten kann mit der einfachen Abschätzung in Gleichung (2.17) ein Wert für das Elastizitätsmodul angegeben werden, welches bei etwa 400 GPa liegt. Dies entspricht der Größenordnung, wie sie ausführliche Untersuchungen an eisengefüllten Kohlenstoffnanoröhren gezeigt haben [103]. Ein Grund für Abweichungen des Elastizitätsmoduls der ungefüllten CNTs könnte deren wellige Struktur sein [107]. Die vermessenen Nanoröhren wiesen Längen im Bereich von 15 µm bis 35 µm, Resonanzfrequenzen zwischen (200 ... 400) kHz und Federkonstanten von (0,02 ... 1) mN/m auf. Die Durchmesser lagen bei (65 ... 110) nm, woraus sich das Flächenträgheitsmoment $\mathcal{I}$ für einen Kreisquerschnitt mit dem Durchmesser D berechnen lässt:

$$\mathcal{I} = \frac{\pi}{64} D^4 \quad . \tag{6.1}$$

Aus diesen Daten kann mit der einfachen Abschätzung in Gleichung (2.17) ein Wert für das Elastizitätsmodul angegeben werden, welches bei etwa 400 GPa liegt. Dies entspricht der Größenordnung, wie sie ausführliche Untersuchungen an eisengefüllten Kohlenstoffnanoröhren gezeigt haben [103]. Ein Grund für Abweichungen des Elastizitätsmoduls der ungefüllten CNTs könnte deren wellige Struktur sein [107]. Für die vorliegenden Experimente sind vornehmlich die Federkonstanten und die geometrischen Daten von Interesse. Diese können direkt aus REM-Bildern und aus den aufgenommenen Resonanzkurven mit Hilfe des Schwingungsprobenhalters gewonnen werden.

7 Das ko-resonante Sensorkonzept

In Kapitel 4 wurde das Messverfahren der Cantilever-Magnetometrie, welches auf einem schwingenden Federbalken als Sensorelement beruht, vorgestellt. Um immer kleinere Proben messen zu können, deren magnetische Wechselwirkung mit einem äußeren Magnetfeld mit abnehmender Größe immer schwächer wird, muss der Cantilever entsprechend angepasst werden. Wie bereits in Abschnitt 4.5 diskutiert, erfolgt dies in der Regel durch Reduzierung der Cantileverabmessungen. Dieses Vorgehen bringt jedoch zunehmende Schwierigkeiten bei der Schwingungsdetektion mit sich [80], [114]. Dies erfordert entweder spezielle Geometrien, wie zum Beispiel Paddelstrukturen, um die etablierten und genauen laserbasierten Detektionsverfahren einsetzen zu können [61], oder die Verwendung immer komplexerer Detektionsmethoden [114], [115]. Die Optimierung und Verbesserung des Cantileversensors ist demzufolge immer ein Kompromiss zwischen der erreichbaren Empfindlichkeit und der Einfachheit der Detektion.

Im Rahmen dieser Arbeit wurde ein neuartiger Sensor entwickelt, welcher nicht aus einem, sondern aus zwei gekoppelten Cantilevern besteht [20]. Dabei handelt es sich um einen hochsensitiven Nanocantilever, auf dem die Probe platziert wird, und einen handelsüblichen Mikrocantilever, an welchem die Detektion des Schwingungszustandes des gekoppelten Systems erfolgt. Weiterhin sind die Eigenfrequenzen der beiden Einzelcantilever aufeinander angepasst, was mit dem Begriff *ko-resonant* beschrieben werden soll. Durch diese ko-resonante Kopplung der beiden Cantilever wird eine Wechselwirkung zwischen den Einzelsystemen erzeugt. Diese führt dazu, dass Änderungen des Schwingungszustandes des Nanocantilevers, welche durch Interaktionen mit dessen Umgebung hervorgerufen werden, den Schwingungszustand des gekoppelten Systems beeinflussen und am Mikrocantilever detektiert werden können. Zur Detektion können dabei die bekannten und hochpräzisen Verfahren der Laser-Interferometrie und Laser-Deflektometrie eingesetzt werden. Mit der Verwendung eines solchen ko-resonant gekoppelten Systems wird die Empfindlichkeit des Messsystems durch Verwendung eines Nanocantilevers gesteigert, während gleichzeitig die Einfachheit bei der Detektion erhalten bleibt.

Die Idee des ko-resonanten Sensorkonzeptes hat einen allgemeinen Charakter und ist nicht auf die Anwendung in der Cantilever-Magnetometrie beschränkt, sondern findet beispielsweise ebenfalls Verwendung in der Magnetkraftmikroskopie [10] oder bei Massesensoren. Die verschiedenen Anwendungen gekoppelter Systeme werden in Abschnitt 7.1 zusammengefasst. Darauf folgend wird zunächst das ko-resonant gekoppelte System allgemein vorgestellt und dessen Eigenschaften anhand eines elektrischen Schaltungsmodells diskutiert. Um das gekoppelte System für Cantilever-Magnetometrie anwenden zu können, sind verschiedene Parameter des Systems sowie dessen Messgrenzen von Interesse.

An dieser Stelle sei darauf hingewiesen, dass das Konzept zwar am Beispiel von zwei gekoppelten Cantilevern besprochen wird, aber generell auch die Verwendung von mehr als zwei Cantilevern möglich ist [20]. Die zugrunde liegende Idee und die daraus folgenden Konsequenzen unterscheiden sich jedoch nur wenig von dem Fall der zwei gekoppelten Cantilever, so dass die Betrachtung eines solchen Systems ausreichend ist. In dieser Arbeit wurden ausschließlich nur Zwei-Cantileversysteme eingesetzt, so dass im Folgenden die Bezeichnung *gekoppeltes System* stets zwei Cantilever meint.

7.1 Anwendungen gekoppelter Systeme

Gekoppelte Systeme kommen an vielen Stellen zur Anwendung, so zum Beispiel auf der makroskopischen Ebene bei aktiven oder passiven Schwingungsdämpfern [116], [117]. Dabei wird die Resonanzamplitude eines größeren schwingungsfähigen Systems durch ein kleineres System mit entsprechend angepasster Resonanzfrequenz gedämpft [118], [119]. Im mikroskaligen Bereich sind die Anwendungen sehr vielfältig und reichen von Massesensoren [120], [121], über Rasterkraftsonden [122] bis zu Untersuchungen von nichtlinearen Kopplungsmechanismen [123], [124]. Dabei können prinzipiell mehrere verschiedene Anordnungen (Abbildung 7.1) unterschieden werden:

- Reihenschaltung der schwingungsfähigen Komponenten [122, 125, 126, 127, 128, 129],

- Parallelschaltung der schwingungsfähigen Komponenten, wobei die Verbindung entweder über eine gemeinsame Einspannung [2, 120, 124, 130, 131, 132] oder über einen Querbalken [123] realisiert ist,

- kompliziertere Geometrien wie zum Beispiel Array-Anordnungen [121] oder eine Struktur, bei der ein größerer Schwinger einen kleineren innenliegenden umschließt [133].

In den meisten Fällen werden Cantilever aus Silizium, Siliziumnitrid [130] oder Goldfolie [120] mit rechteckigem oder trapezförmigem Querschnitt verwendet. Die Herstellung des gekoppelten Systems erfolgt meist durch mikromechanische Strukturierungsprozesse [125]. So können Cantilever mit Abmessungen im Mikrometerbereich und einer Dicke von wenigen hundert Nanometern erzeugt werden. Die Erfassung des Schwingungsverhaltens erfolgt mit bekannten Laseroptischen Verfahren (Interferometrie [134] und Laser-Deflektometrie [121]), in seltenen Fällen auch kapazitiv [129] oder elektrostatisch [128].

Bei den genannten Arbeiten mit Parallelschaltung von zwei oder mehr Cantilevern sind diese entweder in allen Abmessungen identisch oder unterscheiden sich nur in der Länge. Die Kopplung erfolgt in der Regel durch einen Überhang [120], [131]. Üblicherweise werden alle Cantile-

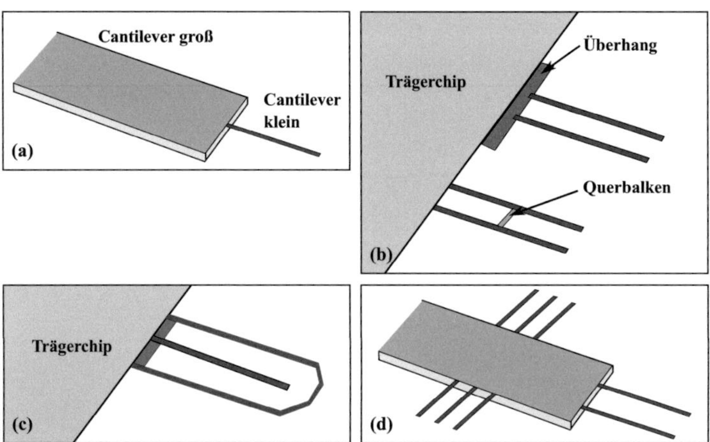

Abbildung 7.1: Übersicht zur Struktur von gekoppelten Systemen: (a) Reihenschaltung, (b) Parallelschaltung mit Kopplung durch Überhang oder Querbalken, (c) und (d) komplexere Anordnung, angelehnt an [133],[121].

ver über ihre Einspannung zu Schwingungen angeregt. Das zu Grunde liegende Prinzip bei der Massendetektion ist die Symmetriebrechung eines solchen gekoppelten Systems aus identischen Cantilevern. Ohne Massebeladung schwingen die Cantilever nahezu exakt synchron und Abweichungen sind nur durch Herstellungstoleranzen bedingt [2, 120, 130]. Durch Anbringen einer Masse auf einen der Cantilever wird die Symmetrie des Systems gebrochen und dies führt zu einer deutlichen Veränderung der Resonanzkurven des Systems. Bei dieser Art von Massesensor haben alle beteiligten Cantilever Abmessungen, die eine direkte Messung der Schwingung jedes Cantilevers mit bekannten Verfahren erlauben. Weiterhin sind die Resonanzfrequenzen entweder identisch (bei gleichen Cantileverdimensionen) oder durch verschiedene Cantileverlängen auf ein bestimmtes Verhältnis eingestellt [131]. Sehr sensitive Massenmessungen sind ebenfalls mit hintereinander geschalteten Schwingern möglich. So zeigen beispielsweise Biswas et al. die Möglichkeit, mit mehreren identischen hintereinander gekoppelten Nanobändern durch Messung eines Bandes die unterschiedlichen Massebeladungen auf allen anderen zu bestimmen [126]. Ebenfalls eine Reihenschaltung, in diesem Fall aus Mikro- und Nanocantilever, wird von Vidal-Alvarez et al. [129] verwendet, wobei das Konzept ähnlich dem der vorliegenden Arbeit ist. Der Nanocantilever wird mit einer Masse belegt und hat auf Grund seiner geringen Abmessungen eine hohe Empfindlichkeit. Das Auslesen der Schwingung des gekoppelten Systems erfolgt am Mikrocantilever, womit eine hohe Frequenzauflösung erreicht werden kann [129]. Mit dieser Arbeit wird am Beispiel der Massenmessung gezeigt, dass es vorteilhaft ist, einen Mikro- und einen Nanocantilever zu koppeln, jedoch wird der Einfluss der Resonanzfrequenzen nicht untersucht. Dass eine Verbesserung der Massendetektivität durch Kopplung eines Mikro- und eines Nanocantilevers möglich ist, zeigen Torres et al. [128]. In deren Arbeit wird außerdem darauf hingewiesen, dass die Eigenschaften des gekoppelten Systems eine Mischung der Eigenschaften der Einzelkomponenten sind, wobei das kleinere System den stärkeren Einfluss hat. Dieser Aspekt spielt auch für die in dieser Arbeit entwickelten Sensoren eine wichtige Rolle und wird in Abschnitt 7.3.4 genauer besprochen.

Gekoppelte Systeme werden nicht nur für die Bestimmung kleinster Massen eingesetzt, sondern beispielsweise auch in der Rasterkraftmikroskopie. Dabei wird durch eine Reihenschaltung zweier Cantilever mit unterschiedlichen Resonanzfrequenzen die Möglichkeit eröffnet, unter bestimmten Bedingungen gleichzeitig kurz- und langreichweitige Kräfte zu messen [122].

Ebenfalls werden mit gekoppelten Systemen in Reihen- und Parallelschaltung nichtlineare Schwingungsdynamiken untersucht [123, 124, 131, 133].

Schließlich zeigen Li et al., dass durch die Reihenschaltung eines größeren und eines kleineren Cantilevers mit identischen Resonanzfrequenzen die Schwingungsamplitude des kleineren Cantilevers stark verstärkt werden kann [125]. Bei diesen Experimenten sind die Abmessungen des kleineren Cantilevers jedoch so groß, dass dessen Schwingung mit Laser-basierten Methoden detektiert werden kann.

Alle bisher genannten Arbeiten befassen sich mit verschiedenen theoretischen und praktischen Aspekten von gekoppelten schwingenden Systemen. Die gezeigten Experimente dienen in den meisten Fällen der Verifizierung theoretischer Konzepte und der Untersuchung von Messgrenzen [135], es werden jedoch kaum konkrete praktische Anwendungen gezeigt. Ein großer Vorteil der gekoppelten Systeme liegt darin, dass eine Wechselwirkung zwischen einem sensitiven Nanocantilever mit einem größeren und einfach zu messenden Mikrocantilever erreicht werden kann. Obwohl alle Arbeiten ein breites Feld von möglichen Anwendungen und teilweise auch theoretische Aspekte abdecken, wird doch nirgendwo systematisch das Verhalten ko-resonant gekoppelter Systeme aus Mikro- und Nanocantilever untersucht. Stattdessen werden lediglich Teilaspekte (zum Beispiel Amplitudenverstärkung des kleinen Systems, erhöhte Detektivität durch Kopplung) betrachtet und experimentell untersucht. Im Rahmen der vorliegenden und einer weiteren Arbeit von C. Reiche [10] wird dagegen eine umfassende Betrachtung eines ko-resonant gekoppelten Sensors durchgeführt und in verschiedenen Experimenten (Rasterkraftmikroskopie [10] bzw. Cantilever-Magnetometrie) das Sensorkonzept verifiziert [20].

7.2 Gekoppeltes harmonisches Oszillatormodell

In Abschnitt 2.2 wurde besprochen, dass jede einzelne Resonanzmode eines einseitig eingespannten Federbalkens durch ein harmonisches Oszillatormodell beschrieben werden kann. Daraus folgt, dass sich das gekoppelte System, welches sich aus zwei Einzelbalken zusammensetzt, ebenfalls mit einem solchen Modell abbilden lässt, wobei die entsprechenden Randbedingungen in das Modell einfließen müssen. Abbildung 7.2 zeigt die einfachste Form für ein gekoppeltes

System, bei dem die beiden Cantilever hintereinander geschaltet sind. Das eine Ende des Mikrocantilevers ist wie im Fall des Einzelbalkens fest eingespannt, während am freien Ende der Nanocantilever angebracht ist. Die Verbindung der beiden Cantilever wird dabei als feste Einspannung des Nanocantilevers betrachtet. Das zugehörige mechanische Modell eines gekoppelten harmonischen Oszillators ist in Abbildung 7.3 dargestellt. Neben den Elementen für beide Cantilever, die jeweils durch eine Federkonstante $k_{1,2}$, ein Dämpfungselement $d_{1,2}$ und eine effektive Masse $m_{1,2}$ beschrieben werden, sind noch eine zusätzliche Feder k_3 und ein Dämpfungselement d_3 eingetragen, welche die Interaktion des gekoppeltes Systems mit dessen Umgebung beschreiben. Die Schwingungsanregung des Gesamtsystems erfolgt über die Einspannung des Mikrocantilevers durch eine periodische Kraft.

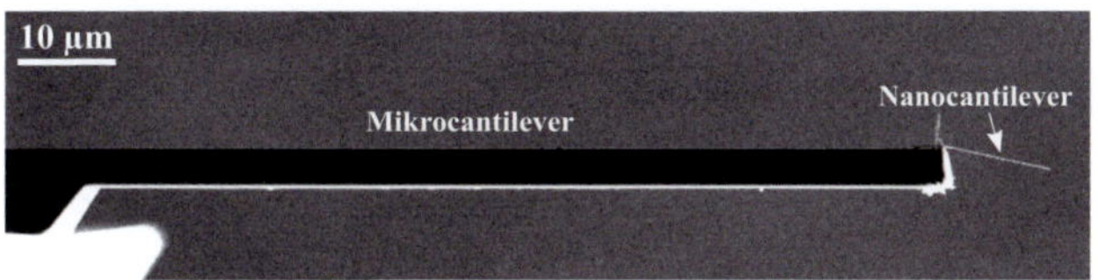

Abbildung 7.2: REM-Aufnahme eines beispielhaften gekoppeltes Cantileversystem mit einer Kohlenstoffnanoröhre als Nanocantilever.

An dieser Stelle sei zudem darauf hingewiesen, dass im Folgenden der Begriff *Interaktion* stets den Einfluss der zusätzlichen Elemente Feder k_3 und Dämpfer d_3 beschreibt, während der Begriff *Wechselwirkung* die gegenseitige Beeinflussung der beiden Cantilever untereinander bezeichnet.

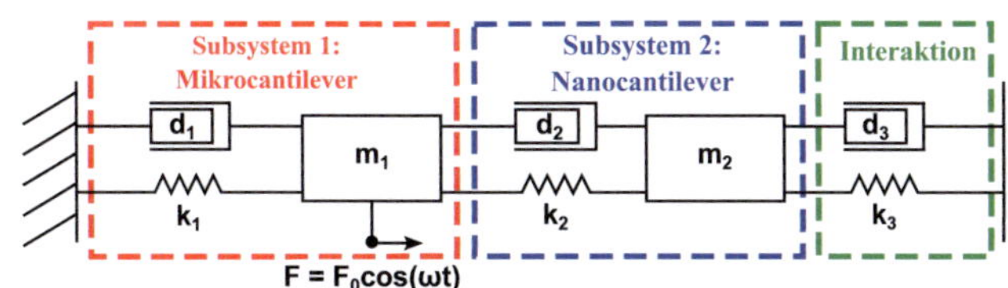

Abbildung 7.3: Mechanisches Modell des gekoppelten Cantileversystems.

Das harmonische Oszillatormodell aus Abbildung 7.3 kann durch ein System von Differentialgleichungen beschrieben werden [20]:

$$\mathbf{M} \cdot \ddot{x} + \mathbf{D} \cdot \dot{x} + \mathbf{K} \cdot x = \mathbf{F} \quad , \tag{7.1}$$

wobei für die Matrizen und Vektoren gilt:

$$\mathbf{M} = \begin{pmatrix} m_1 & 0 \\ 0 & m_2 \end{pmatrix}$$

$$\mathbf{D} = \begin{pmatrix} d_1 + d_2 & -d_2 \\ -d_2 & d_2 + d_3 \end{pmatrix}$$

$$\mathbf{K} = \begin{pmatrix} k_1 + k_2 & -k_2 \\ -k_2 & k_2 + k_3 \end{pmatrix}$$

$$\mathbf{F} = \begin{pmatrix} F_0 \cos\left(2\pi f_D t\right) \\ 0 \end{pmatrix} ; \qquad x = \begin{pmatrix} x_1 \\ x_2 \end{pmatrix}$$

Das Gleichungssystem kann mit einem ähnlichen harmonischen Ansatz wie für das einfache Oszillatormodell in Abschnitt 2.2 gelöst werden und liefert die analytische stationäre Lösung für das Schwingungsverhalten des gekoppelten Systems. Dies ist für die Untersuchung des Sensors für verschiedene Interaktionen ausreichend. Falls das transiente Verhalten von Interesse ist, so kann dies durch numerische Lösung des Differentialgleichungssystems ermittelt werden [20].

7.3 Schaltungsmodell des gekoppelten harmonischen Oszillators

An anderer Stelle wird die analytische stationäre Lösung des Differentialgleichungssystems und das sich daraus ergebende Verhalten des gekoppelten Systems ausführlich diskutiert [20]. Im Unterschied dazu soll hier jedoch statt der Beschreibung des mechanischen Systems die Darstellung als elektrische Schaltung verwendet und das Verhalten des gekoppelten Systems darauf basierend untersucht werden. So lässt sich nicht nur das System beschreiben, sondern es können außerdem charakteristische Parameter des Systems abgeleitet werden, welche für die Auswertung von experimentellen Daten benötigt werden. All dies lässt sich mit einem elektrischen Schaltungsmodell direkt realisieren. Zunächst wird das Schaltungsmodell des gekoppelten Systems beschrieben und für verschiedene Vereinfachungen diskutiert. Zur Ableitung des Schaltungsmodells werden dabei die Analogien aus Abschnitt 2.3 verwendet und so die in Abbildung 7.4 gezeigte Schaltung ermittelt.

Um die folgenden theoretischen Betrachtungen durch numerische Werte und Diagramme veranschaulichen zu können, werden die in Tabelle 7.1 angegebenen Beispielwerte verwendet. Diese orientieren sich bereits an den Werten realer Sensoren, die in Kapitel 8 besprochen werden. Die effektiven Massen $m_{1,2}$ und die Dämpfungen $d_{1,2}$ wurden dabei mit Hilfe der Gleichungen (2.27) und (2.33) aus den anderen Werten berechnet.

Da bei den in dieser Dissertation gezeigten Amplitudenverläufen die konkreten Zahlenwerte für die Amplituden nicht von Interesse sind, wird auf deren Angabe verzichtet und die Amplituden werden in normierter Form formelmäßig beschrieben.

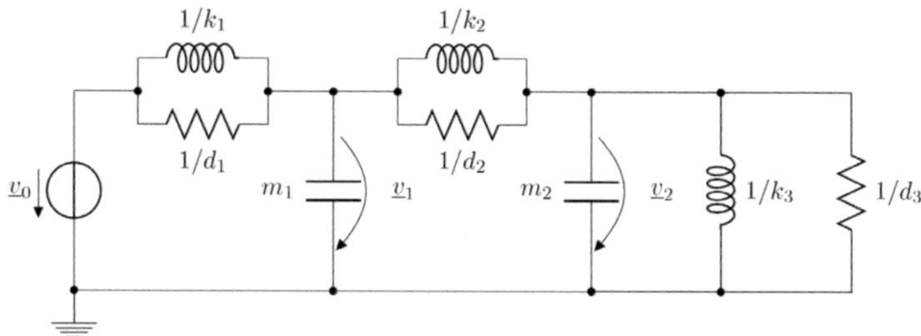

Abbildung 7.4: Elektrisches Schaltungsmodell für die mechanische Beschreibung des gekoppelten Systems aus Abbildung 7.3.

Tabelle 7.1: Numerische Werte für die mechanischen und elektrischen Elemente des gekoppelten Systems, wobei die elektrischen Werte entsprechend der Analogien in Tabelle 2.1 bestimmt wurden.

Element	Mechanisch	Elektrisch
Eigenfrequenz $f_1 = \omega_1/(2\pi)$	100000 Hz	100000 Hz
Feder k_1	1 N/m	1 H
Gütefaktor Q_1	4000	4000
Effektive Masse m_1	$2,533 \cdot 10^{-12}$ kg	$2,533 \cdot 10^{-12}$ F
Dämpfer d_1	$4 \cdot 10^{-10}$ kg/s	$2,513 \cdot 10^{9}\,\Omega$
Eigenfrequenz $f_2 = \omega_2/(2\pi)$	102000 Hz	102000 Hz
Feder k_2	0,001 N/m	1000 H
Gütefaktor Q_2	500	500
Effektive Masse m_2	$2,435 \cdot 10^{-15}$ kg	$2,435 \cdot 10^{-15}$ F
Dämpfer d_2	$3,12 \cdot 10^{-12}$ kg/s	$3,2 \cdot 10^{11}\,\Omega$

7.3.1 Schaltungsmodell ohne Dämpfung und Interaktion

Zunächst wird das Schaltungsmodell aus Abbildung 7.4 ohne Dämpfung und Interaktion betrachtet, d.h. $d_1 = d_2 = d_3 = 0$ und $k_3 = 0$, womit sich die in Abbildung 7.5 gezeigte vereinfachte Schaltung ergibt.

Wie in Abschnitt 2.3 beschrieben, entsprechen die Spannungen über den Kondensatoren m_1 und m_2 den Geschwindigkeiten $\underline{v}_1$ und $\underline{v}_2$ im mechanischen System und diese hängen wiederum direkt mit den Schwingungsamplituden zusammen. Die Geschwindigkeiten $\underline{v}_1$ und $\underline{v}_2$ können mit Hilfe der Spannungsteilerregel bestimmt werden, wobei die Schreibweise $\|$ verwendet wird, um eine Parallelschaltung auszudrücken:

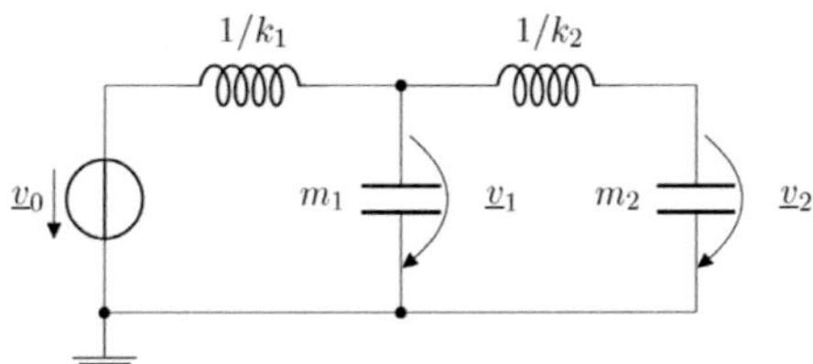

Abbildung 7.5: Vereinfachtes Schaltungsmodell ohne Dämpfung und Interaktion.

$$\frac{\underline{v}_1}{\underline{v}_0} = \frac{\frac{1}{j\omega m_1} \parallel \left(\frac{1}{j\omega m_2} + j\omega \frac{1}{k_2}\right)}{\frac{1}{j\omega m_1} \parallel \left(\frac{1}{j\omega m_2} + j\omega \frac{1}{k_2}\right) + j\omega \frac{1}{k_1}} \tag{7.2}$$

$$\frac{\underline{v}_2}{\underline{v}_0} = \frac{1}{1 - \omega^2 \left(\frac{m_2}{k_2}\right)} \frac{\underline{v}_1}{\underline{v}_0} \quad . \tag{7.3}$$

Umstellen, Einsetzen des Zusammenhanges für die Eigenfrequenz $\omega_{1,2}^2 = k_{1,2}/m_{1,2}$ und Betragsbildung ergibt:

$$A_1(\omega) = \left|\frac{\underline{v}_1}{\underline{v}_0}\right| = \frac{v_1}{v_0} = \frac{1}{1 - \left(\frac{\omega}{\omega_1}\right)^2 - \frac{m_2}{m_1} \cdot \frac{(\omega/\omega_1)^2}{1-(\omega/\omega_2)^2}} \tag{7.4}$$

$$A_2(\omega) = \left|\frac{\underline{v}_2}{\underline{v}_0}\right| = \frac{v_2}{v_0} = \frac{1}{1 - \left(\frac{\omega}{\omega_2}\right)^2} \cdot \frac{v_1}{v_0} \quad . \tag{7.5}$$

Die zugehörigen Verläufe werden für die Werte aus Tabelle 7.1 berechnet und in Abbildung 7.6a dargestellt. Es ergeben sich zwei Polstellen, welche den Resonanzfrequenzen ω_a und ω_b des gekoppelten Systems entsprechen. Die Resonanzamplitude geht an diesen Stellen auf Grund der Vernachlässigung der Dämpfung gegen unendlich. Die Resonanzfrequenzen ω_a und ω_b können durch Nullsetzen des Nenners in den Gleichungen (7.4) und (7.5) ermittelt werden. Im Folgenden werden die Resonanzfrequenzen des gekoppelten Systems immer mit ω_a und ω_b (oder f_a und f_b) bezeichnet, um Verwechslungen mit den Eigenfrequenzen ω_1 und ω_2 (oder f_1 und f_2) der Einzelsysteme zu vermeiden. Weiterhin bezeichnet ω_a stets die Frequenz des linken Peaks, d.h. die niedrigere Frequenz, und ω_b die Frequenz des rechten Resonanzpeaks mit der höheren Frequenz.

$$\omega_{a,b} = \pm\sqrt{\frac{B_1 \pm \sqrt{B_1^2 - 4B_2}}{2B_2}} \tag{7.6}$$

$$B_1 = \frac{m_2}{m_1\omega_1^2} + \frac{1}{\omega_2^2} + \frac{1}{\omega_1^2} \tag{7.7}$$

$$B_2 = \frac{1}{\omega_1^2\omega_2^2} \tag{7.8}$$

Wie Gleichung (7.6) zeigt, enthält die vollständige analytische Lösung für die Polstellen auch negative Frequenzen, welche jedoch praktisch nicht von Bedeutung sind. Zahlenmäßig ergeben sich für die Beispielwerte aus Tabelle 7.1 als Resonanzfrequenzen des gekoppelten Systems:

$$f_a = \omega_a/2\pi = 99141 \text{ Hz}$$

$$f_b = \omega_b/2\pi = 102883 \text{ Hz} \quad .$$

Der Vergleich mit den Eigenfrequenzen f_1 und f_2 der Einzelsysteme zeigt, dass die Resonanzfrequenzen f_a und f_b des gekoppelten Systems einen größeren Abstand aufweisen.

Neben der analytischen Berechnung wurde die Schaltung aus Abbildung 7.5 außerdem mit der Software *LTSpice* simuliert und die in Abbildung 7.6b gezeigten *Bode*-Plots [136] für v_1/v_0 und v_2/v_0 ermittelt. Wie diese Darstellung zeigt, weist der Amplitudengang $A_1(\omega)$ des Mikrocantilevers eine Antiresonanz bei der Eigenfrequenz f_2 des Nanocantilevers auf. Eine Antiresonanz ist die Frequenz, bei der die Amplitude des Mikrocantilevers auf Grund der Schwingung des Nanocantilevers zu Null wird [137]. Dieses Verhalten wird zum Beispiel bei Schwingungsdämpfern ausgenutzt [138]. Dagegen zeigt der Amplitudengang des Nanocantilevers $A_2(\omega)$ dieses Verhalten nicht, da Antiresonanz immer nur am getriebenen System auftreten kann [139]. Das antiresonante Verhalten spielt für die im Rahmen dieser Arbeit entwickelten Sensoren keine Rolle, weshalb für weiterführende Informationen auf Literatur verwiesen wird [139].

7.3.2 Schaltungsmodell mit Dämpfung und ohne Interaktion

Wie die vorhergehenden Betrachtungen zeigen, lassen sich mit der vereinfachten Schaltung ohne Berücksichtigung von Dämpfung die Resonanzfrequenzen des gekoppelten Systems ermitteln. Um jedoch weitere Effekte wie zum Beispiel die Amplitudenverstärkung zu untersuchen, müssen Dämpfungseffekte berücksichtigt werden.

Dazu werden nun die beiden Dämpfungselemente d_1 und d_2 eingefügt. Die Interaktion wird jedoch weiterhin vernachlässigt, d.h. $d_3 = 0$ und $k_3 = 0$, so dass sich die Schaltung in Abbildung 7.7a ergibt. Zur Vereinfachung der folgenden analytischen Rechnungen ist es zweckmäßig,

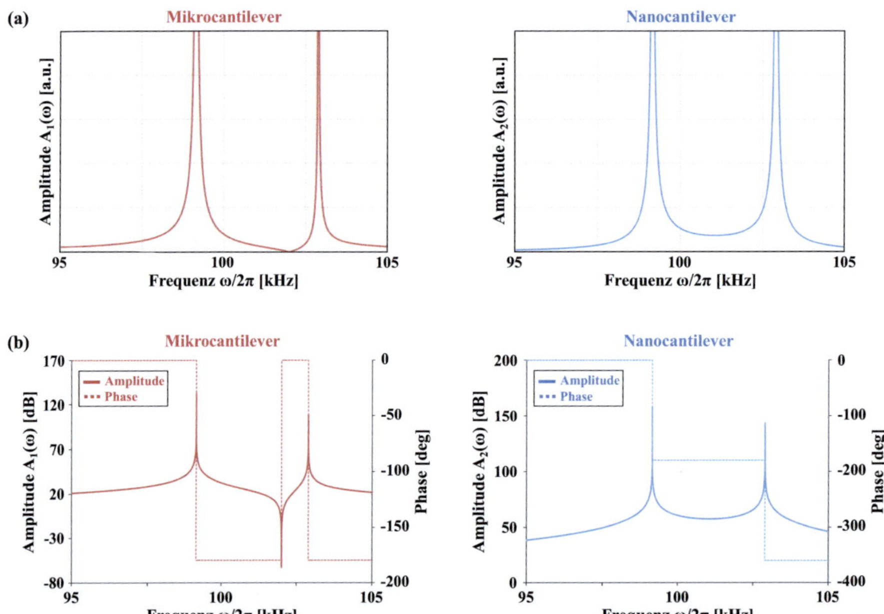

Abbildung 7.6: Amplitudengänge für beide Cantilever des gekoppelten Systems ohne Dämpfung und Interaktion, (a) linear und berechnet mit den Gleichungen (7.4) und (7.5), (b) *Bode*-Diagramm berechnet mit der Schaltungssimulationssoftware *LTSpice*.

die beiden neu entstandenen parallelen Zweige aus Widerstand und Induktivität als komplexe Impedanzen $\underline{Z}_1$ und $\underline{Z}_2$ zusammen zu fassen (Abbildung 7.7b). Außerdem werden die Zusammenhänge

$$n_{1,2} = 1/k_{1,2} \qquad \text{und} \qquad r_{1,2} = 1/d_{1,2} \tag{7.9}$$

verwendet:

$$\underline{Z}_{1,2} = \frac{j\omega n_{1,2} r_{1,2}}{r_{1,2} + j\omega n_{1,2}} \quad , \tag{7.10}$$

a. Amplituden- und Phasenbeziehungen

Durch Anwendung der Spannungsteilerregel können wiederum Ausdrücke für die Geschwindigkeiten $\underline{v}_1$ und $\underline{v}_2$ berechnet werden:

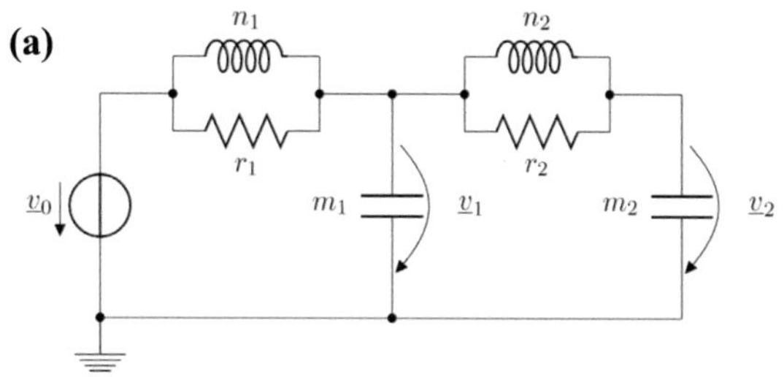

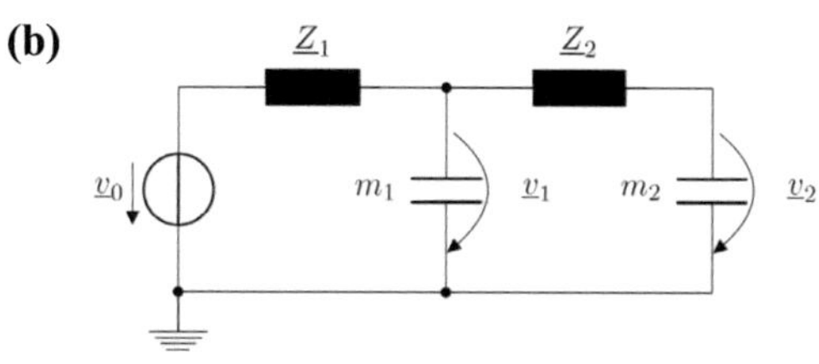

Abbildung 7.7: Schaltungsmodell mit Dämpfung, aber ohne Interaktion: (a) vollständig und (b) mit zu komplexen Impedanzen zusammengefassten parallelen Zweigen.

$$\frac{\underline{v}_1}{\underline{v}_0} = \frac{R_N^1 + jX_N^1}{R_D + jX_D} \tag{7.11}$$

$$\frac{\underline{v}_2}{\underline{v}_0} = \frac{R_N^2 + jX_N^2}{R_D + jX_D} \,, \tag{7.12}$$

wobei gilt:

$$R_N^1 = r_1 r_2 \Omega_2 - \omega^2 n_1 n_2 \tag{7.13}$$

$$R_N^2 = r_1 r_2 - \omega^2 n_1 n_2 \tag{7.14}$$

$$R_D = r_1 r_2 \left[\Omega_2 - \left(\frac{\omega}{\omega_1}\right)^2 \left(\frac{m_2}{m_1} + \Omega_2\right) \right] - \omega^2 n_1 n_2 \tag{7.15}$$

$$X_N^1 = \omega \left[r_1 n_2 + r_2 n_1 \Omega_2 \right] \tag{7.16}$$

$$X_N^2 = \omega \left[n_1 r_2 + n_2 r_1 \right] \tag{7.17}$$

$$X_D = \omega \left[r_1 n_2 \Omega_1 + r_2 n_1 \Omega_2 - r_1 n_1 \left(\frac{\omega}{\omega_2}\right)^2 \right] \tag{7.18}$$

$$\Omega_1 = 1 - \left(\frac{\omega}{\omega_1}\right)^2 \tag{7.19}$$

$$\Omega_2 = 1 - \left(\frac{\omega}{\omega_2}\right)^2 \quad . \tag{7.20}$$

Mit Hilfe der Rechenregeln für komplexe Zahlen [8] lassen sich die erhaltenen Ausdrücke so umformen, dass Amplitude und Phase für beide Cantilever berechnet werden können:

$$A_1(\omega) = \left|\frac{v_1}{v_0}\right| = \frac{\sqrt{\left(R_N^1 R_D + X_N^1 X_D\right)^2 + \left(X_N^1 R_D - R_N^1 X_D\right)^2}}{R_D^2 + X_D^2} \tag{7.21}$$

$$A_2(\omega) = \left|\frac{v_2}{v_0}\right| = \frac{\sqrt{\left(R_N^2 R_D + X_N^2 X_D\right)^2 + \left(X_N^2 R_D - R_N^2 X_D\right)^2}}{R_D^2 + X_D^2} \tag{7.22}$$

$$\tan\left(\Phi_1(\omega)\right) = \left(\frac{X_N^1 R_D - R_N^1 X_D}{R_N^1 R_D + X_N^1 X_D}\right) \quad \Phi_1 \in (-\pi, 0) \tag{7.23}$$

$$\tan\left(\Phi_2(\omega)\right) = \left(\frac{X_N^2 R_D - R_N^2 X_D}{R_N^2 R_D + X_N^2 X_D}\right) \quad \Phi_2 \in (-2\pi, 0) \tag{7.24}$$

Die Phasenbeziehungen sind für das Messprinzip nicht von Interesse, weshalb nur die Amplitudengänge $A_1(\omega)$ und $A_2(\omega)$ betrachtet werden. Diese sind für die Werte aus Tabelle 7.1 in Abbildung 7.8 dargestelt. Wie die Abbildung zeigt, sind die Resonanzamplituden endlich und ermöglichen so eine deutlich anwendungsangepasstere Betrachtung des Verhaltens des gekoppelten Systems.

Zunächst können die Resonanzfrequenzen f_a und f_b des gekoppelten Systems bestimmt werden, indem für beide Amplitudenkurven die Nullstellen der ersten Ableitung ermittelt und die Fälle mit negativer zweiter Ableitung betrachtet werden. Dazu wurde die Software *Mathematica* sowie die Zahlenwerte aus Tabelle 7.1 verwendet. Die so bestimmten Resonanzfrequenzen sind in Tabelle 7.2 für beide Resonanzpeaks und Amplitudengänge angegeben und unterscheiden sich kaum von den Werten, welche mit dem Modell ohne Dämpfung berechnet wurden. Weiterhin kann neben den Resonanzfrequenzen in beiden Amplitudengängen auch diejenige Frequenz f_{min} ermittelt werden, bei der ein Amplitudenminimum vorliegt. Dies entspricht im Fall des Mikrocantilevers, d.h. $A_1(\omega)$, wiederum der Antiresonanz. Auf Grund der Dämpfung verschwindet dessen Amplitude jedoch nicht mehr vollständig [139]. Für den Nanocantilever liegt das Amplitudenminimum nahezu in der Mitte zwischen den beiden Resonanzfrequenzen des gekoppelten Systems.

Tabelle 7.2: Berechnete Resonanzfrequenzen $f_{a,b}$ des gekoppelten Systems für die Amplitudenkurven beider Cantilever mit Berücksichtigung der Dämpfung. Die Frequenz f_{min} ist die Frequenz, bei der ein Amplitudenminimum auftritt.

	Berechnet $A_1(\omega)$	Berechnet $A_2(\omega)$
f_a	99142 Hz	99142 Hz
f_b	102890 Hz	102884 Hz
f_{min}	101992 Hz	101031 Hz

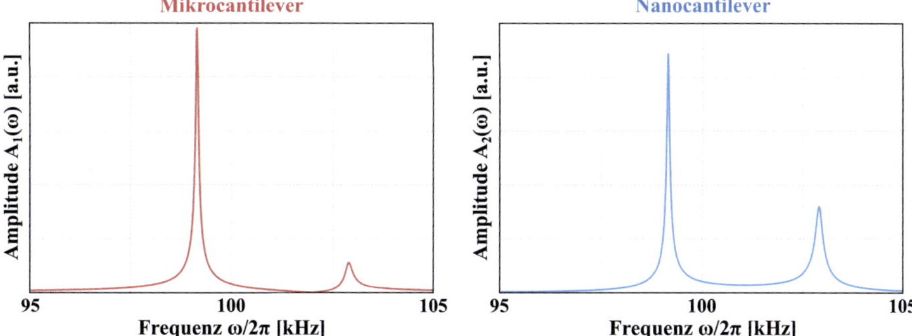

Abbildung 7.8: Amplitudengänge für Mikro- und Nanocantilever des gekoppelten Systems mit Dämpfung und ohne Interaktion, berechnet mit den Gleichungen (7.21) und (7.22).

b. Amplitudenverstärkung

Die ko-resonante Kopplung eines Mikro- und eines Nanocantilevers beeinflusst nicht nur die Resonanzfrequenzen des gekoppelten Systems, sondern ebenso das Amplitudenverhältnis zwischen beiden Cantilevern. Aufgrund der Anpassung der Eigenfrequenzen wird die Amplitude A_2 des Nanocantilevers im Vergleich zur Amplitude A_1 des Mikrocantilevers vergrößert [125], was im Folgenden als Amplitudenverstärkung bezeichnet werden soll.

Für das gekoppelte System aus Abbildung 7.7 kann zunächst ein Amplitudenverstärkungsfaktor $\Lambda = A_2/A_1$ definiert werden, welcher eine Funktion des Abstandes der Eigenfrequenzen ω_1 und ω_2 der beiden Einzelsysteme ist. Zur Berechnung der Amplitudenverstärkung ist es allerdings nicht möglich, lediglich für alle Frequenzen ω den Quotienten $A_2(\omega)/A_1(\omega)$ zu berechnen und dessen Maximum zu betrachten, denn in diesem Fall würde die maximale Amplitudenverstärkung bei der Antiresonanz vom Mikrocantilever (Teilsystem 1) auftreten, da dort dessen Amplitude A_1 minimal ist. Aus experimenteller Sicht sind lediglich die Amplitudenverstärkungen $\Lambda(\omega_a)$ und $\Lambda(\omega_b)$ bei den Resonanzfrequenzen des gekoppelten Systems von Interesse. Weiterhin wird in Experimenten nur die Amplitudenkurve $A_1(\omega)$ des Mikrocantilevers gemessen, so dass die Amplitudenverstärkung im Folgenden im Hinblick darauf diskutiert wird.

Dazu müssen zunächst die beiden Resonanzfrequenzen ω_a und ω_b des gekoppelten Systems bestimmt werden, woraus sich zwei Verstärkungsfaktoren $\Lambda_1^a = A_2(\omega_a)/A_1(\omega_a)$ und $\Lambda_1^b = A_2(\omega_b)/A_1(\omega_b)$ für die beiden Resonanzpeaks des Mikrocantilevers ergeben. Die Berechnungen wurden für die Werte aus Tabelle 7.1 für eine konstante Eigenfrequenz ω_1 des Mikrocantilevers und eine veränderliche Eigenfrequenz ω_2 des Nanocantilevers durchgeführt, wobei diese für die konkrete Anordnung von $(2\pi \cdot 95)$ kHz bis $(2\pi \cdot 105)$ kHz variiert wurde. Die daraus resultierende Amplitudenverstärkung ist in Abbildung 7.9a dargestellt und die Abhängigkeiten $\omega_a(\omega_2)$ und $\omega_b(\omega_2)$ in Abbildung 7.9b. Wie die Kurven in Abbildung 7.9b zeigen, nähern sich die beiden Resonanzfrequenzen ω_a und ω_b des gekoppelten Systems bei kleiner werdendem Frequenzabstand $(\omega_2 - \omega_1)$ einander an und haben bei $\omega_2 = \omega_1$ minimalen Abstand. Allerdings werden die beiden Resonanzfrequenzen nie identisch und die Kurven überkreuzen sich auch nicht, was als *Avoided Crossing* bezeichnet wird. Dieses Verhalten ist von harmonischen Oszillatorsystemen bei der Beschreibung von Quantensystemen bekannt [140], [141].

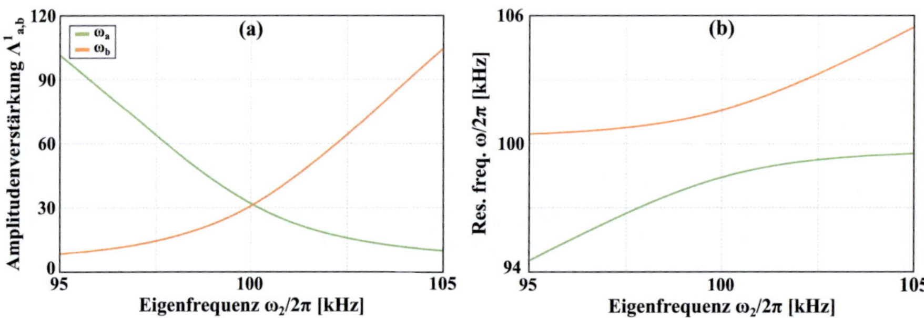

Abbildung 7.9: (a) Amplitudenverstärkung Λ_1^a und Λ_1^b für beide Resonanzpeaks ω_a und ω_b des gekoppelten Systems und (b) Resonanzfrequenzen ω_a und ω_b des gekoppelten Systems für veränderliche Eigenfrequenz $\omega_2 = 2\pi f_2$ des Nanocantilevers.

Für das Verständnis der Amplitudenverstärkung in Abbildung 7.9a ist es zweckmäßig, noch einmal die Amplitudengänge $A_1(\omega)$ und $A_2(\omega)$ für verschiedene Eigenfrequenzen ω_2 des Nanocantilevers zu betrachten. Diese sind in Abbildung 7.10 dargestellt.

Betrachtet man zunächst die beiden Fälle $\omega_2 < \omega_1$ (grüne Kurve) und $\omega_2 > \omega_1$ (blaue Kurve), so ist ersichtlich, dass der Resonanzpeak nahe der Eigenfrequenz ω_2 des Nanocantilevers in der Amplitudenkurve $A_1(\omega)$ für den Mikrocantilever sehr klein ist. In der Amplitudenkurve $A_2(\omega)$ des Nanocantilevers ist dieser Peak dagegen sehr hoch, da er nahe dessen Eigenfrequenz ω_2 liegt. Dies bedeutet, dass die Amplitudenverstärkung für diesen Peak sehr groß wäre, was dem oberen linken Zweig der Kurve in Diagramm 7.9a entspricht. In Hinblick auf eine Messung der Eigenschaften des gekoppelten Systems am Mikrocantilever würde man jedoch versuchen, immer den Resonanzpeak mit der größeren Amplitude zu messen, da der kleine Peak mitunter durch Rauschprozesse kaum detektierbar sein kann. Die Amplitudenverstärkung des höheren Resonanzpeaks am Mikrocantilever wird durch die untere linke Kurve in Abbildung 7.9a beschrieben. Dieselbe Argumentation kann für die beiden Zweige auf der rechten Seite von Diagramm 7.9a angeführt werden.

Daraus folgt, dass sich bei der Messung des Resonanzpeaks mit der größeren Amplitude am Mikrocantilever in Abhängigkeit von der Eigenfrequenz ω_2 des Nanocantilevers die Kurve der Amplitudenverstärkung Λ^1 in Abbildung 7.11 ergibt. Diese Kurve wurde nur für einen Verstärkungsfaktor bis 30 angegeben, da bei sehr geringer Differenz der Eigenfrequenzen ω_1 und ω_2 der Einzelsysteme die Amplituden der Resonanzpeaks annähernd gleich hoch sind und praktisch schwer unterschieden werden kann, welches der höhere Resonanzpeak ist.

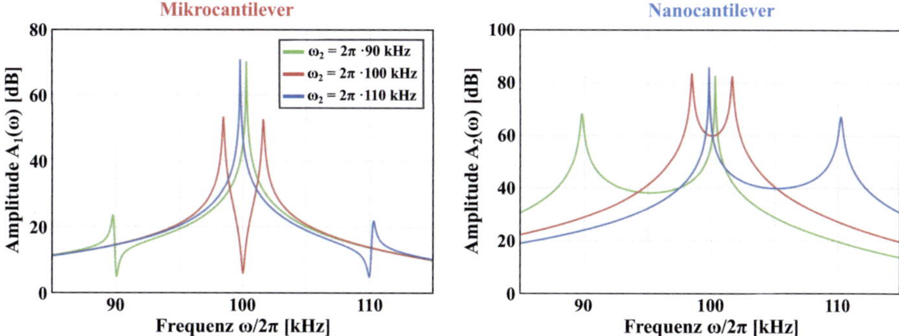

Abbildung 7.10: *Bode*-Diagramm der Amplitudenkurven für beide Cantilever für verschiedene Werte von $\omega_2 = 2\pi f_2$.

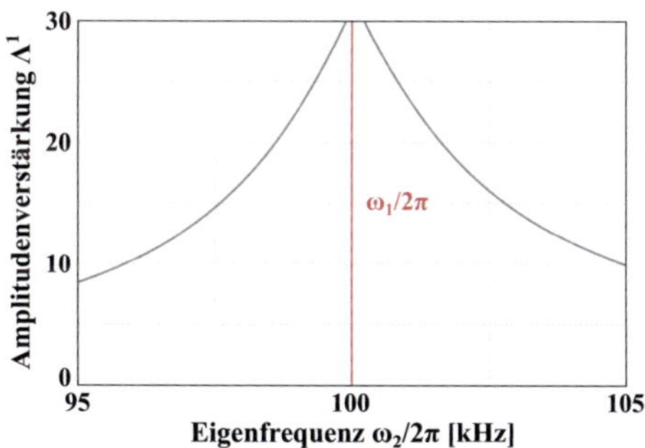

Abbildung 7.11: Amplitudenverstärkungsfaktor Λ^1 für den höheren Resonanzpeak des gekoppelten Systems bei veränderlicher Eigenfrequenz $\omega_2 = 2\pi f_2$ des Nanocantilevers. Die Eigenfrequenz $\omega_1 = 2\pi f_1$ des Mikrocantilevers ist konstant und durch die senkrechte rote Linie gekennzeichnet.

Abbildung 7.10 zeigt noch eine weitere Eigenschaft des gekoppelten Systems: Die Amplituden $A_1(\omega)$ und $A_2(\omega)$ der beiden Resonanzpeaks hängen, insbesondere am Mikrocantilever, vom Abstand der Eigenfrequenzen ω_1 und ω_2 der Einzelsysteme und damit vom Grad der Frequenzanpassung ab. Je näher die Eigenfrequenzen beieinander liegen, desto mehr gleichen sich die Maximalamplituden an. Aus experimenteller Sicht kann diese Eigenschaft des gekoppelten Systems genutzt werden, um aus den am Mikrocantilever gemessenen Resonanzkurven auf den Grad der Frequenzanpassung zu schließen.

c. Bestimmung der Eigenfrequenz ω_2 des Nanocantilevers

Diese analytische Beschreibung des gekoppelten Systems ohne Interaktion eröffnet neben der Berechnung von Resonanzfrequenzen und Amplitudenverstärkung noch eine weitere Möglichkeit, die insbesondere bei der Auswertung experimenteller Daten wichtig ist. Im Experiment ist es auf Grund der Rahmenbedingungen (vgl. Abschnitt 8.1.4) mitunter nicht möglich, die Eigenfrequenz ω_2 des Nanocantilevers exakt zu bestimmen. Diese ist aber wichtig, um beispielsweise effektive Sensorparameter zu bestimmen und eine Auswertung von Messdaten vornehmen zu können.

Mit Hilfe der folgenden Betrachtungen kann die Eigenfrequenz ω_2 des Nanocantilevers abgeschätzt werden. Erforderlich ist, dass eine der Resonanzfrequenzen ω_a oder ω_b des gekoppelten Systems sowie die Eigenfrequenz ω_1 des Mikrocantilevers bekannt sind. Diese Werte können im Experiment sehr einfach gemessen werden. Eine der Resonanzfrequenzen ω_a oder ω_b des gekoppelten Systems wird für ω in den Amplitudengang des Mikrocantilevers in Gleichung (7.21) eingesetzt. Nun wird das Maximum des Amplitudenganges nicht mehr in Abhängigkeit von ω, sondern von der Eigenfrequenz ω_2 des Nanocantilevers, bestimmt. Die zum Amplitudenmaximum gehörige Frequenz entspricht der gesuchten Eigenfrequenz ω_2 des Nanocantilevers.

Mathematisch muss für diese Berechnung die Nullstelle der Ableitung des Amplitudengangs bestimmt und das Maximum ermittelt werden, d.h. die zweite Ableitung des Amplitudengangs muss kleiner Null sein. Da diese Berechnung von Hand sehr aufwendig wäre, wurde dazu in dieser Arbeit die Software *Mathematica* verwendet.

Das beschriebene Vorgehen wurde mit den Beispielwerten aus Tabelle 7.1 für beide Resonanzfrequenzen ω_a und ω_b des gekoppelten Systems überprüft. Für $f_a = \omega_a/(2\pi) = 99142$ Hz ergibt sich eine Eigenfrequenz des Nanocantilevers von $f_2 = \omega_2/(2\pi) = 102007$ Hz und bei $f_b = \omega_b/(2\pi) = 102889$ Hz eine Eigenfrequenz von $f_2 = \omega_2/(2\pi) = 101994$ Hz. Diese gute Übereinstimmung zeigt die Anwendbarkeit der Berechnung.

7.3.3 Schaltungsmodell mit Dämpfung und Interaktion

a. Amplituden- und Phasenbeziehungen

Bisher wurde nur das gekoppelte System ohne Interaktion betrachtet. Bei einem Einsatz als Sensor müssen jedoch die Wechselwirkungen mit der Umgebung, welche in Abbildung 7.4 durch die Elemente d_3 und k_3 ausgedrückt sind, berücksichtigt werden.

Um eine analytische Beschreibung für die Geschwindigkeitsverhältnisse $\underline{v}_1/\underline{v}_0$ und $\underline{v}_2/\underline{v}_0$ zu finden, ist es auch in diesem Fall zweckmäßig, alle parallel liegenden Zweige zunächst als komplexe Impedanzen zusammen zu fassen. Für die weitere Rechnung wird außerdem vorteilhafterweise die *Euler*-Darstellung für komplexe Zahlen mit $\underline{Z} = Z \cdot e^{j\varphi}$ mit dem Betrag Z und dem

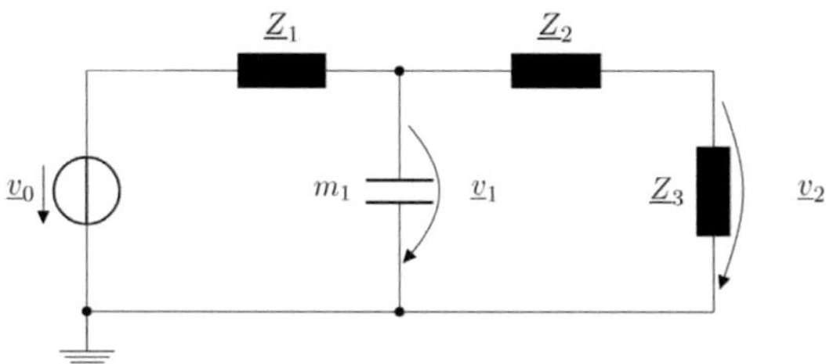

Abbildung 7.12: Vereinfachtes Schaltungsmodell zur Ermittlung von $\underline{v}_1$ und $\underline{v}_2$ bei Berücksichtigung der Interaktionselemente.

Phasenwinkel φ verwendet. Mit den Vereinfachungen $n_3 = 1/k_3$ und $r_3 = 1/d_3$ folgt für die Impedanzen $\underline{Z}_1$ und $\underline{Z}_2$ gemäß Abbildung 7.12:

$$Z_i = \frac{\sqrt{\left(\omega^2 n_i^2 r_i\right)^2 + \left(\omega n_i r_i^2\right)^2}}{r_i^2 + \left(\omega n_i\right)^2} \tag{7.25}$$

$$\varphi_i = \arctan\left(\frac{r_i}{\omega n_i}\right) \qquad i \in [1, 2] \tag{7.26}$$

und

$$Z_3 = \frac{\sqrt{\left(\omega^2 n_3^2 r_3\right)^2 + \left(\omega n_3 r_3^2 \left(1 - \omega^2 m_2 n_3\right)\right)^2}}{\left(r_3 - \omega^2 m_2 n_3 r_3\right)^2 + \left(\omega n_3\right)^2} \tag{7.27}$$

$$\varphi_3 = \arctan\left(\frac{r_3\left(1 - \omega^2 m_2 n_3\right)}{\omega n_3}\right) \quad . \tag{7.28}$$

Zur weiteren Vereinfachung werden $\underline{Z}_2$ und $\underline{Z}_3$ zusammengefasst:

$$\underline{Z} = \underline{Z}_2 + \underline{Z}_3 \quad . \tag{7.29}$$

Somit ergibt sich:

$$Z = \sqrt{\omega^4 \left(\frac{n_2^2 r_2}{N_2} + \frac{n_3^2 r_3}{N_3}\right)^2 + \omega^2 \left(\frac{n_2 r_2^2}{N_2} + \frac{n_3 r_3^2 \left(1 - \omega m_2 n_3\right)}{N_3}\right)^2} \tag{7.30}$$

$$\varphi_z = \arctan\left(\frac{n_2 r_2^2 N_3 + n_3 r_3^2 N_2 \left(1 - \omega^2 m_2 n_3\right)}{\omega \left(n_2^2 r_2 N_3 + n_3^2 r_3 N_2\right)}\right) \quad , \tag{7.31}$$

mit

$$N_2 = r_2^2 + (\omega n_2)^2 \tag{7.32}$$

$$N_3 = \left(r_3 - \omega^2 m_2 n_3 r_3\right)^2 + (\omega n_3)^2 \quad . \tag{7.33}$$

Der Kondensator m_1 kann ebenfalls als komplexe Impedanz in *Euler*-Form ausgedrückt werden:

$$Z_m = \frac{1}{\omega m_1} \tag{7.34}$$

$$\varphi_m = \frac{\pi}{2} \quad . \tag{7.35}$$

Mit diesen Definitionen können die gesuchten Geschwindigkeitsverhältnisse und damit die komplexen Amplituden angegeben werden:

$$\underline{A}_1 (\omega) = \frac{v_1}{v_0} = \frac{\underline{Z}_m \parallel \underline{Z}}{\underline{Z}_m \parallel \underline{Z} + \underline{Z}_1} = \frac{1}{Re + j \cdot Im} \tag{7.36}$$

$$Re = 1 + \frac{Z_1}{Z} \cos\left(\varphi_1 - \varphi_z\right) + \frac{Z_1}{Z_m} \cos\left(\varphi_1 - \varphi_m\right) \tag{7.37}$$

$$Im = Z_1 \left(\frac{1}{Z} \sin\left(\varphi_1 - \varphi_z\right) + \frac{1}{Z_m} \sin\left(\varphi_1 - \varphi_m\right)\right) \tag{7.38}$$

$$\underline{A}_2 (\omega) = \frac{v_2}{v_0} = \frac{\underline{Z}_3}{\underline{Z}_3 + \underline{Z}_2} \cdot \frac{v_1}{v_0} = \frac{Z_3}{Z} e^{j(\varphi_3 - \varphi_z)} \cdot \frac{v_1}{v_0} \quad . \tag{7.39}$$

In Abbildung 7.13 sind die Verläufe der Beträge der Amplituden für beide Cantilever mit den Beispielwerten aus Tabelle 7.1 und für verschiedene k_3 ($d_3 = 0$) dargestellt. Beide Resonanzpeaks ω_a und ω_b zeigen eine unterschiedlich starke Frequenzverschiebung. Die des Peaks mit der kleineren Amplitude ist größer als die Frequenzverschiebung des Peaks mit der größeren Amplitude. Allerdings ist der kleinere Peak aus messtechnischer Sicht in einem realen System auf Grund von Rauscheinflüssen schwieriger zu detektieren [20].

Um zu zeigen, wie die ko-resonante Kopplung die Stärke der Frequenzverschiebung beeinflusst, sind zum Vergleich in Abbildung 7.14 die Beträge der Amplituden für einen einzelnen Mikro- bzw. Nanocantilever mit den Eigenschaften aus Tabelle 7.1 dargestellt. Für die Interaktion k_3 werden dabei dieselben Werte angenommen wie für das gekoppelte System in Abbildung 7.13. Im Fall des einzelnen Mikrocantilevers ist kaum eine Verschiebung der Eigenfrequenz ω_1 erkennbar, während sie für die Eigenfrequenz ω_2 des einzelnen Nanocantilevers sehr deutlich ist. Diese Betrachtung zeigt, dass die Frequenzverschiebung beider Resonanzpeaks ω_a und ω_b des gekoppelten Systems gegenüber der eines einzelnen Mikrocantilevers deutlich erhöht ist.

Im Vergleich zu einem einzelnen Nanocantilever zeigt das gekoppelte System aber eine etwas geringere Frequenzverschiebung beider Resonanzpeaks.

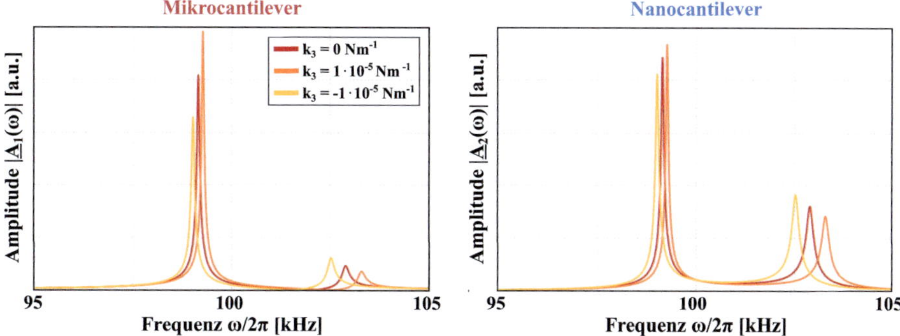

Abbildung 7.13: Beträge der komplexen Amplituden des gekoppelten Systems für Mikro- und Nanocantilever, für verschiedene Werte von k_3 und jeweils $d_3 = 0$.

Die zusätzliche Feder k_3 wird in der Regel verwendet, um eine Kraftinteraktion zu beschreiben. Dies ist möglich, da sich ein am System angreifender Kraftgradient als zusätzliche Federkonstante ausdrücken lässt (vgl. Betrachtung in Abschnitt 2.2.2).

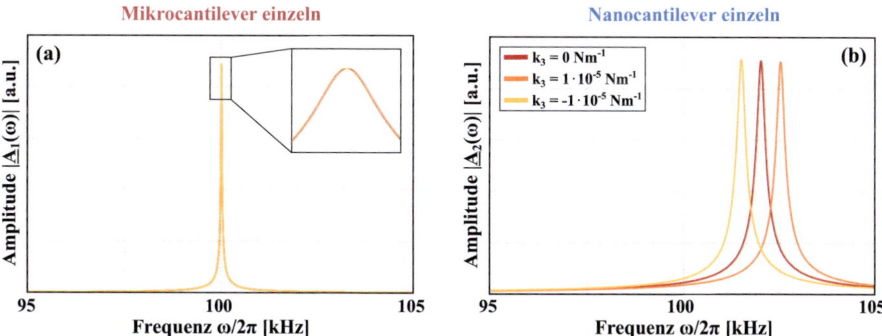

Abbildung 7.14: Beträge der komplexen Amplituden für einen einzelnen (a) Mikrocantilever und (b) Nanocantilever mit den Daten aus Tabelle 7.1 für verschiedene Werte von k_3 und $d_3 = 0$.

Der Fall einer zusätzlichen Dämpfung d_3 wurde für die vorliegende Arbeit nicht weiter untersucht, soll hier aber trotzdem erwähnt werden. Abbildung 7.15 zeigt die Beträge der komplexen Amplituden $\underline{A}_1(\omega)$ und $\underline{A}_2(\omega)$ für Mikro- und Nanocantilever des gekoppelten Systems für verschiedene Werte von d_3, wobei $k_3 = 0$ ist. Der Effekt von d_3 besteht hauptsächlich in der Verringerung der Resonanzamplituden, wobei nur eine sehr geringe Frequenzverschiebung auftritt. Bei sehr starker Dämpfung ist sowohl im Amplitudengang des Mikro- als auch des Nanocantilevers nur noch ein sehr breiter Resonanzpeak erkennbar [20].

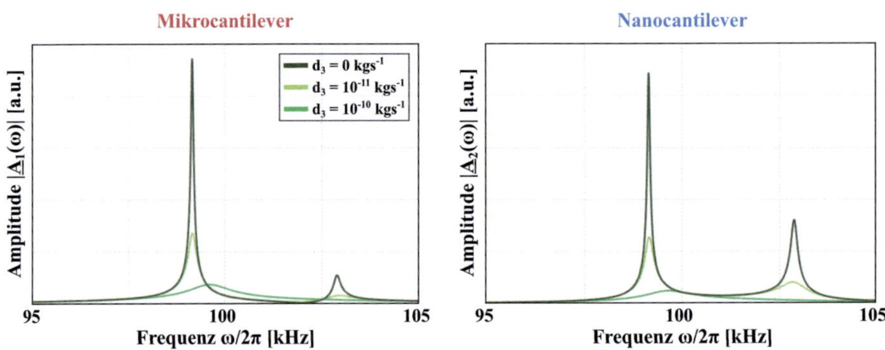

Abbildung 7.15: Beträge der komplexen Amplituden des gekoppelten Systems berechnet für Mikro- und Nanocantilever für verschiedene Werte von d_3 und jeweils $k_3 = 0$.

b. Massebeladung

Wie in Abschnitt 7.1 beschrieben, werden gekoppelte Systeme häufig als Massesensoren eingesetzt. Eine Massebeladung stellt keine Interaktion mit der Umgebung dar, sondern verändert die Eigenschaften des Sensors. Für die vorliegende Arbeit ist die Massebeladung eines gekoppelten Systems insofern von Interesse, dass die Abscheidung von Masse am freien Ende des Nanocantilevers genutzt wird, um die Eigenfrequenzen der Einzelsysteme aufeinander anzupassen. Dies wird in Abschnitt 8.1 genauer beschrieben. Mit dem vorliegenden Schaltungsmodell kann aber auch das Anbringen einer Zusatzmasse am Nanocantilever abgebildet werden, indem anstelle der beiden Elemente k_3 und d_3 ein Kondensator eingefügt wird (vgl. Abbildung 7.16). In Abbildung 7.17 sind die Beträge der komplexen Amplituden des gekoppelten Systems an Mikro- und Nanocantilever für unterschiedlich große Massen m_3 gezeigt. Die konkrete Berechnung erfolgt wiederum mit den Werten aus Tabelle 7.1. Ohne Zusatzmasse liegt die Eigenfrequenz ω_2 des Nanocantilevers etwas über der des Mikrocantilevers ω_1. Durch Anbringen einer kleinen Zusatzmasse m_3 am Nanocantilever wird dessen effektive Masse vergrößert und damit gemäß Gleichung (2.27) seine Eigenfrequenz ω_2 verringert. Dies führt zu einer Veränderung des Abstandes der Eigenfrequenzen ω_1 und ω_2 von Mikro- und Nanocantilever und zu einer Verschiebung der Resonanzfrequenzen ω_a und ω_b des gekoppelten Systems, wie Abbildung 7.17 zeigt.

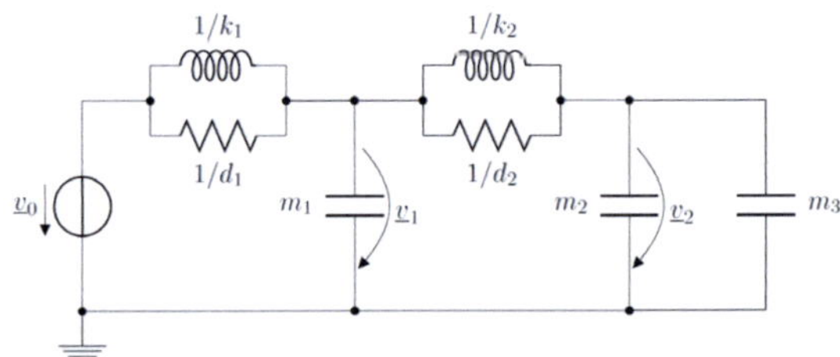

Abbildung 7.16: Gekoppeltes System mit einer Zusatzmasse m_3.

Für $m_3 = 10^{-16}$ kg sind sowohl im Amplitudengang des Mikro- als auch des Nanocantilevers deutlich zwei Resonanzpeaks erkennbar. Diese sind annähernd gleich groß, woraus auf einen geringen Abstand der Eigenfrequenzen ω_1 und ω_2 beider Cantilever geschlossen werden kann.

Bei einer Zusatzmasse von $m_3 = 10^{-15}$ kg am Nanocantilever liegt dessen Eigenfrequenz ω_2 deutlich unter der des Mikrocantilevers ω_1, so dass der relative Frequenzabstand $(\omega_2 - \omega_1)/\omega_1$ deutlich größer ist. Demzufolge ist im Verlauf des Betrages der komplexen Amplitude $\underline{A}_1(\omega)$ des Mikrocantilevers kein zweiter Resonanzpeak mehr erkennbar und der verbleibende Peak nähert sich zudem wieder der Eigenfrequenz ω_1 des Mikrocantilevers an. Im Betrages der komplexen Amplitude $\underline{A}_2(\omega)$ des Nanocantilevers sind dagegen noch zwei Resonanzpeaks sichtbar.

Diese Betrachtung zeigt, wie durch Anbringen einer Zusatzmasse am Nanocantilever der relative Frequenzabstand und damit die Eigenschaften des gekoppelten Systems verändert werden können.

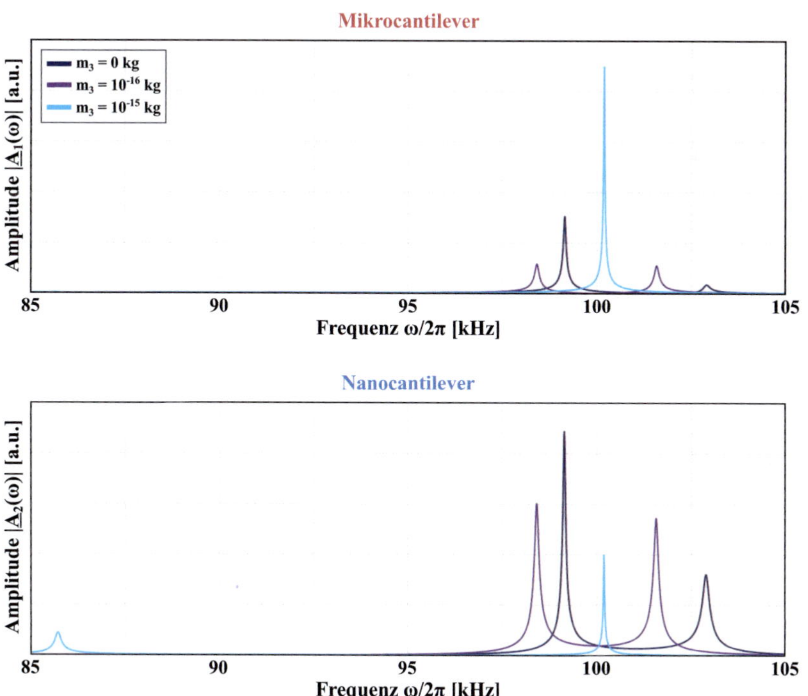

Abbildung 7.17: Beträge der komplexen Amplituden des gekoppelten Systems für den Mikro- und den Nanocantilever für unterschiedlich große Zusatzmassen m_3.

7.3.4 Effektive Sensorparameter

Im letzten Abschnitt 7.3.3 wurde das Verhalten des gekoppelten Systems unter dem Einfluss einer zusätzlichen Federkonstante k_3 betrachtet. Die Verschiebung der Resonanzfrequenzen $\Delta\omega_{a,b}$ des gekoppelten Systems ist dabei größer als die eines einzelnen Mikrocantilevers $\Delta\omega_1$, aber kleiner als die eines einzelnen Nanocantilevers $\Delta\omega_2$. Wie bereits Torres et al. vorschlagen, lässt sich daraus schließen, dass die Eigenschaften eines gekoppelten Systems eine Mischung der Eigenschaften der Einzelsysteme sind [128]. Bei der Betrachtung von Abbildung 7.13 fällt zudem auf, dass sich die beiden Resonanzfrequenzen ω_a und ω_b des gekoppelten Systems bei gleicher Interaktion k_3 unterschiedlich stark verändern. Daraus folgt, dass das „Mischungsverhältnis" der Eigenschaften von Mikro- und Nanocantilever für beide Peaks verschieden ist. Durch den Vergleich mit den Frequenzverschiebungen der Einzelsysteme (Abbildung 7.14) kann geschlussfolgert werden, dass der Resonanzpeak des gekoppelten Systems mit der geringeren Amplitude stärker durch die Eigenschaften des Nanocantilevers beeinflusst ist, als der Peak mit der größeren Amplitude.

Ausgehend von diesen Überlegungen sollte sich jeder der beiden Resonanzpeaks ω_a und ω_b durch ein harmonisches Oszillatormodell eines äquivalenten Cantilevers beschreiben lassen, welches durch die effektiven Eigenschaften des jeweiligen Peaks bestimmt ist. Damit wird letztendlich eine Abbildung des gekoppelten Systems für beide Resonanzfrequenzen auf das harmonische Oszillatormodell eines einzelnen Cantilevers durchgeführt. Das Vorgehen dabei ist in Abbildung 7.18 gezeigt.

Zunächst wird das gekoppelte System als eine komplexe Impedanz $\underline{Z}$ ausgedrückt. Um dies zu erreichen, wird die Schaltung des gekoppelten Systems ohne Interaktion ($k_3 = 0$, $d_3 = 0$) über mehrere Reihen-/Parallelumwandlungen umgeformt. Dabei gilt nach den Rechenregeln der Reihen-/Parallelumwandlung, dass die Gesamtimpedanz des Stromkreises sowie die Phasenbeziehungen zwischen Strom und Spannung erhalten bleiben müssen. Außerdem gilt die Umwandlung bei Berechnung zahlenmäßiger Bauelementwerte nur für eine Frequenz [142, S.114ff]. Zur Vereinfachung werden zunächst die parallelen Elemente r_1, n_1 und r_2, n_2 in die Reihenelemente R_1, X_1, R_2 und X_2 umgewandelt:

$$R_1 = \frac{r_1\,(\omega n_1)^2}{r_1^2 + (\omega n_1)^2} \quad ; \quad X_1 = \frac{n_1 r_1^2}{r_1^2 + (\omega n_1)^2} \tag{7.40}$$

$$R_2 = \frac{r_2\,(\omega n_2)^2}{r_2^2 + (\omega n_2)^2} \quad ; \quad X_2 = \frac{n_2 r_2^2}{r_2^2 + (\omega n_2)^2} \quad . \tag{7.41}$$

Ausgehend davon wird die Schaltung weiter umgeformt, bis das gekoppelte System durch eine komplexe Gesamtimpedanz $\underline{Z}$ beschrieben ist:

$$\underline{Z} = Re\left\{\underline{Z}\right\} + j \cdot Im\left\{\underline{Z}\right\} \tag{7.42}$$

$$Re\left\{\underline{Z}\right\} = R_1 + \frac{R_2\left(1 - \omega m_1 A + \omega m_1 R_2 A\right)}{\left(1 - \omega m_1 A\right)^2 + \left(\omega m_1 R_2\right)^2} \tag{7.43}$$

$$Im\left\{\underline{Z}\right\} = X_1 + \frac{A\left(1 - \omega m_1 A\right) - \omega m_1 R_2^2}{\left(1 - \omega m_1 A\right)^2 + \left(\omega m_1 R_2\right)^2} \tag{7.44}$$

$$A = X_2 - \frac{1}{\omega m_2} \quad . \tag{7.45}$$

Diese komplexe Impedanz soll nun auf das harmonische Oszillatormodell eines Cantilevers abgebildet werden, welcher in Abbildung 7.19b dargestellt ist. Dies wird durch einen Koeffizientenvergleich für Real- und Imaginärteil der komplexen Gesamtimpedanz des gekoppelten Systems mit dem Real- und Imaginärteil der Schaltung des äquivalenten Cantilevers mit effektiven Parametern erreicht. Für diesen Vergleich ist es zweckmäßig, die Schaltung des äquivalenten Cantilevers ebenfalls über eine Reihen-/Parallelumwandlung in den in Abbildung 7.19a gezeigten Reihenresonanzkreis umzuformen. Dieser Umformungsschritt ist nicht zwingend notwendig, erleichtert aber die Berechnung, da im Fall der gemischten Schaltung in Abbildung 7.19b eine zusätzliche Fallunterscheidung notwendig ist.

Die Impedanz $\underline{Z}_r$ des Reihenresonanzkreises mit Widerstand R, Spule L und Kondensator C ist gegeben als:

$$\underline{Z}_r = R + j\left(\omega L - \frac{1}{\omega C}\right) \quad . \tag{7.46}$$

Im nächsten Schritt können Real- und Imaginärteil von $\underline{Z}$ und $\underline{Z}_r$ miteinander verglichen werden. Dieser Koeffizientenvergleich liefert jedoch keine eindeutige Lösung für die Bauelementwerte, obwohl der Widerstand R eindeutig durch den Realteil von $\underline{Z}$ bestimmt ist. Für den Imaginärteil von $\underline{Z}$ ergibt sich eine Lösungsmenge von L-C-Kombinationen. Diese Lösungsmenge ist begrenzt durch die Werte m_1, m_2, $1/k_1$ und $1/k_2$ der Elemente des gekoppelten Systems, aber innerhalb dieser Grenzen gibt es unendlich viele Kombinationen von L und C, die dem Imaginärteil der Gesamtimpedanz des gekoppelten Systems entsprechen.

Um eine eindeutige Lösung für die effektiven Parameter des gekoppelten Systems zu finden, ist deshalb eine weitere Randbedingung notwendig. Diese kann über folgende Überlegung gewonnen werden: Die Eigenfrequenz ω eines harmonischen Oszillators ist durch dessen Federkonstante k und effektive Masse m_{eff} gegeben als $\omega = \sqrt{k/m_{eff}}$. Wirkt auf den harmonischen Oszillator eine Kraftgradient, so kann dieser, sofern sie ausreichend klein ist, linearisiert und über eine zusätzliche Federkonstante k_3 ausgedrückt werden. Diese Ableitung wurde in Abschnitt 2.2 besprochen. Für die Eigenfrequenz bedeutet dies zusammen mit der Annahme, dass die effektive Masse durch die zusätzliche Federkonstante nicht verändert wird:

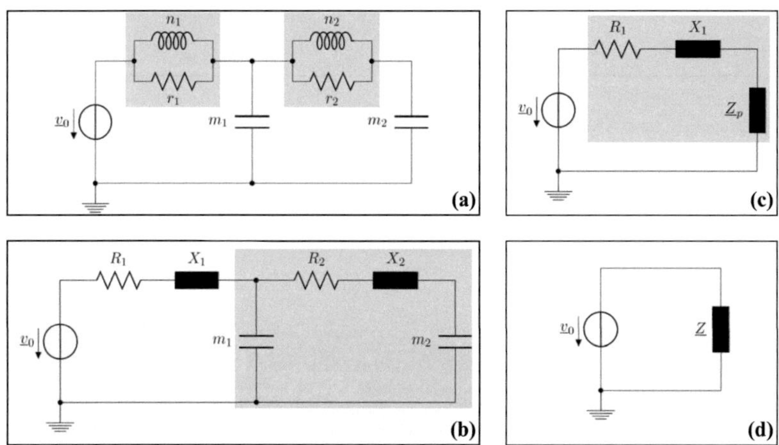

Abbildung 7.18: Umwandlungsschritte, um das gekoppelte System in eine komplexe Impedanz $\underline{Z}$ zu überführen: (a) Ausgangsschaltung, (b) Umwandlung der RL-Parallel- in eine Reihenschaltung, (c) Zusammenfassen der parallelen Zweige zu einer Impedanz $\underline{Z}_p$, (d) Zusammenfassen der Elemente R_1, X_1 und $\underline{Z}_p$ zur Gesamtimpedanz $\underline{Z}$.

$$\omega_{k3} = \sqrt{\frac{k + k_3}{m_{eff}}} \quad . \tag{7.47}$$

Durch diesen Ausdruck ist eine Frequenzverschiebung $\Delta\omega$ gegeben, wobei näherungsweise gilt [18]:

$$\frac{\Delta\omega}{\omega} \approx \frac{k_3}{2k} \quad . \tag{7.48}$$

Diese Näherung kann ebenfalls für die Betrachtung des gekoppelten Systems verwendet werden, wenn jeder der beiden Resonanzpeaks durch einen äquivalenten Cantilever beschrieben wird und die zusätzliche Federkonstante klein gegenüber der kleinsten Federkonstante im System ist [143, S. 734], [144].

Der Amplitudengang des gekoppelten Systems mit einer zusätzlichen Federkonstante k_3 wurde bereits im vorherigen Abschnitt 7.3.3 diskutiert. Dem folgend kann die Frequenzverschiebung des gekoppelten Systems analytisch mit den dort angegebenen Gleichungen (7.36) bis (7.39) berechnet werden. Eine solche Berechnung erfordert die Bestimmung der Resonanzfrequenzen aus dem Amplitudengang, d.h. es müssen die Nullstellen der Ableitung der Amplitudenkurve bestimmt werden. Unter Einhaltung der Bedingung, dass die zweite Ableitung der Amplitudenkurve kleiner als Null sein muss, können so die beiden Amplitudenmaxima und die zugehörigen Frequenzen $\omega_a^{k_3}$ und $\omega_b^{k_3}$ ermittelt werden. Eine analoge Rechnung für das gekoppelte System ohne Interaktion liefert die Resonanzfrequenzen ω_a und ω_b und somit die für Gleichung (7.48) notwendigen Frequenzverschiebungen $\Delta\omega_{a,b} = \omega_{a,b}^{k_3} - \omega_{a,b}$ für beide Resonanzpeaks. Der angenommene Wert für k_3 ist bekannt und demzufolge kann durch Umstellen von Gleichung (7.48) direkt die effektive Federkonstante für jeden der beiden Resonanzpeaks $k_{eff}^{a,b}$ bestimmt werden. Mit Hilfe einer Schaltungssimulationssoftware ist diese Analyse sehr einfach möglich, da lediglich eine Simulation mit und eine ohne k_3 durchgeführt und die Frequenzverschiebung bestimmt werden muss.

Mit dem so ermittelten Wert für die effektive Federkonstante k_{eff} und demzufolge für $L = 1/k_{eff}$, ist der Imaginärteil der komplexen Impedanz der Ersatzschaltung eindeutig bestimmt und für die äquivalente Masse, d.h. die Kapazität C, gilt:

$$C = \frac{1}{\omega\left(\omega L - Im\left\{\underline{Z}\right\}\right)} \quad . \tag{7.49}$$

Mit diesen Überlegungen sind alle Elemente des äquivalenten Reihenresonanzkreises in Abbildung 7.19a eindeutig bestimmt. Rückumwandlung in die in Abbildung 7.19b gezeigte Cantileverstruktur liefert effektive Sensorparameter für jeden der beiden Resonanzpeaks a und b des gekoppelten Systems.

Ein Vergleich des Amplitudengangs des gekoppelten Systems mit den Amplitudengängen der äquivalenten Einzelcantilever zeigt, dass sowohl die Resonanzfrequenzen ω_a und ω_b als auch deren Verschiebungen $\Delta\omega_{a,b}$ bei einer zusätzlichen Interaktion k_3 sehr gut übereinstimmen (vgl. Tabelle 7.4).

Dagegen sind allerdings die Gütefaktoren der Amplitudengänge der äquivalenten Ersatzschaltung sehr viel größer als die des gekoppelten Systems. Die Ursache dafür lässt sich anhand der folgenden Überlegung zeigen: der Koeffizientenvergleich der Gesamtimpedanz des gekoppelten Systems mit der Impedanz des Reihenresonanzkreises in Abbildung 7.19a liefert scheinbar einen eindeutigen Wert für den Widerstand R. Dieser entspricht nach den Analogien zwischen elektrischen und mechanischen Netzwerken der reziproken Dämpfung. Die Dämpfung beeinflusst jedoch sowohl die Amplitude als auch die Güte der Amplitudenkurve eines resonanten Systems. Demzufolge kann aus dem Widerstandswert R keine eindeutige Aussage über die Güte und die Dämpfung des äquivalenten Cantilevers gewonnen werden. Dies verdeutlicht auch der Zusammenhang aus Gleichung (2.33) für ein mechanisches System, laut dem

$$Q \cdot d = \sqrt{m_{eff} k_{eff}} \tag{7.50}$$

gilt. Die effektive äquivalente Masse und effektive Federkonstante für das äquivalente Cantilevermodell sind eindeutig mit den vorhergehenden Betrachtungen bestimmt. Offenbar gibt es aber eine Reihe von Kombinationen aus Güte Q und Dämpfung d, welche die gegebene Gleichung erfüllen. Dies lässt sich jedoch sehr einfach auflösen, da die Gütefaktoren für beide Resonanzpeaks des gekoppelten Systems direkt aus dessen Amplitudengang bestimmbar sind. Die so ermittelten Werte für die Gütefaktoren $Q_{eff}^{a,b}$ sind in Tabelle 7.3 angegeben. Damit kann nach Gleichung (2.33) die Dämpfung ebenfalls eindeutig festgelegt werden.

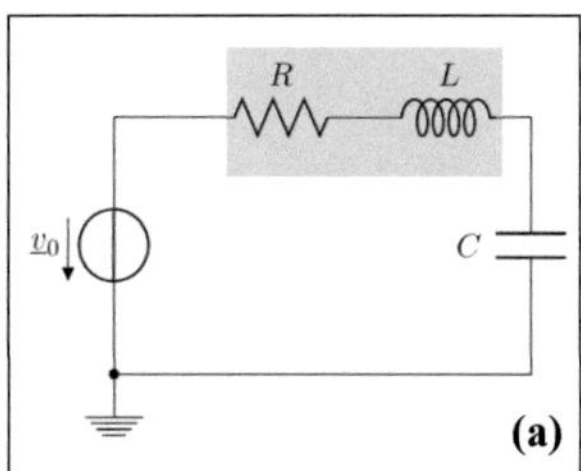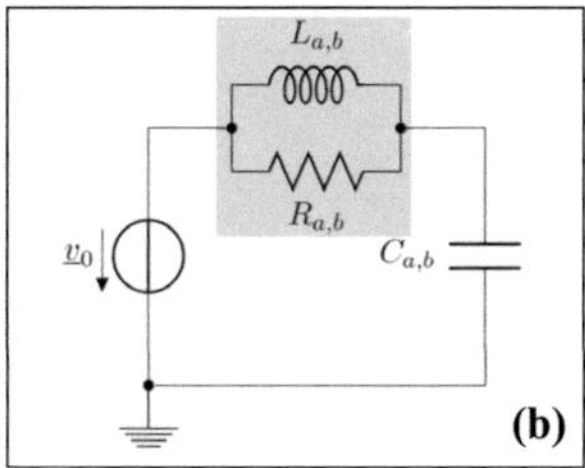

Abbildung 7.19: (a) Reihenresonanzkreis für einen Cantilever und (b) äquivalente Ersatzschaltung.

Diese Betrachtungen zeigen, dass es möglich ist, wichtige Eigenschaften des gekoppelten Systems für beide Resonanzfrequenzen durch einen einzelnen harmonischen Oszillator mit effektiven Parametern darzustellen, so dass gleiches Verhalten vorliegt. Damit kann die Ableitung effektiver Sensorparameter des gekoppelten Systems sehr einfach und schnell mit Hilfe des Schaltungsmodells erfolgen. Die Schritte sind nachfolgend im Hinblick auf die praktische Anwendung noch einmal zusammengefasst. Als bekannt vorausgesetzt werden die Federkonstanten $k_{1,2}$, Eigenfrequenzen $\omega_{1,2}$ und Güten $Q_{1,2}$ beider Einzelsysteme. Davon ausgehend werden die effektiven Sensoreigenschaften bestimmt:

1. Berechnung der effektiven Masse $m_{eff,1,2}$ und Dämpfung $d_{1,2}$ für jedes Einzelsystem nach den Gleichungen (2.27) und (2.33).

2. Berechung des Amplitudengangs des gekoppelten Systems ohne Interaktion und daraus Bestimmung der Gütefaktoren $Q_{eff}^{a,b}$ beider Resonanzpeaks.

3. Berechung des Amplitudengangs des gekoppelten Systems mit einer Interaktionsfeder k_3, wobei k_3 deutlich kleiner als die kleinste Federkonstante des gekoppelten Systems sein muss, und Ermittlung der Resonanzfrequenzverschiebung beider Peaks.

4. Bestimmung der effektiven Federkonstanten $k_{eff}^{a,b}$ für beide Resonanzpeaks aus der Verschiebung der Resonanzfrequenzen $\Delta\omega_{a,b}$ mit Gleichung (7.48).

5. Bestimmung der effektiven äquivalenten Masse $m_{eff}^{a,b}$ aus der effektiven Federkonstante $k_{eff}^{a,b}$ und Resonanzfrequenz $\omega_{a,b}$ für jeden Peak nach $m_{eff}^{a,b} = k_{eff}^{a,b}/\omega_{a,b}^2$ oder nach Gleichung (7.49), wobei nach den elektro-mechanischen Analogien $C = m_{eff}$ gilt.

6. Bestimmung der Dämpfung $d_{eff}^{a,b}$ aus effektiver Federkonstante $k_{eff}^{a,b}$, Masse $m_{eff}^{a,b}$ und Güte $Q_{eff}^{a,b}$ nach $d_{eff}^{a,b} = \sqrt{m_{eff}^{a,b}k_{eff}^{a,b}}/Q_{eff}^{a,b}$.

Tabelle 7.3: Effektive mechanische Sensorparameter für beide Resonanzpeaks (ω_a und ω_b), welche mit dem Schaltungsmodell ermittelt wurden.

	ω_a	ω_b
Federkonstante k_{eff}	0,0038 N/m	0,0013 N/m
Masse m_{eff}	$9,793 \cdot 10^{-15}$ kg	$3,206 \cdot 10^{-15}$ kg
Gütefaktor Q_{eff}	1584	616
Dämpfung d_{eff}	$3,851 \cdot 10^{-12}$ kg/s	$3,365 \cdot 10^{-12}$ kg/s

Tabelle 7.4: Frequenzverschiebung der Resonanzpeaks des gekoppelten Systems und für die äquivalenten Modelle beider Peaks, berechnet für $k_3 = 10^{-6}$ N/m.

	gekoppeltes System	äquivalenter Cantilever
$\Delta\omega_a$	14 Hz	14 Hz
$\Delta\omega_b$	40 Hz	38 Hz

Mit diesen Betrachtungen sind die effektiven mechanischen Sensorparameter für den äquivalenten Cantilever in Abbildung 7.19b bestimmt und können für weitere Betrachtungen anhand der Analogien aus Tabelle 2.1 in ihre elektrischen Entsprechungen umgerechnet werden.

Für das Beispielsystem mit den Werten aus Tabelle 7.1 sind die effektiven Sensorparameter in Tabelle 7.3 gegeben. Diese Zahlenwerte bestätigen, dass die effektiven Parameter eine Mischung der Eigenschaften beider Einzelsysteme sind, wobei die Eigenschaften des Nanocantilevers einen deutlichen Einfluss haben.

Tabelle 7.4 zeigt zudem die Frequenzverschiebung bei derselben Interaktion k_3, einmal für die beiden Resonanzpeaks des gekoppelten Systems und zum anderen für die beiden äquivalenten Cantilevermodelle. Diese stimmen sehr gut überein, was die Validität der Umformung zeigt.

Die Kenntnis der effektiven Sensorparameter ist eine wichtige Voraussetzung für die Interpretation und Analyse von Messdaten, wobei insbesondere die effektive Federkonstante k_{eff} von Bedeutung ist [145], [146]. Zudem eröffnet die Bestimmung der effektiven Sensorparameter die Möglichkeit, bereits vor der Herstellung des Sensors dessen Verhalten abzuschätzen und gegebenenfalls Designanpassungen vorzunehmen.

7.4 Rauscheinflüsse und Messgrenzen

Wie in den Abschnitten 7.3.2 und 7.3.3 gezeigt wurde, kann mit dem ko-resonanten Sensorkonzept eine Amplitudenverstärkung sowie eine Steigerung der Frequenzverschiebung im Vergleich zu einem einzelnen Mikrocantilever erreicht werden. In Folge der Anpassung der Eigenfrequenzen ω_1 und ω_2 der beiden Cantilever wird eine Wechselwirkung zwischen den Cantilevern erzeugt, welche die Ausnutzung der vorteilhaften Eigenschaften des Nanocantilevers ermöglicht. Die wichtigste Eigenschaft des Nanocantilevers im Hinblick auf eine Nutzung als Sensor ist dessen hohe Empfindlichkeit gegenüber externen Einflüssen, wie zum Beispiel Kraftwirkungen oder Massebeladung. Diese hohe Empfindlichkeit kann auf Grund der Kopplung zum Mikrocantilever jedoch nicht in vollem Umfang genutzt werden. Stattdessen kann das gekoppelte System über effektive Sensorparameter beschrieben werden, wie die Betrachtungen in Abschnitt 7.3.4 gezeigt haben. Diese sind eine Mischung der Parameter beider Einzelsysteme.

Im Hinblick auf einen Einsatz des Sensorkonzeptes in der Cantilever-Magnetometrie muss dies bei der Betrachtung der Messgrenzen berücksichtigt werden. Wie in Abschnitt 4.4 diskutiert, treten bei dieser Messmethode verschiedene Rauscheinflüsse auf. Dabei steht jedoch nur das thermische Rauschen direkt mit den Sensoreigenschaften im Zusammenhang. Nach den Gleichungen (4.27) und (4.28) ergibt sich daraus eine minimale detektierbare Frequenzverschiebung bzw. ein minimal messbares magnetisches Moment. Dieses wird für alle folgenden Betrachtungen als *Messgrenze* bezeichnet. Die *Detektivität* des Systems ist dagegen als das Verhältnis einer gemessenen Frequenzverschiebung bezogen auf die minimale Frequenzverschiebung durch thermisches Rauschen gegeben.

Gemäß Gleichung (4.28) ist das minimal detektierbare magnetische Moment:

$$m_{min} = \frac{L_e^2}{B_{ext} A} \cdot \sqrt{\frac{4 k_B T k B_w}{\pi Q f_0}} \quad . \tag{7.51}$$

Gleichung 7.51 zeigt eine Abhängigkeit von den Cantileverparametern effektive Länge L_e, Amplitude A, Federkonstante k, Gütefaktor Q und Eigenfrequenz f_0 und gilt nur für einen einzelnen Cantilever. Eine Anwendung dieser Formel für die Bestimmung der Messgrenzen des gekoppelten Systems erfordert eine Reihe von Annahmen, so dass nur eine erste Abschätzung möglich ist. Eine genaue Bestimmung der Messgrenzen und Detektivität des gekoppelten Systems bräuchte weiterführende theoretische Betrachtungen, die jedoch weit über den Rahmen dieser Arbeit hinausgingen. Im Folgenden werden deshalb einfache Annahmen für die Untersuchung der Messgrenzen getroffen und in den folgenden Abschnitten 8.3.2 und 9.1 darauf aufbauend Abschätzungen für reale Sensoren vorgenommen.

Um die thermische Rauschgrenze für das gekoppelte System nach Gleichung (7.51) zu bestimmen, müssen dessen effektive Parameter verwendet werden. Wie in Abschnitt 7.3.4 gezeigt, lässt sich jeder der beiden Resonanzpeaks $\omega_{a,b}$ des gekoppelten Systems durch einen äquivalenten Cantilever mit effektiven Eigenschaften darstellen, wobei sich diese für beide Peaks unterscheiden. Demzufolge muss die Betrachtung der Messgrenzen ebenfalls für beide Resonanzpeaks einzeln durchgeführt werden.

Die notwendigen effektiven Sensorparameter Federkonstante k_{eff} und Gütefaktor Q_{eff}, welche in Gleichung (7.51) eingesetzt werden müssen, können aus dem Schaltungsmodell des gekoppelten Systems bestimmt werden (vgl. Abschnitt 7.3.4). Weiterhin sind die Resonanzfrequenzen $\omega_{a,b}$ des gekoppelten Systems ebenfalls direkt gegeben.

Die effektive Länge L_e kann folgendermaßen abgeschätzt werden: Da der Nanocantilever das interagierende Element der Anordnung ist und eine verstärkte Amplitude gegenüber dem Mikrocantilever aufweist, kann die effektiv wirksame Länge L_e des gekoppelten Systems durch die effektive Länge $L_{e,2}$ des Nanocantilevers angenähert werden.

Die Amplitude A wird als die Amplitude des Systems angenommen, an welchem gemessen wird, wobei es sich im Fall des gekoppelten Systems um den Mikrocantilever handelt. Die Schwingungsamplituden in der Cantilever-Magnetometrie sind letztendlich dadurch begrenzt, bis zu welcher Amplitude lineares Schwingungsverhalten möglich ist [64]. So sind Amplituden von einigen zehn Nanometern [61] bis zu mehreren Mikrometern möglich [64]. Für das gekoppelte System kommt noch hinzu, dass auf Grund der Amplitudenverstärkung zwischen Mikro- und Nanocantilever die Amplitude des Mikrocantilevers nur so groß sein darf, dass auch der Nanocantilever noch ein lineares Schwingungsverhalten zeigt. Ausgehend davon wird für die Betrachtung der Messgrenzen in den folgenden Kapiteln für die Amplitude des Mikrocantilevers und damit auch für beide äquivalente Cantilever der Resonanzpeaks in Anlehnung an [3] ein Wert von 100 nm angenommen.

Damit sind alle notwendigen Größen für Gleichung (7.51) gegeben und das minimal detektierbare magnetische Moment, welches durch das thermische Rauschen des Sensors bestimmt ist, kann abgeschätzt werden. An dieser Stelle sei darauf hingewiesen, dass das thermische Rauschen nur für ein ideales Systems die Messgrenze bestimmt. In realen Systemen können andere Rauscharten, wie zum Beispiel das Rauschen der Elektronik, um mehrere Größenordnungen stärker sein [147, S. 93].

Neben diesen speziell auf die Cantilever-Magnetometrie bezogenen Betrachtungen können ebenfalls allgemein Rauschprozesse am gekoppelten System untersucht werden. Dies ist auf analytischem Wege im Allgemeinen nicht möglich, sondern nur für bestimmte Vereinfachungen [148]. Berechnungen dazu wurden zum Beispiel für Komponenten von Graviationswellendetektoren durchgeführt, welche ebenfalls durch harmonische Oszillatoren beschrieben werden können [148], [149]. Durch das Schaltungsmodell ist allerdings noch eine weitere Herangehensweise möglich, denn hierbei lässt sich durch Simulationen mit Rauschquellen das Verhalten des Systems auf einfache Weise untersuchen. Dabei können sowohl thermisches Rauschen, als auch andere bei Halbleitern auftretende Rauschprozesse wie Johnson- und Flickerrauschen sowie Shot Noise berücksichtigt werden. So lässt sich zum Beispiel das Verhalten des gekoppelten Systems bei Anregung des Mikrocantilevers mit weißem Rauschen sowie die Rückwirkung einer Rauschamplitude am Nanocantilever auf den Mikrocantilever untersuchen. Da diese Betrachtungen sowohl von dem konkreten Sensor als auch von der Anwendung abhängen, wird an dieser Stelle auf weitere Spezifizierungen verzichtet. Die für die Experimente in dieser Arbeit interessierende Betrachtung der Messgrenzen ist durch die oben vorgenommenen Abschätzungen der Größen in Gleichung (7.51) gegeben.

8 Experimentelle Validierung des Sensorkonzeptes

In diesem Kapitel soll das vorgestellte ko-resonante Sensorkonzept und seine Anwendbarkeit für Magnetometriemessungen am Beispiel von eisengefüllten Kohlenstoffnanoröhren (FeCNT) validiert werden. Dazu werden zunächst die Sensorherstellung sowie der Messaufbau für die Magnetometrie beschrieben und anschließend die experimentellen Daten im Hinblick auf die magnetischen Eigenschaften des Eisennanodrahtes ausgewertet. Die Eigenschaften sind, wie in Abschnitt 6.1 beschrieben, bereits mit anderen Messmethoden untersucht worden und deshalb gut bekannt. Aus diesem Grund eignen sich FeCNTs sehr gut als Modellsystem, um die Aussagen und Eigenschaften des ko-resonanten Sensorkonzeptes zu überprüfen.

8.1 Herstellung ko-resonant gekoppelter Sensoren

Die Grundlage für das Sensorkonzept bildet die frequenzangepasste Kopplung eines Mikro- und eines Nanocantilevers. Dabei sollte der Nanocantilever eine möglichst hohe Empfindlichkeit für äußere Einflüsse, wie beispielsweise Kraftwirkungen, aufweisen. Dies wird durch kleine Abmessungen und, damit verbunden, eine geringe Federkonstante erreicht. Aus diesem Grund eignen sich Kohlenstoffnanoröhren sehr gut als Nanocantilever, denn sie weisen typischerweise Durchmesser von unter 100 nm bei einer Länge von mehreren Mikrometern und Federkonstanten von wenigen Millinewton pro Meter auf [80]. Dies bedeutet, dass eine hohe Empfindlichkeit erreicht werden kann, gleichzeitig aber noch eine vergleichsweise einfache Sensorherstellung möglich ist.

Als Mikrocantilever wird ein kommerziell verfügbarer Siliziumcantilever mit trapezförmigem Querschnitt verwendet. Alle nachfolgend beschriebenen Arbeitsschritte, bei denen der Ionenstrahl zum Einsatz kam, wurden mit dem Gerät *Helios NanoLab 600i* (FEI) durchgeführt, da es eine sehr genaue und schnelle Bearbeitung ermöglicht. Für Mikromanipulation und Frequenzanpassung wurde das Gerät *1540 XB CrossBeam* (Carl Zeiss AG) verwendet, da dieses die Verwendung eines Mikromanipulators mit speziellen Wolframspitzen erlaubt. Dieser Wechsel des Arbeitsgerätes vergrößert den Zeitaufwand für die Sensorherstellung, da zusätzliche Belüftungs- und Evakuierungsschritte notwendig sind, hat aber keine nachteiligen Auswirkungen auf den hergestellten Sensor.

8.1.1 Bearbeitung des Mikrocantilevers

Zunächst wird mit Hilfe des Ionenstrahls die dreieckige Spitze des Mikrocantilevers entfernt und weiterhin dessen Länge auf einen gewünschten Wert gebracht. Die Entfernung der Spitze erzeugt einen einheitlichen Querschnitt des Cantilevers über seine gesamte Länge, so dass eine Beschreibung mit der *Euler-Bernoulli*-Balkentheorie möglich ist. Dadurch können mit den Gleichungen (2.18) bis (2.33) aus Kapitel 2.1 die Balkeneigenschaften für das harmonische Oszillatormodell abgeleitet werden. Die Cantileverlänge sollte im Hinblick auf die Zielparameter des gekoppelten Systems und den Aufwand der später beschriebenen Frequenzanpassung geeignet gewählt werden. Sie sollte nicht zu groß sein, da die Resonanzfrequenzen der als Nanocantilever verwendeten Nanoröhren mehrere hundert Kilohertz betragen können und sonst eine sehr große Differenz zwischen den Eigenfrequenzen ω_1 und ω_2 von Cantilever und Nanoröhre bestehen würde, die angeglichen werden müsste. Eine zu kurze Cantileverlänge ist allerdings ebenfalls von Nachteil, da die Federkonstante nach Gleichung (2.16) mit sinkender Cantileverlänge steigt, was die effektive Federkonstante k_{eff} des gekoppelten Systems ungünstig beeinflusst.

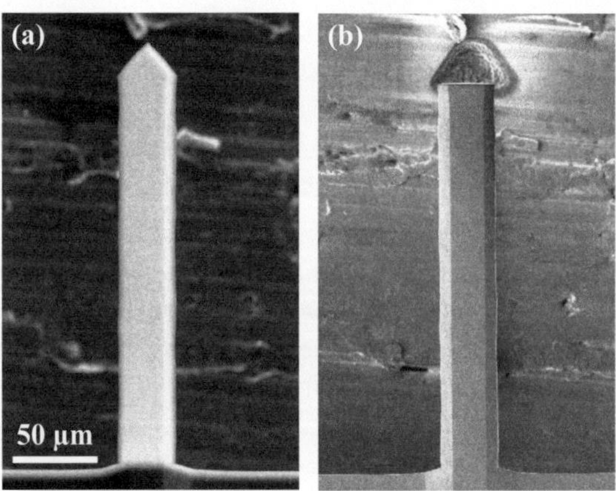

Abbildung 8.1: Um einen kommerziell verfügbaren Cantilever (a) für das gekoppelte System zu verwenden, wird durch Ionenstrahlschneiden die dreieckige Spitze entfernt und der Cantilever auf die gewünschte Länge gekürzt (b).

8.1.2 Anbringen des Nanocantilevers

Als Nanocantilever für die Cantilever-Magnetometrie wird im Allgemeinen eine ungefüllte Kohlenstoffnanoröhre verwendet, deren Herstellung und Eigenschaften bereits in Kapitel 6.2 beschrieben wurden. Die magnetische Probe wird dabei nahe am freien Ende der Nanoröhre platziert.

Abweichend dazu werden für die Validierung des Sensorkonzeptes jedoch eisengefüllte Kohlenstoffnanoröhren verwendet, die sowohl als Nanocantilever als auch gleichzeitig als magnetische

Probe dienen. In diesem Fall ist die Probe deshalb über die gesamte Länge des Nanocantilevers verteilt, was bei der Auswertung der Messdaten berücksichtigt werden muss. Die Eigenfrequenzen der FeCNTs liegen auf Grund ihrer geringen Länge von (10 ... 15) µm um 1 MHz, so dass vorteilhafterweise Mikrocantilever mit einer etwas höheren Resonanzfrequenz verwendet werden.

Die Herstellungsschritte des Sensors sind für beide Arten von Nanoröhren gleich. Zunächst wird mit Hilfe einer im Mikromanipulator eingeklebten Wolframnadel (vgl. Abschnitt 5.4) die gewünschte Nanoröhre von ihrem Substrat aufgenommen. Dazu wird die Wolframnadel in Kontakt mit der Nanoröhre gebracht und durch elektronenstrahlinduzierte Abscheidung von amorphem Kohlenstoff eine Verbindung erzeugt (vgl. Abchnitt 5.1.4). Diese Verbindung sollte gerade nur so stark sein, dass die Kräfte zwischen Substrat und Nanoröhre überwunden werden können. Befindet sich die Nanoröhre an der Wolframnadel, kann zunächst ihre Länge und Qualität (Welligkeit, Vorhandensein von Partikeln, strukturelle Beschädigungen, Grad der Eisenfüllung bei den FeCNTs) hinsichtlich der Eignung für Sensoren geprüft werden. Ist die Nanoröhre geeignet, so kann sie am freien Ende des Cantilevers angebracht werden. Dazu wird das freie Ende der Nanoröhre mit der Cantileveroberfläche in Kontakt gebracht und wiederum durch elektronenstrahlinduzierte Abscheidung von amorphem Kohlenstoff fixiert. Hier ist es eine stabile Verbindung wichtig, damit dieses Ende der Nanoröhre fest eingespannt ist. Weiterhin muss die Verbindung zwischen Nanoröhre und Cantilever stabiler sein als die zwischen Wolframnadel und Nanoröhre, da nach dem Anbringen der Nanoröhre die Verbindung zur Wolframnadel beim Zurückfahren der Nadel brechen sollte. Die Schwierigkeit bei diesem Arbeitsschritt besteht darin, einen guten, möglichst großflächigen Kontakt zwischen Nanoröhre und Cantilever herzustellen. Dies wird auf Grund der fehlenden Tiefeninformation im REM-Bild und dem geringen Durchmesser der Nanoröhre, welcher Schattenbildung verhindert, erschwert. Während die ungefüllten CNTs lose auf einem Substrat liegen (Abbildung 8.2b) und sehr einfach aufgenommen werden können, befinden sich die FeCNTs noch auf dem Substrat, auf dem sie gewachsen sind, so dass sie mit ihrem unteren Ende teilweise sehr fest am Silizium haften (Abbildung 8.2a). Die Abbildungen 8.2c und d zeigen Sensoren mit einem FeCNT und mit einer ungefüllten Nanoröhre als Nanocantilever.

8.1.3 Bestimmung der Eigenschaften des gekoppelten Systems

Um die Eigenfrequenzen von Cantilever und Nanoröhre aufeinander anzupassen, müssen diese zunächst separat ermittelt werden. Dies erfolgt mit Hilfe des in Abschnitt 5.3 beschriebenen Schwingungsprobenhalters, auf den der Sensor mit Leitsilber aufgeklebt wird. Neben der Bestimmung der Eigenfrequenzen ω_1 und ω_2 können aus den Ergebnissen dieser Schwingungsexperimente weitere Eigenschaften des Systems abgeleitet werden. Aus der Eigenfrequenz und den Abmessungen von Nanoröhre und Cantilever, welche direkt im Rasterelektronenmikroskop bestimmt werden können, lassen sich nach Gleichung (2.18) die Federkonstanten k_1 und k_2 und

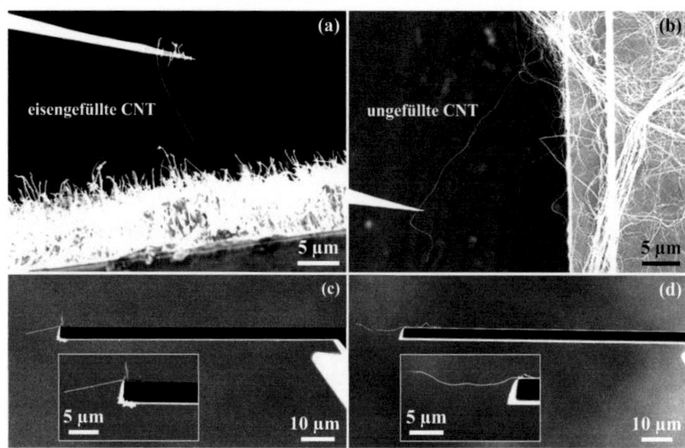

Abbildung 8.2: REM-Aufnahmen (a) einer eisengefüllten und (b) einer ungefüllten Kohlenstoffnanoröhre (CNT), die mit einer Wolframnadel aufgenommen werden. Hergestellte Sensoren (c) mit einer eisengefüllten und (d) mit einer ungefüllten CNT als Nanocantilever. Die Vergrößerungen zeigen jeweils das freie Cantileverende mit der Befestigung der Nanoröhre.

aus der Messung einer Resonanzkurve die Gütefaktoren Q_1 und Q_2 ermitteln. Weiterhin werden für alle in dieser Arbeit verwendeten Sensoren die jeweiligen Eigenfrequenzen der ersten Biegeschwingungsmoden aufeinander angepasst. Die Ordnung der Biegeschwingung ist dabei direkt im REM erkennbar. Andere Kombinationen, zum Beispiel die Nutzung der zweiten Biegeschwingung des Cantilevers mit der ersten der Nanoröhre, sind natürlich möglich (siehe zum Beispiel [10]), aber hier nicht von Interesse.

Zur Ermittlung der Eigenfrequenzen ω_1 und ω_2 von Cantilever und Nanoröhre muss das gekoppelte System zunächst entkoppelt werden, so dass tatsächlich die Einzelsysteme vermessen werden können. Dazu wird das System durch eine Wolframnadel verstimmt, welche entweder mit dem Cantilever oder der Nanoröhre in Kontakt gebracht wird, um das jeweilige Teilsystem festzuhalten und nur die Schwingung des nicht gehaltenen Teilsystems zu ermöglichen. Die Eigenfrequenz ω_1 des Cantilevers kann zudem am einfachsten vor dem Anbringen der Nanoröhre bestimmt werden.

Über einen Signalgenerator (Rigol DG1032Z [150]) wird eine sinusförmige Spannung an den Schwingungsprobenhalter angelegt und die Schwingung des Systems im Rasterelektroncnmi kroskop beobachtet. Zur Ermittlung der Eigenfrequenzen wird der Frequenzbereich durchfahren und die Frequenzen der Maximalamplituden der Cantilever- bzw. Nanoröhrenschwingung gesucht.

Für die Amplitude der Anregungsspannung wurde bedingt durch den Messaufbau in der Regel ein Wert von (1 ... 3) V gewählt. Dies hat sich als Erfahrungswert bewährt, jedoch muss trotzdem jederzeit die Schwingungsamplitude beobachtet und gegebenenfalls die Anregungsamplitude reduziert werden, um eine Zerstörung des Sensors durch zu große Amplituden, insbesondere an der Nanoröhre, zu vermeiden.

Um die Eigenfrequenzen möglichst genau zu ermitteln, wird eine Resonanzkurve derart vermessen, dass die Anregungsfrequenz schrittweise erhöht und zu jedem Wert ein REM-Bild aufgenommen wird. Anhand der Schwingungsamplituden in den Bildern wird eine Resonanzkurve ermittelt. Mit einem *Lorentz*-Fit der Quadrate der Amplitudenwerte können sowohl die Eigenfrequenz $\omega_{1,2}$ als auch die Bandbreite $B_{1,2}$ und damit der Gütefaktor $Q_{1,2}$ für beide Cantilever bestimmt werden [103], [151, S. 47ff], [152]. Die Bandbreite ist dabei als der Wert definiert, bei dem das Quadrat der Amplitude auf die Hälfte seines Maximalwertes abgefallen ist [151, S. 47ff]. Dabei sei an dieser Stelle darauf hingewiesen, dass diese Werte für die Gütefaktoren und demzufolge für die Dämpfung nur Richtwerte sind. Aus Zeitgründen kann in der Bearbeitungskammer des Rasterelektronenmikroskopes kein ausreichend gutes Vakuum erzeugt werden, bei dem die extrinsische Dämpfung verschwindet. Da die Dämpfungswerte in der Regel aber nur eine untergeordnete Rolle bei der Auswertung der Messungen spielen und zudem die Gütefaktoren jeweils aus den Amplitudenkurven einfach ermittelt werden können, ist dies nicht von Nachteil.

Aus der Eigenfrequenz $\omega_{1,2}$ und den Abmessungen des Systems können die Federkonstanten $k_{1,2}$ von Cantilever und Nanoröhre sowie deren effektive Massen $m_{eff,1,2}$ ermittelt werden. Letztere verändern sich allerdings durch die Frequenzanpassung, so dass diese erst bei der gewünschten Anpassung bestimmt werden.

Damit sind die wichtigsten Parameter für die Beschreibung des gekoppelten Systems als harmonischer Oszillator gegeben.

8.1.4 Frequenzanpassung

Die Anpassung der Eigenfrequenzen ω_1 und ω_2 der Einzelsysteme aufeinander wird ebenfalls mit dem Schwingungsprobenhalter durchgeführt, um währenddessen die Frequenzen überprüfen zu können. Die Anpassung erfolgt so, dass die Eigenfrequenz ω_2 der Nanoröhre an die des Cantilevers ω_1 angenähert wird. Erreicht wird dies durch Masseabscheidung entweder am freien Ende der Nanoröhre, wenn deren Eigenfrequenz oberhalb der des Cantilevers liegt, ansonsten durch Massendeposition am eingespannten Ende der Nanoröhre. Dabei kann die Masse punktförmig (im sogenannten *Spot-Modus*) oder flächig aufgebracht werden. Es hat sich als günstig erwiesen, eher eine flächige Abscheidung zu verwenden, da dies die Form der Nanoröhre weniger stark beeinflusst. Bei einer punktförmigen Abscheidung kann die Symmetrie der im Querschnitt annähernd runden Nanoröhre gestört werden. Dadurch entstehen zwei orthogonale Schwingungsrichtungen bei nahe beieinander liegenden Frequenzen [134]. Diese Richtungen können entweder so sein, dass die Schwingungen in der Betrachtungsebene des Elektronenstrahls kaum mehr zu sehen sind, oder dass die Amplituden für beide Schwingungen annähernd gleich sind. In diesem Fall ist nicht mehr unterscheidbar, welches die Eigenfrequenz der Nanoröhre ist, was die weitere Anpassung erschweren kann. Während der Anpassung kann die aktuelle Eigenfrequenz der Nanoröhre immer wieder bestimmt werden, während der Cantilever mit Hilfe der Wolframnadel festgehalten wird.

Bei Verwendung einer eisengefüllten Kohlenstoffnanoröhre als Nanocantilever wird die Masseabscheidung so lange durchgeführt, bis deren Eigenfrequenz ω_2 nahezu der des Cantilevers entspricht. Eine exakte Übereinstimmung ist dabei nur zufällig erreichbar, da die Masseabscheidung nicht präzise genug regelbar ist. Um die Vorteile des ko-resonanten Sensorkonzeptes zu nutzen, reicht, gemäß Abschnitt 7.3.2, aber eine Anpassung mit wenigen Prozent Abweichung zwischen den einzelnen Eigenfrequenzen aus.

Wird demgegenüber eine ungefüllte Nanoröhre als Nanocantilever verwendet, so muss die zusätzliche Masse der Probe, welche am freien Ende der Nanoröhre platziert wird, mit berücksichtigt werden. In diesem Fall wird zunächst die Probe in der Regel mit Hilfe einer Wolframnadel angebracht und mit amorphem Kohlenstoff fixiert und anschließend die Frequenzanpassung durchgeführt.

Zur Masseabscheidung wird das Gasinjektionssystem (GIS) mit Platin- und amorphem Kohlenstoff-Precursor verwendet, welches durch elektronenstrahlinduzierte Abscheidung die Massendeposition ermöglicht, wobei die Abscheidungsrate allerdings nur ungenau regelbar ist.

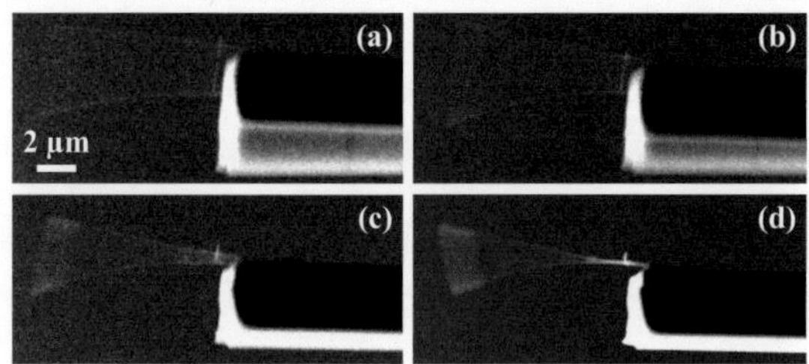

Abbildung 8.3: Verschiedene Stufen der Frequenzanpassung der Nanoröhre: (a) 91 %, (b) 36 %, (c) 11 % und (d) 0,03 % Abweichung zwischen den Eigenfrequenzen der Einzelsysteme. Die Anregung erfolgt jeweils bei der Eigenfrequenz ω_1 des Cantilevers.

Eine Schwierigkeit bei der Frequenzanpassung besteht in der hohen Empfindlichkeit der Nanoröhre gegenüber Massendeposition. So kommt es dazu, dass allein durch das Abrastern der Nanoröhre mit dem Elektronenstrahl, um beispielsweise Bilder für eine Resonanzkurve aufzunehmen, die Eigenfrequenz ω_2 der Nanoröhre wieder verschoben wird. Dies liegt daran, dass in der Bearbeitungskammer immer eine kleine Menge an Restgasmolekülen vorhanden ist (insbesondere nach Verwendung des Gasinjektionssystems), welche durch den Kontakt mit dem Elektronenstrahl in amorphen Kohlenstoff umgewandelt werden, der eine Schicht auf den betrachteten Oberflächen bildet [103, S.120]. Aus diesem Grund sollte ein Sensor mit angepassten Eigenfrequenzen, und insbesondere der Nanocantilever, möglichst nicht mehr mit dem Elektronenstrahl abgerastert werden. Deshalb werden für die angeglichenen Sensoren keine Resonanzkurven mehr ermittelt, die eine Reihe von REM-Bildern erfordern, sondern lediglich die beiden

Resonanzfrequenzen ω_a und ω_b des gekoppelten Systems aus der Maximalamplitude bestimmt. Eine genauere Bestimmung der Resonanzfrequenzen ist an dieser Stelle nicht notwendig, da der Sensor im nächsten Schritt aus dem Rasterelektronenmikroskop aus- und in das Magnetkraftmikroskop eingebaut wird, in dem die Magnetometrie-Messungen durchgeführt werden.

Während des Wechsels zwischen den Geräten befindet sich der Sensor an Luft. Diese Exposition hat zur Folge, dass sich die Eigenfrequenz ω_2 der Nanoröhre und damit die Resonanzfrequenzen $\omega_{a,b}$ des gekoppelten Systems noch einmal verschieben. Die zu Grunde liegenden Mechanismen sind bisher nicht genau bekannt und wurden in dieser Arbeit nicht weiter untersucht. Allerdings kann festgestellt werden, dass sich die Eigenfrequenz ω_2 der Nanoröhre in jedem Fall verringert. Daraus kann geschlossen werden, dass bei der Abscheidung der Schicht aus Platin und/oder amorphem Kohlenstoff freie Bindungen verbleiben, die beim Kontakt mit Luft mit deren Bestandteilen besetzt werden und es ebenfalls zu einer Eindiffusion von Umgebungsmolekülen in die amorphe Schicht kommt. Dies kann die Massenzunahme und die damit verbundene Verringerung der Eigenfrequenz der Nanoröhre erklären. Dieser Prozess führt zu einer relativ starken Massenzunahme in den ersten Minuten nach dem Luftkontakt, so dass sich die Frequenz der Nanoröhre um einige hundert Hertz bis zu mehreren Kilohertz verschieben kann. Jedoch wird beobachtet, dass sich die Eigenfrequenz ω_2 der Nanoröhre auch über einen Zeitraum von mehreren Wochen langsam immer weiter verringert, was weitere Diffusions- und Oxidationsprozesse im amorphen Material nahe legt. Dieses Verhalten kann jedoch durch Aufbewahrung der Sensoren unter Vakuum verhindert bzw. stark verringert werden, so dass kaum eine Frequenzdrift auftritt. Lediglich die initiale Verringerung der Eigenfrequenz kann auf Grund des Gerätewechsels nicht vermieden werden. Sie kann jedoch bei der Frequenzanpassung dahingehend berücksichtigt werden, dass die Eigenfrequenz ω_2 der Nanoröhre auf einen Wert etwas oberhalb der Eigenfrequenz ω_1 des Cantilevers angepasst wird.

Die beschriebene Veränderung der Eigenfrequenz der Nanoröhre stellt die einfachste Möglichkeit dar, da lediglich an bestimmten Stellen Masse abgeschieden werden muss. Andererseits besteht auch die Möglichkeit, den Cantilever gezielt mit dem Ionenstrahl zurecht zu schneiden. Dies wäre jedoch aufwendiger und erforderte eine vorausgehende möglichst genaue Berechnung, an welcher Stelle wie viel Material entfernt werden muss. Eine Abscheidung von Masse auf dem Cantilever, zur Verschiebung von dessen Eigenfrequenz, ist mit den gegebenen experimentellen Mitteln nicht realisierbar, da nur kleine Massen abgeschieden werden können, welche gegenüber der großen Cantilevermasse keine Wirkung hätten. So bleibt nur die Möglichkeit, den Cantilever entweder am freien oder am eingespannten Ende so zurecht zu schneiden, dass die gewünschte Frequenzanpassung erreicht wird.

8.1.5 Gekoppeltes System aus Silizium

Die beschriebene Sensorgeometrie aus Siliziumcantilever und Kohlenstoffnanoröhre stellt nur eine mögliche Repräsentation eines ko-resonant gekoppelten Systems dar. Im Hinblick auf eine industrielle Herstellung könnte es ebenfalls von Interesse sein, den Sensor komplett in Silizium zu fertigen und durch Ätzprozesse gezielt eine zweigeteilte Struktur zu erzeugen. Die dafür notwendigen Techniken und Geräte standen jedoch für diese Arbeit nicht zur Verfügung. Es wurden aber einige Versuche unternommen, einen kommerziell erhältlichen Siliziumcantilever mit der Methode der Ionenstrahlbearbeitung so zurecht zu schneiden, dass eine ko-resonante Struktur entstand. Dazu wurden Siliziumcantilever mit einer Länge von 450 µm, trapezförmigem Querschnitt mit einer Dicke von 2 µm und einer Federkonstante von 0,2 N/m verwendet (TL-CONT, *Nanosensors* [153]). Diese Cantilever wurden auf Grund ihrer geringen Federkonstante ausgewählt, um eine möglichst kleine effektive Federkonstante des gekoppelten Systems zu erreichen.

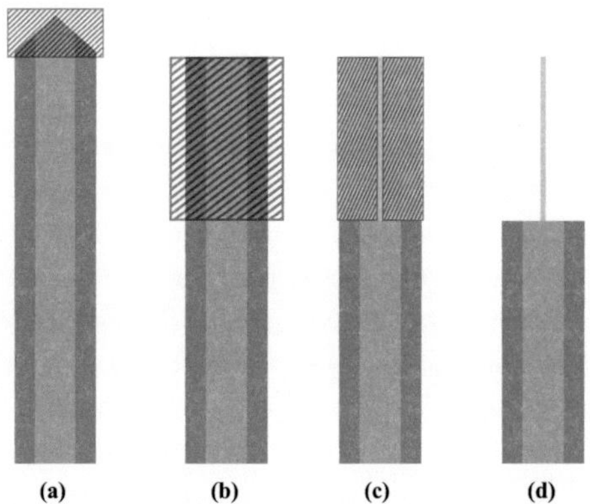

Abbildung 8.4: Herstellung eines gekoppelten Systems in Silizium: (a) Entfernen der dreieckigen Spitze, (b) flächiges Abdünnen des vorderen Bereiches, (c) Breite des abgedünnten Bereiches verringern, (d) Ergebnis.

Die Herstellungsschritte sind schematisch in Abbildung 8.4 dargestellt und wurden mit dem Gerät *Helios NanoLab 600i* von FEI durchgeführt. Zunächst wurde die dreieckige Spitze des Cantilevers mit Hilfe eines hohen Ionenstromes entfernt und gleichzeitig die gewünschte Gesamtlänge des Sensors eingestellt. Anschließend wurde ein Bereich einer bestimmten Länge am freien Ende des Cantilevers flächig dem Ionenbeschuss mit geringerem Strom ausgesetzt, um so die Dicke zu verringern. Nach dem flächigen Abdünnen des Siliziums wurde noch die Breite dieses Bereiches auf etwa 1 µm verringert. Dabei trat jedoch das Problem auf, dass das Silizium so dünn war, dass es sich bei diesem Schneiden zum Ionenstrahl hin verbog oder aufrollte, wie Abbildung 8.5 zeigt. Der Grund dafür ist, dass die auftreffenden Ionen mechanische Spannungen im Silizium erzeugen, welche zum Verbiegen des Materials führen, wenn es ausreichend dünn ist [154]. Um dieses Verhalten zu verhindern bzw. zumindest abzuschwächen, wurde in einem weiteren Versuch zuerst die Breite des Cantilevers verringert und anschließend flächig abgedünnt. Der Cantilever wurde dabei zunächst im vorderen Bereich auf eine Breite von etwa 1 µm geschnitten. Anschließend wurde er auf einen 45°-Probenhalter umgeklebt, so dass er sich nach Kippen des Probenhalters im Gerät in der Seitenansicht im Ionenstrahl befand. Nun konnte mit sehr geringen Strahlströmen der schmaler geschnittene Teil weiter abgedünnt werden. Dieser Schnitt erfordert jedoch bei einer angestrebten Dicke von (500 ... 700) nm eine sehr gute Fokussierung des Ionenstrahls. Tatsächlich zeigt sich hier, dass die Verbiegung des Cantilevers geringer ist, als bei umgekehrter Reihenfolge der Bearbeitungsschritte. Allerdings konnte die genannte Zieldicke nicht erreicht werden, sondern sie betrug ungefähr 1 µm. In Abbildung 8.6 ist ein so erzeugter Cantilever dargestellt. Bei der Bestimmung der Sensoreigenschaften zeigte sich, dass die Federkonstante des kleineren Cantilevers immer noch um mindestens drei Größenordnungen größer war, als die von einem vergleichbaren Sensor mit einer Kohlenstoffnanoröhre als Nanocantilever. Dementsprechend ist ein solcher, nur aus Silizium hergestellter Sensor wesentlich weniger sensitiv, so dass dieser Ansatz nicht weiter verfolgt wurde.

Wie Beispiele aus der Literatur zeigen, gibt es jedoch Möglichkeiten, sehr dünne Cantileverstrukturen auf Siliziumbasis mit Methoden der Mikrostrukturierung herzustellen, indem Siliziumnitrid [73], [155] oder speziell behandeltes einkristallines Silizium [156] verwendet wird. Die für diese Herstellungsverfahren notwendigen Technologien standen jedoch für die vorliegende Arbeit nicht zur Verfügung.

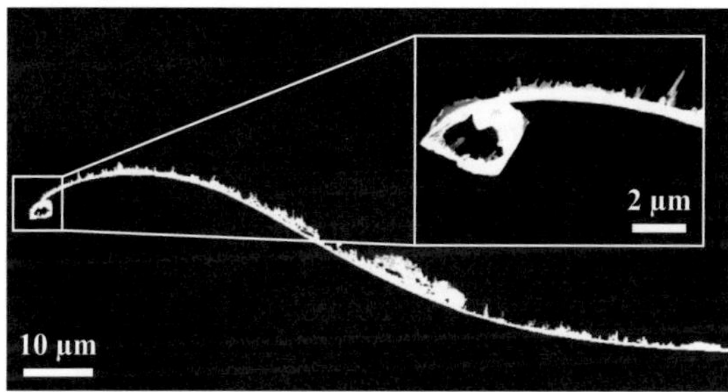

Abbildung 8.5: Durch Bearbeitung im Ionenstrahl verbogenes und teilweise sogar aufgerolltes Silizium (Seitenansicht).

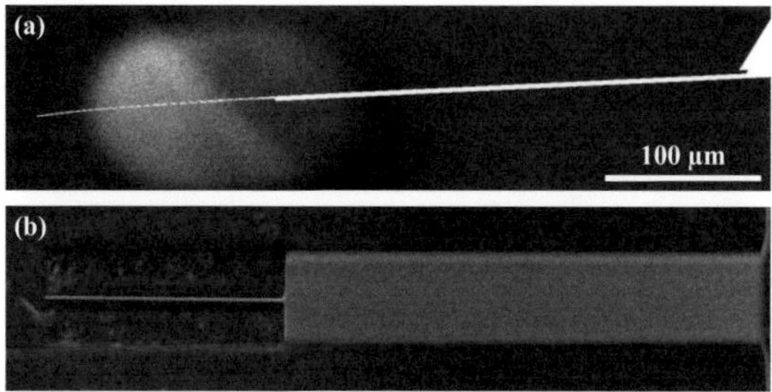

Abbildung 8.6: Aus einem Siliziumcantilever mit Ionenstrahlbearbeitung hergestelltes gekoppeltes System, (a) Seitenansicht, (b) Draufsicht.

8.2 Messaufbau für Cantilever-Magnetometrie

Für die Magnetometrie-Messungen wurde ein Magnetkraftmikroskop *hr-MFM* (*NanoScan AG*) verwendet, welches bei Raumtemperatur und mit Hochvakuum arbeitet. Dieses Gerät bietet die Möglichkeit einer Anregung des gekoppelten Sensors über einen Piezoaktuator und das Auslesen der Schwingung am Cantilever mittels Laser-Deflektometrie und einer sektionierten Photodiode. Weiterhin kann die Position des Sensors von außen über eine CCD-Kamera betrachtet werden. Für die Magnetometrie-Experimente sind nur die Resonanzfrequenzen des Sensors von Interesse, so dass von den vielfältigen Möglichkeiten des Magnetkraftmikroskopes nur der *Frequency Sweep*, d.h. die Aufnahme einer Resonanzkurve durch Abfahren eines vom Nutzer festgelegten Frequenzbereiches mit ebenfalls einzustellender Frequenzschrittweite und Haltezeit bei jedem Frequenzwert, genutzt wird. Während des Frequenzdurchlaufes wird die Wechselspannung am Piezoaktuator auf einer konstanten Amplitude gehalten, welche für ein geeignetes Signal-zu-Rausch-Verhältnis (SNR) eingestellt wird. Das SNR ergibt sich dabei aus dem Verhältnis von Resonanzamplitude und Rauschamplitude, wobei letztere weit entfernt von den Resonanzfrequenzen des Systems bestimmt wurde.

8.2.1 Messpositionen für Magnetometrie-Messung

Für die Magnetometrie-Experimente wird ein externes Magnetfeld benötigt, welches parallel zur langen Achse des Sensors verläuft. Da eine solche Feldoption im genutzten Gerät *hr-MFM* (*NanoScan AG*) nicht zur Verfügung steht, wurde eine Anordnung aus zwei NdFeB-Permanentmagneten aufgebaut, mit der ein möglichst homogenes Magnetfeld mit verschiedenen Orientierungen erreicht werden konnte. Die dafür verwendeten Magnete sind zylinderförmig mit einem Durchmesser und einer Länge von jeweils 2 mm [157] und wurden mit Hilfe von Leitsilber auf dem Probenteller des Magnetkraftmikroskopes befestigt. Bedingt durch den Aufbau des Gerätes kann der Halter mit dem Sensor nur in z-Richtung bewegt werden, während der Probenteller in x-Richtung verfahren und um den Winkel φ rotiert werden kann. An gegenüberliegenden Stellen auf dem Probenteller werden zwei gleiche Magnete angebracht, die so orientiert sind, dass ihre Magnetisierung in dieselbe Richtung zeigt. Der Grund für die Verwendung von zwei Magneten liegt im Aufbau der Probenkammer und dem begrenzten Bewegungsspielraum von Probenteller und Sensorhalter. Dadurch ist es nicht möglich, den Sensor auf beiden Seiten eines einzelnen Magneten zu platzieren. Deshalb werden zwei gleichartige Magnete in der beschriebenen Anordnung verwendet und jeweils die mit (1) und (2) gekennzeichneten Messpositionen in Abbildung 8.7a auf dem äußeren Rand des Probentellers angefahren, indem der Probenteller einfach rotiert und die Position des Sensors dabei nicht verändert wird. Dies hat des weiteren den Vorteil, dass die Messbedingungen immer gleich sind, da der Laser nur einmal auf den Cantilever eingestellt werden muss und anschließend während der gesamten Messung die Einstellung des Detektionssystems unverändert bleibt.

Zwischen den beiden Positionen im Magnetfeld gibt es noch eine Position bei einem Drehwinkel des Probentellers von 90°, an der eine annähernd feldfreie Messung durchgeführt werden kann (Position (3) in Abbildung 8.7a). An dieser Stelle sei noch darauf verwiesen, dass Nord- und Südpol der Magnete nicht bestimmt wurden, so dass die eingezeichneten Magnetisierungen Annahmen sind. Sichergestellt wurde aber, dass die Magnete beide in die gleiche Richtung orientiert aufgeklebt sind, so dass mit beiden Orientierungen des Magnetfeldes gemessen werden konnte.

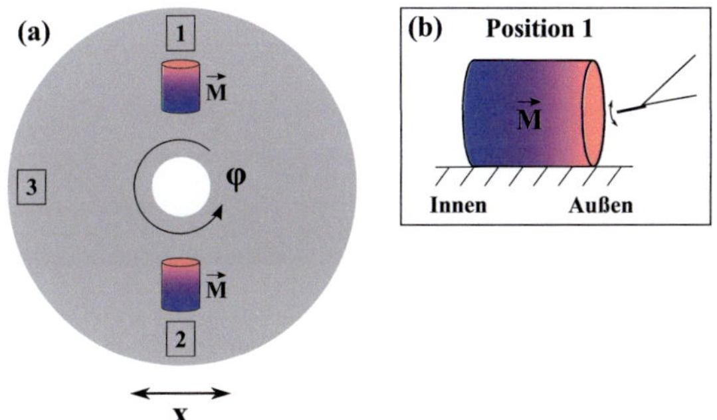

Abbildung 8.7: Messaufbau für die Cantilever-Magnetometrie, (a) Draufsicht auf den Probenteller mit eingezeichneten Messpositionen (1) bis (3). (b) Beispielhafte Sensorposition an Messposition (1).

8.2.2 Magnetfeldbestimmung

Um den Verlauf des Magnetfeldes in Abhängigkeit vom Abstand zum Magneten zu bestimmen, wird eine zweidimensionale Finite-Elemente-Simulation mit der Software FEMM [158] durchgeführt. Dieses Programm ermöglicht es, aus der Geometrie und den magnetischen Eigenschaften, welche aus dem Datenblatt der Magnete [157] entnommen werden können, das Magnetfeld zu simulieren. Da die Magnete rotationssymmetrisch sind, ist eine zweidimensionale Simulation der Feldverteilung entlang eines Querschnittes durch den Magneten ausreichend und liefert den in Abbildung 8.8b gezeigten Verlauf des Magnetfeldes. Dabei wurde die z-Position für die Berechnung entsprechend der verwendeten Sensorposition in den Experimenten gewählt.

Die so ermittelten Werte für das Magnetfeld müssen für eine quantitative Auswertung experimenteller Daten in Beziehung zum tatsächlichen Abstand zwischen Magnet und Sensor gesetzt werden. Die Software des Magnetkraftmikroskopes zeigt die Position des Probentellers mit einer Genauigkeit von 100 Nanometern an. Da die Magnete an einer beliebigen Stelle auf dem Probenteller aufgeklebt sind, muss für einen angezeigten Positionswert der tatsächliche Abstand zwischen Magnet und freiem Ende des Sensors ermittelt werden. Dazu wird im Bild der CCD-Kamera der Abstand zwischen Magnet und Sensor ausgemessen und damit ein Bezugswert

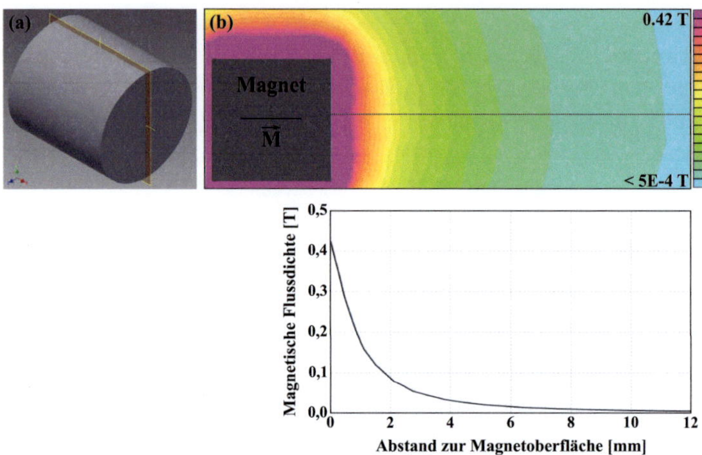

Abbildung 8.8: (a) Darstellung der Ebene des Magneten, für die eine zweidimensionale finite Elemente Simulation zur Bestimmung des Magnetfeldes durchgeführt wurde und (b) Magnetfeld in Abhängigkeit vom Abstand vom Magneten; Berechnung entlang der schwarzen Linie, welche die Höhe des Sensors im Experiment angibt.

bestimmt. Mit dieser Kalibrierung lassen sich für alle weiteren Messungen eines Experimentes aus den angezeigten Positionsdaten die Magnetfeldwerte ableiten. Die Kalibrierung muss in einem Experiment für jeden der beiden Magnete allerdings mindestens einmal durchgeführt werden.

Bei dieser Kalibrierung entsteht eine Messunsicherheit für die Bestimmung des Magnetfeldwertes, da das Bild der CCD-Kamera nur eine begrenzte Auflösung und Vergrößerung bietet, so dass lediglich der Cantilever erkennbar ist (Abbildung 8.9). Da nur der Abstand zwischen freiem Cantileverende und Magnet ausgemessen werden kann, beträgt die Messunsicherheit demzufolge mindestens die Länge der Nanoröhre. Der Wert für das Magnetfeld wird bei diesem Vorgehen unterschätzt, aber die Messunsicherheit beträgt auf Grund der vergleichsweise großen Abklinglänge auch für eine sehr lange Nanoröhre von 30 µm Länge lediglich 2 %. Zusammen mit den Messunsicherheiten für die z-Position des Sensors und der Unsicherheit, welche sich auf Grund der Simulation des Magnetfeldes ergibt, wird für die in dieser Arbeit verwendeten Magnetfeldwerte eine Unsicherheit von maximal 5 % angenommen, was einer Unsicherheit von ± 20 mT entspricht.

Weiterhin gibt es im Gerät keine Abschirmung gegen äußere Magnetfelder, so dass zumindest stets das Erdmagnetfeld wirkt, welches jedoch im Bereich einiger Mikrotesla liegt [159, S. 92] und damit vernachlässigbar klein gegenüber den experimentell verwendeten Magnetfeldern ist. Des Weiteren erzeugt es einen für alle Messungen gleichen, konstanten Offset. Stärkere Magnetfeldquellen befanden sich nicht in der Nähe des Magnetkraftmikroskopes.

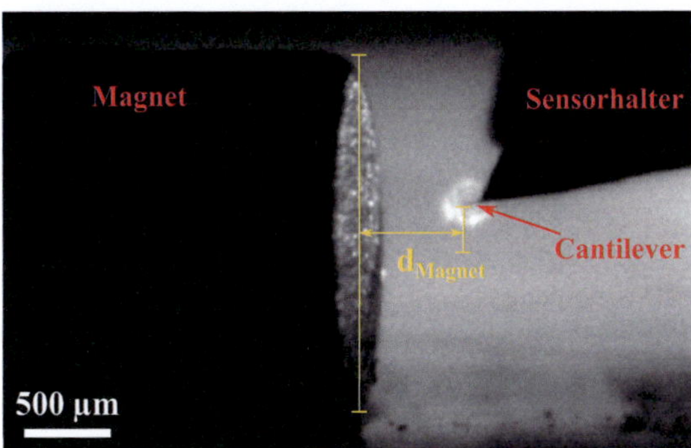

Abbildung 8.9: Beispiel für ein CCD-Kamerabild von Magnet und Sensor, welches zur Abstandsbestimmung verwendet wird. Der Abstand wird dabei anhand der eingetragenen gelben Linien bestimmt.

Für die Magnetometrie-Messung wird das Magnetfeld, welches auf den Sensor einwirkt, schrittweise durch Bewegen des Probentellers und der darauf befestigten Magnete verändert, so dass mit verschiedenen Magnetfeldstärken und Orientierungen gemessen werden kann.

8.2.3 Einfluss der Sensorgeometrie

Wie Abbildung 8.9 zeigt, befindet sich der Sensor auf einem Probenhalter und wird von oben in die Probenkammer des MFM hinein bewegt. Dabei ist der Sensor auf dem Probenhalter stets um 10° geneigt. Dies soll für die Magnetkraftmikroskopie, in der dieses Gerät normalerweise eingesetzt wird, sicher stellen, dass stets das freie Ende des Cantilevers der tiefste Punkt ist. Hinzu kommt, dass es bei der Sensorherstellung nicht immer gelingt, die Nanoröhre hinreichend genau entlang der langen Achse des Cantilevers anzubringen, so dass an dieser Stelle bereits ein Neigungswinkel zwischen den beiden Elementen besteht (Abbildung 8.10a). Optimalerweise ist dieser Winkel so orientiert, dass er die 10° Neigungswinkel des Magnetkraftmikroskopes ausgleicht, ansonsten muss er entsprechend berücksichtigt werden. In jedem Fall muss der Winkel zwischen äußerem Magnetfeld und Probe sowie zwischen der Achse des Nanocantilevers und dem Feld bestimmt werden (Abbildung 8.10b). Bei eisengefüllten Kohlenstoffnanoröhren ist die Magnetisierung auf Grund der starken Formanisotropie in der Regel entlang der Achse der Nanoröhre gerichtet und der Winkel zwischen Magnetisierung und äußerem Magnetfeld beeinflusst zum Beispiel die magnetische Schaltfeldstärke. Der Winkel zwischen den langen Achsen von Nanoröhre und Cantilever kann aus REM-Bildern ermittelt werden, der Neigungswinkel des Probenhalters ist aus der Geräteeinstellung bekannt.

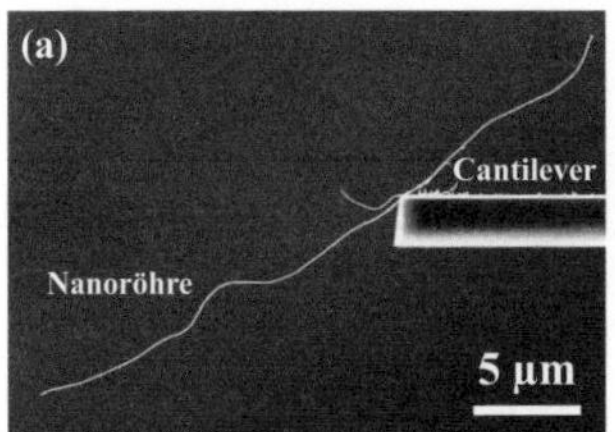
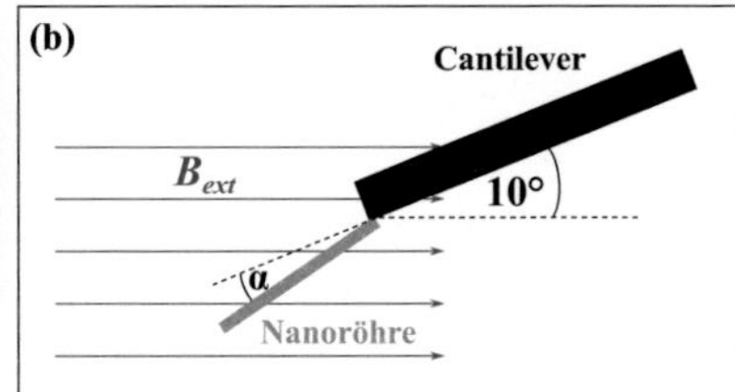

Abbildung 8.10: (a) Beispiel eines gekoppelten Systems mit besonders großem herstellungsbedingtem Winkeleinfluss durch ungenaue Ausrichtung der Nanoröhre zur langen Achse des Cantilevers. (b) Veranschaulichung des Winkeleinflusses im äußeren Magnetfeld B_{ext} für die Anordnung im Magnetkraftmikroskop.

8.3 Magnetometrie-Messung einer eisengefüllten Kohlenstoffnanoröhre

Es wurden drei ko-resonant gekoppelte Sensoren mit eisengefüllten Kohlenstoffnanoröhren hergestellt und mit dem in Abschnitt 8.2 besprochenen Aufbau vermessen. Im folgenden Abschnitt werden die Messdaten für einen Sensor (M7) im Detail vorgestellt, während für die beiden anderen Sensoren (M11, M14) nur die wichtigsten Kennwerte zu Vergleichszwecken tabellarisch zusammengefasst sind.

8.3.1 Sensoreigenschaften

Abbildung 8.11 zeigt den vollständigen Sensor aus Siliziumcantilever und eisengefüllter Kohlenstoffnanoröhre. Daraus wurden die in Tabelle 8.1 angegebenen Daten ermittelt. Weiterhin kann für die eisengefüllte Kohlenstoffnanoröhre aus den Volumina und Dichten für Eisenfüllung (V_{Fe}, ρ_{Fe}) und Kohlenstoffhülle (V_{carb}, ρ_{carb}) eine mittlere Dichte ρ_{FeCnt} berechnet werden [103]:

$$\rho_{FeCnt} = (\rho_{Fe}V_{Fe} + \rho_{carb}V_{carb})/(V_{Fe} + V_{carb}) \quad . \tag{8.1}$$

Für die Dichten werden die Werte aus Tabelle 6.1 verwendet.

Neben den geometrischen Daten wurden außerdem in Schwingungsexperimenten die Eigenfrequenzen ω_1 und ω_2 von Cantilever und FeCNT ermittelt sowie Resonanzkurven zur Abschätzung der Gütefaktoren $Q_{1,2}$ und damit der Dämpfungen $d_{1,2}$ aufgenommen. Die erste Biegeschwingungsmode für die Eigenschwingung von Cantilever und Nanoröhre ist in Abbildung 8.12 dargestellt und die ermittelten Werte für die Eigenfrequenzen sind in Tabelle 8.2 angegeben. Die Eigenfrequenzen ω_1 und ω_2 beider Systeme unterscheiden sich um etwa 200 kHz, so dass bereits eine geringe ko-resonante Verstärkung der Schwingungsamplitude der Nanoröhre bei der Eigenfrequenz des Nanocantilevers in Abbildung 8.12a zu erkennen ist. Die Federkonstanten k_1 und

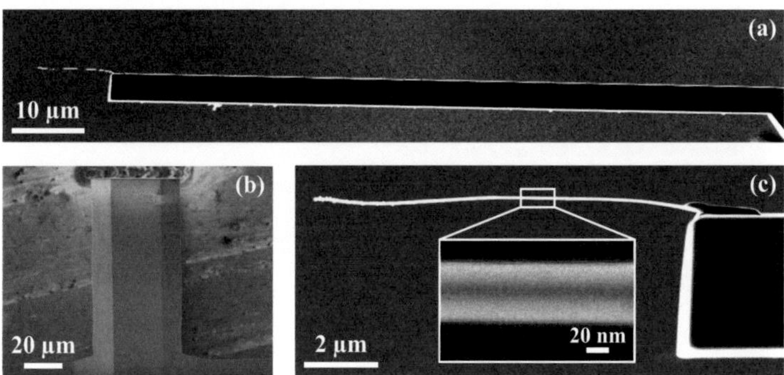

Abbildung 8.11: REM-Aufnahmen des Sensors M7: (a) Queransicht, (b) Draufsicht auf den Cantilever zur Bestimmung der Abmessungen des Trapezquerschnittes, (c) Nahaufnahme der Kohlenstoffnanoröhre mit vergrößerter Darstellung eines Ausschnitts, welcher die Eisenfüllung zeigt.

Tabelle 8.1: Geometriedaten für den Sensor M7 aus Siliziumcantilever und eisengefüllter Kohlenstoffnanoröhre (Abbildung 8.11).

Cantilever		FeCNT	
Länge	$(91,2 \pm 2,7)$ µm	Länge	$(10,3 \pm 0,3)$ µm
Breite a_1	$(26 \pm 0,8)$ µm	Außendurchmesser	(86 ± 6) nm
Breite a_2	$(46,3 \pm 1,4)$ µm	Durchmesser Fe-Draht	(24 ± 6) nm
Höhe	$(3,7 \pm 0,1)$ µm		
Trapezfläche	$(1,34 \pm 0,04) \cdot 10^{-10}$ m^2	Kreisfläche	$(5,9 \pm 0,8) \cdot 10^{-15}$ m^2
Volumen	$(1,22 \pm 0,07) \cdot 10^{-14}$ m^3	Volumen gesamt	$(6 \pm 1) \cdot 10^{-20}$ m^3
		Volumen Fe-Draht	$(4,7 \pm 2,5) \cdot 10^{-21}$ m^3
		Volumen C-Hülle	$(5,56 \pm 1,2) \cdot 10^{-20}$ m^3
Dichte Silizium	2330 kg/m^3 [160]	gemittelte Dichte	(2640 ± 1220) kg/m^3

k_2 für beide Einzelsysteme werden mit Gleichung (2.18) aus den Geometriedaten, den Dichtewerten sowie den gemessenen Eigenfrequenzen ermittelt. Darüber hinaus wird mit Hilfe eines *Lorentz*fits für die Amplitudenquadrate an die aus REM-Bildern ermittelten Resonanzkurven der Gütefaktor bestimmt (Abbildung 8.13).

Nachdem die Eigenfrequenzen ω_1 und ω_2 beider Einzelsysteme bestimmt sind, wird die Eigenfrequenz ω_2 der FeCNT durch Abscheidung von Platin und amorphem Kohlenstoff am freien Ende der Nanoröhre soweit verringert, bis sie nahe bei der Eigenfrequenz ω_1 des Cantilevers liegt. Auf Grund der vergleichsweise geringen Differenz der Einzelfrequenzen ist nur wenig Zusatzmasse erforderlich, um die Eigenfrequenzen anzupassen. Es wird für die weiteren Betrachtungen die Annahme getroffen, dass die Federkonstante k_2 der Nanoröhre durch die Masseabscheidung nicht beeinflusst wird, so dass die effektive Masse $m_{eff,1,2}$ aus der Eigenfrequenz $\omega_{1,2}$ und der Federkonstante $k_{1,2}$ gemäß Gleichung (2.20) für beide Komponenten des gekoppelten Systems

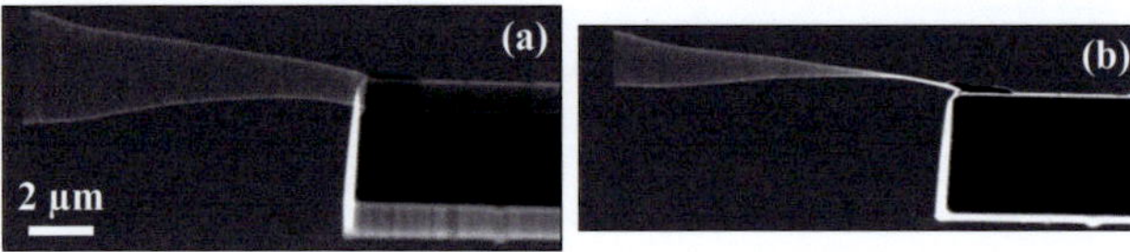

Abbildung 8.12: Erste Biegeschwingung bei (a) der Eigenfrequenz des Cantilevers und (b) bei Eigenfrequenz der Nanoröhre.

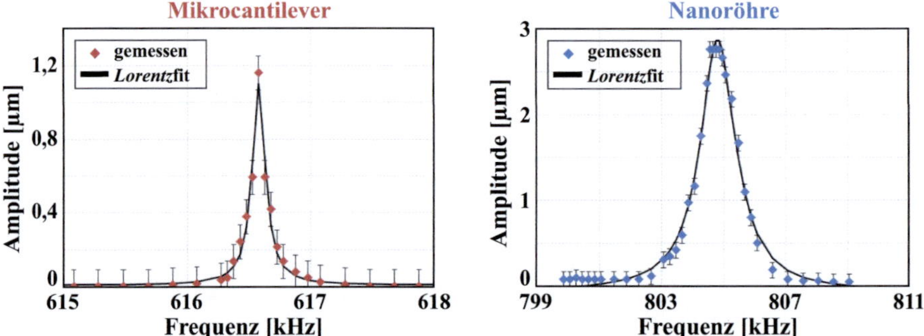

Abbildung 8.13: Aus REM-Bildern gemessene Resonanzkurven (a) für Cantilever und (b) Nanoröhre sowie *Lorentz*fits der Amplitudenquadrate.

berechnet werden kann. Die Gültigkeit der *Euler-Bernoulli*-Balkentheorie wird dabei auch für die Nanoröhre vorausgesetzt (vgl. Kapitel 6).

Die Dämpfung $d_{1,2}$ lässt sich damit für beide Einzelsysteme nach Gleichung (2.33) berechnen. Alle Werte für das gekoppelte System vor und nach der Frequenzanpassung sind in Tabelle 8.2 zusammengefasst. Entsprechend den Analogien aus Abschnitt 2.3 sind zudem die Parameter für das elektrische Schaltungsmodell des gekoppelten Systems angegeben.

Für die geometrischen Abmessungen im Mikrometerbereich wurde eine Messunsicherheit von 3 % zu Grunde gelegt, welche sowohl die Messungenauigkeit des Rasterelektronenmikroskops als auch mögliche Verkippungen berücksichtigt, die dazu führen, dass die Probe unter einem bestimmten Winkel betrachtet wird [16]. Für kleinere Abmessungen im Nanometerbereich gilt die in Abschnitt 5.2.3 angegebene minimale Auflösung, wobei noch ein Pixelfehler hinzukommt. Die angegebenen Eigenfrequenzen wurden mit einem Signalgenerator ermittelt, dessen Werte bis auf 1 µHz [150] genau eingegeben werden können. Jedoch wurde die Frequenz nur mit einer Auflösung von 1 Hz bestimmt, so dass dieser Wert als Messunsicherheit angenommen wird. Alle weiteren Messunsicherheiten wurden nach dem Messunsicherheitsfortpflanzungsgesetz bestimmt. Für die Gütefaktoren und die Dämpfung ist die Angabe einer Messunsicherheit nicht zweckmäßig, da diese nur eine Momentaufnahme des Zustandes des Cantilevers in der Messapparatur darstellen und im Laufe dieser Arbeit nicht weiter betrachtet werden.

Nach der Anpassung der Eigenfrequenzen ω_1 und ω_2 wurden die Resonanzfrequenzen ω_a und ω_b

Tabelle 8.2: Schwingungsdaten und Bauelementwerte für das elektrische Ersatzschaltbild von Abbildung 7.7 für den Sensor M7 aus Siliziumcantilever und eisengefüllter Kohlenstoffnanoröhre.

Größe	Cantilever	FeCNT
Eigenfrequenz f (unangepasst)	(616581 ± 1) Hz	(804809 ± 1) Hz
Federkonstante k	$(103,5 \pm 6,3)$ N/m	$(0,001 \pm 0,0006)$ N/m
Gütefaktor Q	4775	602
Eigenfrequenz f (angepasst)	(616581 ± 1) Hz	(616545 ± 10) Hz
Effektive Masse m_{eff}	$(6,9 \pm 0,4) \cdot 10^{-12}$ kg	$(6,5 \pm 4) \cdot 10^{-17}$ kg
Dämpfung d	$5,6 \cdot 10^{-9}$ kg/s	$(4,2 \cdot 10^{-13}$ kg/s
Schaltungskenngrößen		
Widerstand R	$1,7866 \cdot 10^{8}$ Ω	$2,1556 \cdot 10^{12}$ Ω
Induktivität L	0,009658 H	1013,3961 H
Kapazität C	$6,8989 \cdot 10^{-12}$ F	$6,5755 \cdot 10^{-17}$ F

des gekoppelten Systems stichprobenartig untersucht, um die Verschiebung der Eigenfrequenz ω_2 der Nanoröhre durch Exposition im Elektronenstrahl möglichst gering zu halten.

Eine unvermeidbare Verringerung der Eigenfrequenz ω_2 tritt jedoch beim Wechsel des Gerätes vom Elektronenmikroskop zum Magnetkraftmikroskop auf. Dies führt zu den in Tabelle 8.3 gezeigten veränderten Frequenzwerten, wobei sich der Sensor vor der Messung im Magnetkraftmikroskop für 30 Minuten an Luft befand. Der Grund für die lange Luftexposition ist, dass der Transfer zwischen den Geräten ein Umkleben des Sensors mit Leitsilber erfordert und dieses zunächst trocknen muss.

Da es im Magnetkraftmikroskop, in welchem die Magnetometrie-Messung durchgeführt wird, nicht mehr möglich ist, das System durch Festhalten des Cantilevers so zu verstimmen, dass die Eigenfrequenz ω_2 der Nanoröhre gemessen werden könnte, wird diese mit Hilfe der Betrachtungen aus Abschnitt 7.3.2c abgeschätzt. Für den Cantilever wird basierend auf der Diskussion in Abschnitt 8.1.4 von einer unveränderten Eigenfrequenz ω_1 ausgegangen.

Die Frequenzwerte in Tabelle 8.3 zeigen die deutliche Verschiebung der Eigenfrequenz ω_2 der Nanoröhre durch die Luftexposition und die starken Auswirkungen auf das Verhalten des gekoppelten Systems. Daraus lässt sich schließen, dass das ko-resonant gekoppelte System ebenfalls als Massesensor einsetzbar sein sollte, was aber nicht weiter untersucht wurde.

An dieser Stelle sei darauf hingewiesen, dass für die Kennwerte in Tabelle 8.2 bereits die Eigenfrequenz ω_2 der Nanoröhre nach dem Gerätewechsel eingetragen ist und alle anderen Werte basierend darauf berechnet wurden, da mit diesem Grad der Frequenzanpassung die Magnetometrie-Messungen durchgeführt wurden.

Aus den in Tabelle 8.2 gegebenen Bauelementwerten für das Schaltungsmodell des Sensors und mit Verwendung der nach der Luftexposition neu abgeschätzten Eigenfrequenz ω_2 der Nanoröhre können die effektiven Sensorparameter für beide Resonanzpeaks an Hand der Betrachtungen

Tabelle 8.3: Eigenfrequenzen der beiden Einzelsysteme und Resonanzfrequenzen des gekoppelten Systems direkt nach der Frequenzanpassung im Rasterelektronenmikroskop (REM) und im Magnetkraftmikroskop (MFM) nach Lagerung an Luft.

Frequenzen	REM (neu angepasst)	MFM (30 Minuten an Luft)
$f_1 = \omega_1/(2\pi)$	(616581 ± 1) Hz	(616581 ± 1) Hz
$f_2 = \omega_2/(2\pi)$	(619633 ± 1) Hz	(616545 ± 10) Hz
$f_a = \omega_a/(2\pi)$	(616134 ± 1) Hz	(615422 ± 18) Hz
$f_b = \omega_b/(2\pi)$	(621269 ± 1) Hz	(618492 ± 9) Hz

Tabelle 8.4: Effektive Sensorparameter des äquivalenten Modells für beide Resonanzpeaks ω_a und ω_b des gekoppelten Sensors M7.

Parameter	Linker Peak - ω_a	Rechter Peak - ω_b
Federkonstante k_{eff}	$(0,002 \pm 0,0005)$ N/m	$(0,0017 \pm 0,0004)$ N/m
Masse m_{eff}	$1,3193 \cdot 10^{-16}$ kg	$1,1109 \cdot 10^{-16}$ kg
Gütefaktor Q_{eff}	962	993
Dämpfung d_{eff}	$5,3 \cdot 10^{-13}$ kg/s	$4,3 \cdot 10^{-13}$ kg/s

aus Abschnitt 7.3.4 bestimmt werden. Für die Auswertung der Messdaten sind lediglich die effektiven Federkonstanten k_{eff}^a und k_{eff}^b von Interesse, in Tabelle 8.4 sind jedoch der Vollständigkeit halber alle effektiven Größen angegeben.

8.3.2 Magnetometrie-Messung

Mit dem in Abschnitt 8.2 beschriebenen Messaufbau wird der Sensor einem schrittweise veränderlichen Magnetfeld ausgesetzt und für jeden Feldwert die Resonanzkurve des Sensors bestimmt. Abbildung 8.14 zeigt die Resonanzkurven für die feldfreie Messposition und für ein Magnetfeld von 100 mT. Es ist eine deutliche Verschiebung der Resonanzfrequenzen f_a und f_b sowie ebenfalls eine Veränderung der Resonanzamplituden erkennbar. Die Verwendung der Amplitudenänderung und deren Ursachen, wurden im Rahmen dieser Arbeit nicht untersucht, da als Messsignal in der Cantilever-Magnetometrie im Allgemeinen die Frequenzverschiebung verwendet wird. Es besteht jedoch die Möglichkeit, dass sich aus der Amplitudenänderung ebenfalls Eigenschaften der Probe ableiten lassen, so dass dies Gegenstand zukünftiger Untersuchungen sein könnte. Weiterhin sind die Resonanzamplituden beider Peaks der feldfreien Kurve fast gleich hoch, was auf einen sehr hohen Anpassungsgrad der Eigenfrequenzen deutet. Berechnungen mit den Werten aus Tabelle 8.3 zeigen in der Tat eine Abweichung der Eigenfrequenzen von etwa 0,01 %.

In Abbildung 8.15 sind die Frequenzverschiebungen $\Delta f_{a,b}$, bezogen auf die feldfreie Messung, in Abhängigkeit vom äußeren Magnetfeld B_{ext} für beide Resonanzpeaks gezeigt. Als Messunsicherheit wurde dabei für das Magnetfeld der Wert aus den Betrachtungen in Abschnitt 8.2.2

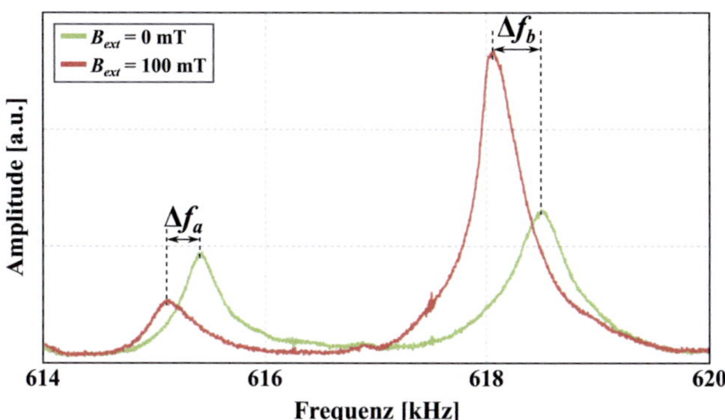

Abbildung 8.14: Resonanzkurve des gekoppelten Systems für eine feldfreie Messung und eine Messung in einem Magnetfeld von 100 mT.

zu Grunde gelegt. Zur Bestimmung der Messunsicherheit für die Frequenzverschiebung wurde mehrfach hintereinander die Resonanzkurve an der feldfreien Position ermittelt und daraus die Standardabweichung für die Resonanzfrequenzen berechnet. Der so ermittelte Wert wurde für alle Resonanzfrequenzen und demzufolge ebenfalls bei der Berechnung der Messunsicherheit der Frequenzverschiebung verwendet.

Das Magnetfeld wurde zur Aufnahme der Messkurven wie folgt durchfahren (Abbildung 8.16): Beginnend mit der maximalen positiven Feldstärke wurde das Feld schrittweise auf Null verringert und anschließend mit umgekehrter Feldrichtung schrittweise bis zum negativen Maximalwert erhöht. Danach erfolgte wieder die Verringerung bis auf Null und die erneute Erhöhung bis zum positiven Maximalwert. Dies bedeutet, dass der Sensor sich zunächst so nahe wie möglich an einem der Magnete befand. Dieser minimale Abstand ist dadurch begrenzt, dass der Laser, welcher auf das Cantileverende fokussiert ist, nicht mehr vollständig vom Cantilever zum Detektor reflektiert werden kann, sondern teilweise vom Magneten abgeschattet wird. An dieser Stelle ist das freie Cantileverende noch ungefähr 300 µm von der Oberfläche des Magneten entfernt, wie sich aus den CCD-Kamerabildern des MFM bestimmen lässt. Dieser Restabstand ließe sich verringern, so dass mit einem noch höheren Magnetfeld gemessen werden könnte. Dazu müsste der Sensor nach oben bewegt werden und käme dadurch näher an die Oberkante des Magneten heran. In diesem Bereich ist das Magnetfeld durch Randeffekte des Magneten jedoch deutlich inhomogener. Wie die Messwerte der Frequenzverschiebung zeigen, ist die Magnetfeldstärke auf der Position in der Mitte des Magneten ausreichend, um bereits eine starke Interaktion mit dem Sensor zu erzeugen, so dass diese Messposition verwendet wurde.

Von der Startposition aus wurde der Abstand zwischen Sensor und Magnet schrittweise vergrößert, indem der Probenteller mit dem Magnet vom Sensor wegbewegt wurde. Bei einem sehr kleinen Restfeldwert wurde der Probenteller um einen Winkel von 90° rotiert, um zunächst an der annähernd feldfreien Position zu messen. Anschließend erfolgte erneut eine Drehung des

Tellers um weitere 90°, so dass sich der Magnet mit entgegengesetzter Polarität in großem Abstand zum Sensor befand. Dieser Magnet wurde nun schrittweise an den Sensor bis zum minimal möglichen Abstand angenähert. Vom minimalen Abstand zwischen Sensor und Magnet wurde der Magnet wiederum schrittweise wegbewegt und das gesamte Vorgehen wiederholt, bis wieder die Ausgangsposition des Sensors vor dem Magneten mit der anderen Orientierung erreicht war. Wie bereits erwähnt ist es für die gezeigten Messungen nicht notwendig, die tatsächliche Position von Nord- und Südpol der Magnete zu kennen, da einer Umkehrung der Polaritäten der Magnete lediglich eine Spiegelung der Kurven aus Abbildung 8.15 an der y-Achse bedeuten würde. Demzufolge ist die Festlegung, welcher Magnet positiven und welcher negativen Feldwerten entspricht, willkürlich gewählt.

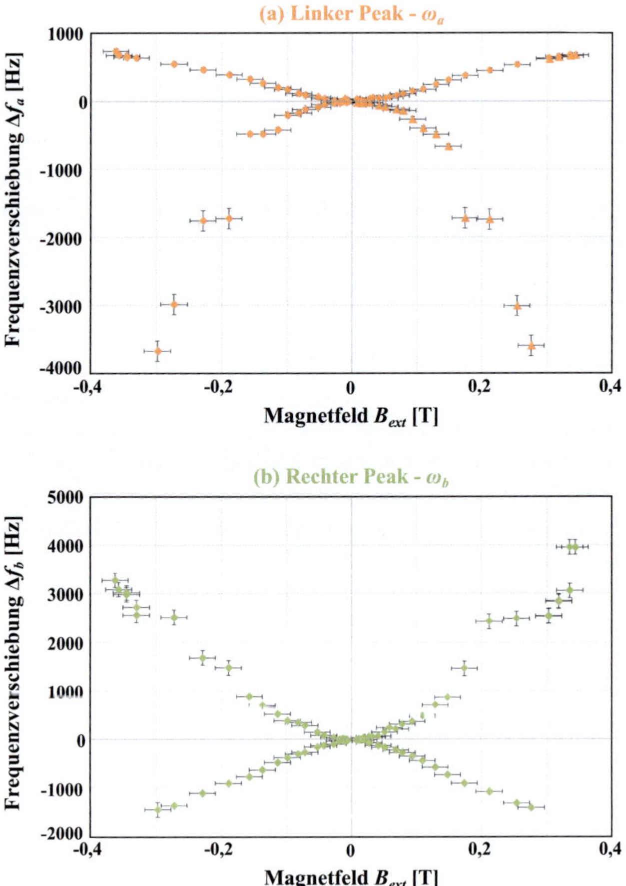

Abbildung 8.15: Magnetfeldabhängige Verschiebung der Resonanzfrequenzen (a) ω_a und (b) ω_b des gekoppeltens Systems.

Beim Vergleich der beiden Kurven in Abbildung 8.15 fällt auf, dass die Kurvenform unterschiedlich ist. Eine mögliche Erklärung dafür ist, dass in den gezeigten Experimenten immer nur die Auslenkung des Cantilevers gemessen wird. Das bedeutet, dass die Bewegung der Nanoröhre nur indirekt bekannt ist. Gerade bei sehr guter Anpassung der Eigenfrequenzen ω_1 und ω_2, was bei dem gezeigten Sensor der Fall ist, reichen auf Grund der hohen Amplitudenverstärkung durch die ko-resonante Kopplung kleine Cantileveramplituden aus, um eine sehr hohe Amplitude an der Nanoröhre zu erzeugen und diese damit zu einer nichtlinearen Schwingung anzuregen. Zusammen mit einer starken Interaktionskraft, d.h. im hohen äußeren Magnetfeld, kann diese Nichtlinearität zu einer Verzerrung in der Kurve der Frequenzverschiebung führen.

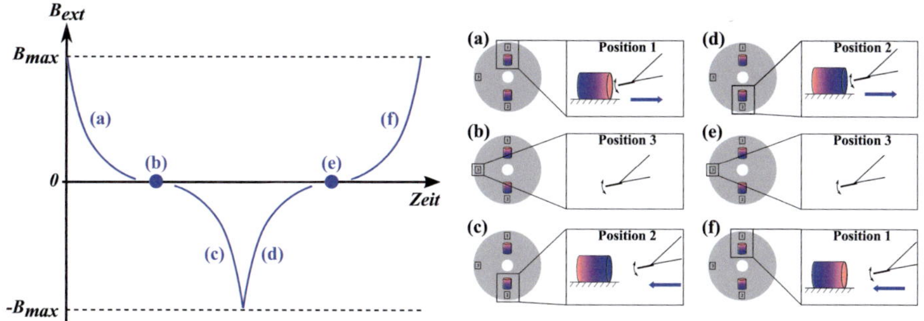

Abbildung 8.16: Schematische Darstellung zum Durchfahren des Magnetfeldes.

Dieses Verhalten würde ebenfalls einen Unterschied der beiden Frequenzverschiebungskurven hervorrufen. Dies ist dadurch bedingt, dass zwar die Resonanzpeaks des gekoppelten Systems durch die Eigenschaften beider Einzelsysteme bestimmt sind, aber der Beitrag der Einzelsysteme nicht bei beiden Resonanzpeaks gleich ist. Das bedeutet, dass einer der beiden Peaks etwas stärker durch die Nanoröhre und der andere stärker durch den Cantilever bestimmt ist, wie sich auch aus den unterschiedlichen effektiven Federkonstanten der beiden Resonanzpeaks ableiten lässt.

Die Messung wurde mehrfach an verschiedenen Tagen wiederholt, wobei die unterschiedliche Kurvenform reproduzierbar auftrat. Damit kann ein zufälliger äußerer Einfluss auf die Messung (z.B. Vakuum, Temperatur oder Luftfeuchtigkeit) mit sehr hoher Wahrscheinlichkeit ausgeschlossen werden.

Doch auch wenn sich die beiden Kurven für die Frequenzverschiebung in ihrer Form etwas unterscheiden, so zeigen sie insgesamt das gleiche Verhalten, insbesondere weisen sie eine sprunghafte Änderung der Richtung der Frequenzverschiebung bei den gleichen Magnetfeldwerten auf. Übereinstimmend sind auch die Größenordnung der Frequenzverschiebung von mehreren Kilohertz, das Verhalten für kleine Magnetfeldwerte von unter 100 mT und die deutliche Hysterese.

a. Bestimmung des magnetischen Schaltfeldes

Ein Vergleich der gemessenen $\Delta f_{a,b}\,(B_{ext})$-Kurven mit den theoretischen Betrachtungen zur Cantilever-Magnetometrie eines ferromagnetischen Partikels in Abschnitt 4.3.1 zeigt eine gute Übereinstimmung mit der erwarteten Kurvenform. Zusammen mit der Diskussion zu magnetischen Schaltvorgängen in Abschnitt 3.5.4 kann geschlussfolgert werden, dass es sich bei den sprunghaften Änderungen der gemessenen Frequenzverschiebungen um eine Ummagnetisierung des Eisennanodrahtes handelt. Dafür spricht ebenfalls, dass dieser Effekt wiederholbar bei immer denselben Feldstärken und für beide Richtungen des Magnetfeldes auftritt. Dementsprechend lassen sich aus den gemessenen Kurven direkt die Werte des Magnetfeldes ablesen (vgl. Tabelle 8.5), bei denen der Sprung auftritt, und mit bekannten Werten für Schaltfelder von eisengefüllten Kohlenstoffnanoröhren sowie dem theoretisch nach Gleichung (3.31) berechneten Schaltfeld vergleichen.

Tabelle 8.5: Betrag des mit Sensor M7 gemessenen magnetischen Schaltfeldes, jeweils für beide Resonanzpeaks ω_a und ω_b sowie für beide Orientierungen des Magnetfeldes, ermittelt aus Abbildung 8.15.

	$|B_{schalt}|$
ω_a	(314 ± 16) mT
	(290 ± 14) mT
ω_b	(314 ± 16) mT
	(290 ± 14) mT
Mittelwert	(302 ± 12) mT

Für die Berechnung des Schaltfeldes wird das Curlingmodell herangezogen, da es das Schaltverhalten des Eisennanodrahtes gut beschreibt [50]. Dazu wird die Sättigungsmagnetisierung aus Tabelle 6.2 sowie der gemessene Durchmesser der Eisenfüllung aus Tabelle 8.1 und Gleichung (3.31) verwendet. Weiterhin ist die Kenntnis des Winkels zwischen Magnetfeld und remanenter Magnetisierung des Eisennanodrahtes im Ruhezustand erforderlich. Die Magnetisierung zeigt auf Grund der Dominanz der Formanisotropie annähernd entlang der langen Achse der Nanoröhre, so dass der Winkel aus REM-Bildern bestimmt werden kann. Abbildung 8.17 zeigt, dass die Nanoröhre in der Seitenansicht sehr genau entlang der langen Achse des Cantilevers ausgerichtet ist. Dagegen ist das freie Ende der Nanoröhre etwas zur Seite gebogen, wie die Draufsicht zeigt. Die Nukleationsstelle für die Ummagnetisierung hängt jedoch nicht nur vom Winkel zwischen Nanoröhre und äußerem Magnetfeld, sondern auch von der Kristallstruktur des Eisennanodrahtes und von dessen Durchmesser ab. Dieser kann wiederum Variationen entlang der Nanodrahtlänge aufweisen. Deshalb ist es nicht möglich festzulegen, an welcher Stelle des Eisennanodrahtes letztendlich die Ummagnetisierung beginnt, so dass für den Winkel in der Berechnung des Schaltfeldes der Maximalwinkel von 37° mit einer entsprechend großen Unsicherheit angenommen wird. Dabei ist zudem der Verkippungswinkel des Probenhalters von 10° berücksichtigt.

Die größte Unsicherheit für das Schaltfeld ergibt sich jedoch auf Grund der Durchmesserbestimmung des Eisennanodrahtes, welcher einen Wert von (24 ± 6) nm aufweist. Unter der Annahme, dass das externe Magnetfeld homogen parallel zur Oberfläche des Probentellers gerichtet ist, ergibt sich das theoretische Schaltfeld zu:

$$B_s = (330 \pm 166) \text{ mT} \quad . \tag{8.2}$$

Trotz der großen Unsicherheit stimmt dieser Wert gut mit den gemessenen Schaltfeldern überein. Dies zeigt, dass es möglich ist, aus den gemessenen Frequenzverschiebungen $\Delta\omega_{a,b}$ des gekoppelten Systems zuverlässig das magnetische Schaltfeld der eisengefüllten Kohlenstoffnanoröhre zu ermitteln.

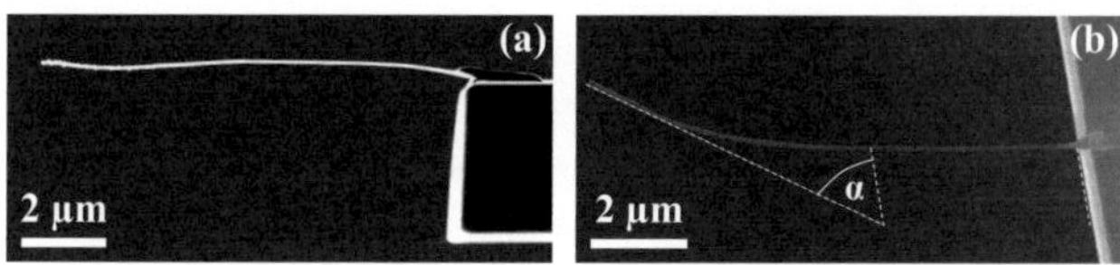

Abbildung 8.17: REM-Aufnahmen zur Bestimmung des Winkels zwischen äußerem Magnetfeld und Nanoröhre, (a) Seitenansicht und (b) Draufsicht auf das Cantileverende mit Nanoröhre.

b. Bestimmung des magnetischen Momentes des Eisennanodrahtes

Neben dem Schaltfeld ist das magnetische Moment eine weitere wichtige Kenngröße zur Charakterisierung des Eisennanodrahtes. Normalerweise würde sich dieser Parameter recht einfach bestimmen lassen. Wie Gleichung (4.18) zeigt, hängt die Frequenzverschiebung $\Delta\omega$ in der Cantilever-Magnetometrie direkt vom magnetischen Moment der Probe ab. Für das gekoppelte System kann Gleichung (4.18) für beide Resonanzpeaks ω_a und ω_b angewendet werden, wobei für die Federkonstante $k_{eff}^{a,b}$ die effektiven Parameterwerte eingesetzt werden müssen:

$$\frac{\Delta\omega_{a,b}}{\omega_{a,b}} = \frac{\mu_0 H_{ext}}{2k_{eff}^{a,b} L_e^2} \cdot m \cdot \frac{H_a}{H_{ext} \pm H_a} \quad . \tag{8.3}$$

Für die Annahme, dass das äußere Magnetfeld klein gegenüber dem Anisotropiefeld ist ($H_{ext} \ll H_a$), kann der Quotient aus den Feldstärken in Gleichung (8.3) zu eins angenähert werden, so dass sich für die Frequenzverschiebung $\Delta\omega_{a,b}$ ergibt:

$$\Delta\omega_{a,b} = \frac{\mu_0 H_{ext}\omega_{a,b}}{2k_{eff}^{a,b} L_e^2} \cdot m \quad . \tag{8.4}$$

In diesem Ausdruck sind alle Größen des Sensors außer dem magnetischen Moment bekannt, so dass aus einem Fit von Gleichung (8.4) an die gemessenen Frequenzverschiebungen $\Delta\omega_{a,b}$ im Bereich geringer äußerer Magnetfelder direkt das magnetische Moment bestimmt werden könnte.

Dieses Vorgehen ist jedoch nur zulässig, wenn sich die magnetische Probe als konzentriertes Element am freien Ende des Sensors befindet. Im Fall der eisengefüllten Kohlenstoffnanoröhre ist der Eisennanodraht dagegen über die gesamte Länge des Nanocantilevers ausgedehnt und dementsprechend leicht unterschiedlichen Magnetfeldwerten ausgesetzt. Weiterhin verändern sich über der Länge des Nanodrahtes ebenfalls die effektiven Sensorparameter. Während sich das Magnetfeld entlang der Länge des Nanodrahtes von etwa 10 µm kaum ändert, wie die Betrachtungen in Kapitel 8.2.2 gezeigt haben, spielen die lokalen Eigenschaftsänderungen entlang des Nanodrahtes eine wichtige Rolle.

Wie in Abschnitt 6.1.2 besprochen, bestehen die verwendeten eisengefüllten Kohlenstoffnanoröhren auf Grund der Form und Größe aus nur einer magnetischen Domäne. Dies bedeutet, dass der Eisennanodraht einen langgestreckten magnetischen Dipol bildet, dessen Moment theoretisch durch zwei effektive Monopole an den jeweiligen Enden und der Länge des Nanodrahtes beschrieben werden kann [97]. Auf Grund der großen Länge des Nanodrahtes von einigen Mikrometern befinden sich die effektiven Monopole so weit voneinander entfernt, dass teilweise nur einer dieser Monopole mit einem äußeren Magnetfeld interagiert. Diese Tatsache wird zum Bespiel für Sensoren in der Magnetkraftmikroskopie genutzt, bei denen die eisengefüllten Kohlenstoffnanoröhren als Interaktionselemente eingesetzt werden [15, 97, 161].

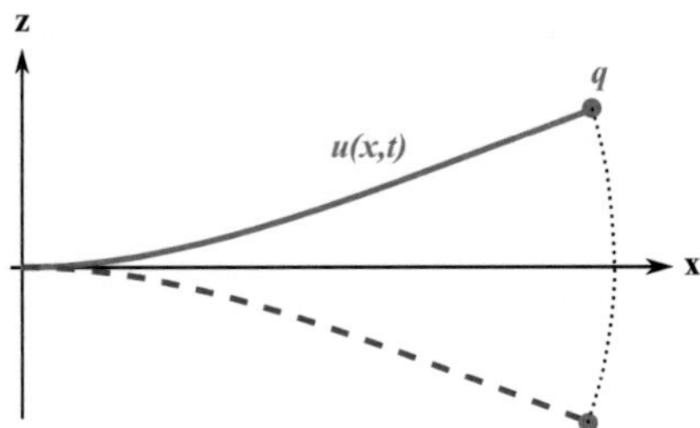

Abbildung 8.18: Schematische Darstellung der Trajektorie des freien Endes einer schwingenden Nanoröhre (angelehnt an [80]).

Folgt man diesem Monopolansatz, so befindet sich für den Magnetometrie-Sensor ein effektiver Monopol am freien Ende der Nanoröhre und der zweite Pol an der Einspannung der Nanoröhre am Cantilever (Abbildung 8.19). Demzufolge unterscheiden sich die Sensorparameter an den Orten beider Pole. Der Pol am freien Ende bewegt sich mit der großen Schwingungsamplitude des Nanotubes und der geringen effektiven Federkonstante des gekoppelten Systems im Magnetfeld. Für den Monopol am eingespannten Ende der Nanoröhre ist die Schwingungsamplitude sehr klein und die effektive Federkonstante hauptsächlich durch den Cantilever bestimmt. Dies bedeutet, dass dieser Pol eine Amplitude von wenigen Nanometern entsprechend der Cantileveramplitude und eine Federkonstante von etwa 100 N/m (für den Sensor M7) aufweist. Daraus folgt, dass eine Interaktion des Monopols am freien Ende der Nanoröhre mit einem äußeren Magnetfeld eine sehr viel stärkere Frequenzverschiebung am Sensor hervorrufen wird, als eine Interaktion des Monopols am eingespannten Ende. Die resultierenden Frequenzverschiebungen unterscheiden sich um mehrere Größenordnungen, so dass in guter Näherung angenommen werden kann, dass nur der Monopol am freien Ende der Nanoröhre zur Frequenzverschiebung beiträgt [144].

Wie in früheren Arbeiten [51], [80] gezeigt wurde, führt das freie Ende der schwingenden Nanoröhre und damit der effektive magnetische Monopol an dieser Position eine Bewegung aus, die durch eine Parabel angenähert werden kann (Abbildung 8.18). Die Krümmung ζ dieser Bewegung kann aus REM-Bildern der Schwingung der Nanoröhre ermittelt werden und ergibt sich für den gezeigten Sensor zu $\zeta = (0,0105 \pm 0,0041)\ \mu\mathrm{m}^{-1}$.

Die Frequenzverschiebung Δf ist für die Betrachtung des effektiven magnetischen Monopols q im äußeren Magnetfeld B_{ext} gemäß [80]:

$$\Delta f = \frac{\zeta B_{ext} q}{2 k_{eff}}, \tag{8.5}$$

wobei für das gekoppelte System dessen effektive Federkonstante k_{eff} verwendet werden muss. Mit Gleichung (8.5) wurde ein Fit an die gemessenen Frequenzverschiebungen für beide Resonanzpeaks ω_a und ω_b des gekoppelten Sysetms durchgeführt und der Mittelwert gebildet, woraus sich ein effektives magnetisches Monopolmoment von $q = (1,7 \pm 0,4) \cdot 10^{-9}$ Am ergibt. Gemäß Gleichung (3.2) folgt damit für das magnetisches Moment $m_{Fe} = (1,7 \pm 0,5) \cdot 10^{-14}$ Am^2 und in Einheiten eines *Bohr*schen Magnetons $(2 \pm 0,5) \cdot 10^9 \mu_B$.

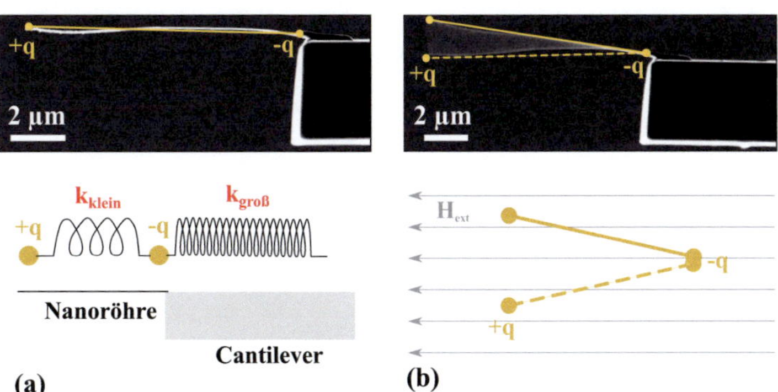

Abbildung 8.19: Darstellung der eisengefüllten Kohlenstoffnanoröhre als magnetischer Dipol mit zwei Monopolen $+q$ und $-q$ am jeweiligen Ende. Die beiden Monopole erfahren sowohl (a) unterschiedliche effektive Federkonstanten als auch (b) verschiedene Schwingungsamplituden.

Diese gesamte Betrachtung ist nur zulässig, so lange ausreichend kleine Magnetfelder betrachtet werden, bei denen der Monopolansatz gültig ist. Werden die Feldstärken zu groß, reicht die Monopolbeschreibung allein nicht aus und es müssen die vollständigen Beiträge des Dipols zur Frequenzverschiebung berücksichtigt werden. Da aber der Fit nach Gleichung (8.4) gleichfalls nur für geringe Feldstärken gilt, ist die Monopolnäherung an dieser Stelle eine gültige Beschreibung. Weiterhin ist für die Anwendung der Näherungsformel die Angabe einer effektiven Länge notwendig. Für diese wird basierend auf der Diskussion in Abschnitt 7.4 die effektive Länge $L_{e,2}$ der Nanoröhre verwendet.

Weiterhin kann das effektive magnetische Monopolmoment q ebenfalls allein aus dem Durchmesser d_{Fe} des Eisennanodrahtes und der Sättigungsmagnetisierung M_s für Eisen abgeschätzt werden [15]:

$$q_{geo} = \frac{\pi}{4} d_{Fe}^2 M_s \quad .$$

(8.6)

Daraus ergibt sich mit der bekannten Unsicherheit für die Durchmesserbestimmung und einer Ungenauigkeit der Magnetisierung von 1 % das effektive Monopolmoment zu $q_{geo} = (7,7 \pm 4) \cdot 10^{-10}$ Am und demzufolge ein magnetisches Moment von $m = q \cdot L_{cnt} = (8 \pm 4) \cdot 10^{-15}$ Am^2 = $(9 \pm 5) \cdot 10^8 \mu_B$. Dieser Wert stimmt innerhalb der Messunsicherheit gut mit dem experimentell ermittelten magnetischen Moment überein.

Mit dem Schaltfeld B_s und dem magnetischen Moment m sind wichtige magnetische Eigenschaften der eisengefüllten Kohlenstoffnanoröhre bestimmt, wodurch ein Vergleich mit den Werten aus anderen Experimenten möglich wird. Für hohe magnetische Feldstärken, wenn der Quotient aus externem Magnetfeld und Anisotropiefeld in Gleichung (4.18) nicht mehr vernachlässigt werden kann, könnte zudem noch das Anisotropiefeld H_a bestimmt werden. Da dieses für die eisengefüllten Kohlenstoffnanoröhren bei etwa 1,1 T liegt, waren die in diesem Experiment zur Verfügung stehenden Felder allerdings zu klein, um zuverlässige Aussagen zu gewinnen.

c. Anwendung des Schaltungsmodells

Die vorhergehenden Betrachtungen haben gezeigt, dass es möglich ist, aus den Messdaten magnetische Eigenschaften der Probe abzuleiten. Dabei wurde bereits das Schaltungsmodell von Abbildung 7.7 angewendet, um die Eigenfrequenz ω_2 der Nanoröhre sowie die effektiven Federkonstanten $k_{eff}^{a,b}$ für beide Resonanzpeaks zu bestimmen. Die gute Übereinstimmung zwischen den ermittelten und bereits bekannten magnetischen Eigenschaften zeigt, dass dieses Modell und damit das gekoppelte harmonische Oszillatormodell eine valide Beschreibung des Systems darstellen.

Es ist weiterhin möglich, die im Modell ermittelten Amplitudenfrequenzgänge mit den experimentell gemessenen zu vergleichen. Dazu wird das Modell ohne Interaktion (Abbildung 7.7)

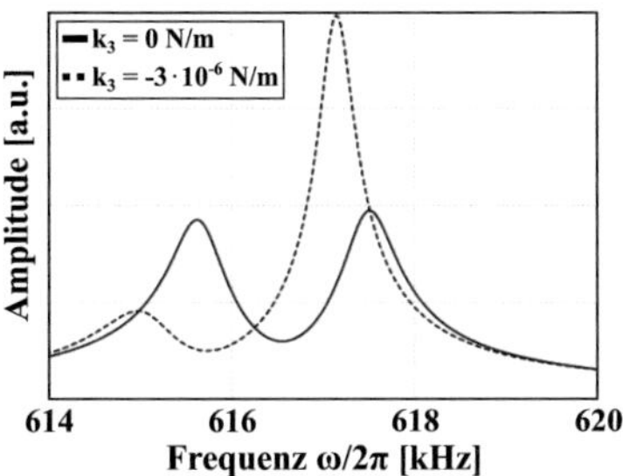

Abbildung 8.20: Mit dem Schaltungsmodell des gekoppelten Systems aus Abbildung 7.4 simulierte Resonanzkurve für den Cantilever von Sensor M7 unter Verwendung der Bauelementwerte aus Tabelle 8.2.

betrachtet, wobei die Werte für die Bauelemente aus Tabelle 8.2 verwendet werden. Wie Abbildung 8.20 zeigt, stimmt die Kurvenform qualitativ überein, allerdings wird die Differenz der Resonanzfrequenzen etwas unterschätzt. Dies liegt daran, dass die Eigenfrequenz ω_2 der Nanoröhre und damit ebenso deren effektive Masse $m_{eff,2}$ nur ungenau bekannt ist.

Weiterhin ist auch die Angabe der Federkonstanten k_1 und k_2 in Tabelle 8.2 mit einer vergleichsweise großen, für diese Art der Federkonstantenbestimmung jedoch üblichen, Unsicherheit behaftet.

Im Schaltungsmodell kann durch eine zusätzliche Induktivität (Abbildung 7.4) eine Interaktion berücksichtigt werden, wie in Abschnitt 7.3.3 diskutiert wurde. Beispielhaft ist in Abbildung 8.20 die Kurve für eine Interaktionsfederkonstante $k_3 \approx -3 \cdot 10^{-6}$ N/m gezeigt. Der Wert für k_3 wurde dabei an die gemessenen Frequenzverschiebungen angepasst, ist aber letztendlich willkürlich gewählt. Die Simulation zeigt jedoch, dass sich die experimentellen Ergebnisse durch die zusätzliche Feder k_3 gut modellieren lassen. Allerdings ist es nicht möglich, zuverlässig einen Zusammenhang zwischen dem Magnetfeld B_{ext} im Experiment und der Interaktionsfederkonstante k_3 in der Simulation herzustellen.

d. Messgrenzen

Anhand der Messdaten wurde ein magnetisches Moment von $(2 \pm 0,5) \cdot 10^9 \mu_B$ bei einer Frequenzverschiebung von mehreren Kilohertz ermittelt. Dieses hohe Signal zeigt das Potenzial des gekoppelten Systems für die Messung noch viel kleinerer magnetischer Momente.

Um die Messgrenzen für den gezeigten Sensor M7 zu ermitteln, werden die Betrachtungen aus Abschnitt 7.4 verwendet. Dabei wurde die Messgrenze für einen Sensor in der Cantilever-Magnetometrie als das minimal detektierbare magnetische Moment, welches sich auf Grund von thermischem Rauschen ergibt, definiert. Weiterhin sei die Detektivität des Systems als das Verhältnis von Frequenzverschiebung Δf zur minimalen Frequenzverschiebung Δf_{min}^{th} durch thermisches Rauschen bestimmt.

Tabelle 8.6: Parameter und Kennwerte von Cantilever und Nanoröhre als Einzelkomponenten sowie des gekoppelten Systems von Sensor M7 (Temperatur $T = 293$ K, Bandbreite $B_w = 1$ Hz, externes Magnetfeld $B_{ext} = 400$ mT) [3], [55]. Δf_{min}^{th} minimale Frequenzverschiebung durch thermisches Rauschen, m_{min} minimales magnetisches Moment, μ_B *Bohr*sches Magneton.

Parameter	Einzelkomponenten		Gekoppeltes System	
	Cantilever	Nanoröhre[1]	Linker Peak-ω_a	Rechter Peak-ω_b
Eigenfrequenz f	616581 Hz	804809 Hz	615482 Hz	618547 Hz
Federkonstante k	103,5 N/m	0,001 N/m	0,002 N/m	0,0017 N/m
Gütefaktor Q	4775	602	962	993
Amplitude A	100 nm	1 µm	100 nm	100 nm
Länge Sensor	91,2 µm	10,3 µm	10,3 µm	10,3 µm
Δf_{min}^{th} [Hz]	0,0004	0,042	0,203	0,217
m_{min} [Am^2]	$1,48 \cdot 10^{-15}$	$1,43 \cdot 10^{-20}$	$1,85 \cdot 10^{-19}$	$1,67 \cdot 10^{-19}$
m_{min}/μ_B	$1,6 \cdot 10^8$	1500	$2 \cdot 10^4$	$1,8 \cdot 10^4$

[1] Ursprungszustand ohne Frequenzanpassung

Im Folgenden werden die Messgrenzen für beide Resonanzpeaks ω_a und ω_b mit denen der beiden Einzelsysteme verglichen. Zu diesem Zweck sind alle Werte in Tabelle 8.6 zusammengefasst. Für die Berechnung wurde Gleichung (7.51) verwendet.

Wie Tabelle 8.6 zeigt, ist die minimale Frequenzverschiebung durch thermisches Rauschen für den Cantilever etwa um zwei Größenordnungen kleiner als für die Nanoröhre, was unter anderem mit dem schlechteren Gütefaktor Q der Nanoröhre zusammenhängt. Um diese minimale Frequenzverschiebung in ein magnetisches Moment umzurechnen, ist nach Gleichung (7.51) die Annahme eines äußeren Magnetfeldes notwendig. Für dieses wurde in Anlehnung an das Experiment in Abschnitt 8.2.2 ein Wert von 400 mT verwendet, was in etwa dem mit dem experimentellen Aufbau erreichbaren Maximalwert entspricht.

Dieselben Betrachtungen wie für die Einzelsysteme wurden ebenfalls für die beiden Resonanzpeaks ω_a und ω_b des gekoppelten Systems durchgeführt, wobei für Federkonstanten und Gütefaktoren die effektiven Sensoreigenschaften verwendet wurden. Weiterhin gelten die Betrachtungen für Amplitude und effektive Länge des gekoppelten Systems aus Kapitel 7.4.

Die berechneten minimal detektierbaren magnetischen Momente für die Einzelsysteme zeigen, dass die Messung des im Experiment vorhandenen magnetischen Momentes mit dem Siliziumcantilever allein nur wenig über dem Rauschpegel gelegen hätte. Dagegen liegt die Messgrenze für die einzelne Nanoröhre bei einem sehr viel kleineren magnetischen Moment als dem im Experiment bestimmten. Wie der Vergleich mit dem gekoppelten System in Tabelle 8.6 zeigt, liegt die Messgrenze für dessen Resonanzpeaks ω_a und ω_b bei deutlich kleineren magnetischen Momenten als für den einzelnen Cantilever, aber etwas über der Messgrenze der einzelnen Nanoröhre. Dies zeigt, wie durch die Frequenzanpassung des Sensors die vorteilhaften Eigenschaften der Nanoröhre im gekoppelten System genutzt werden können, und dessen Detektivität stark verbessert

Tabelle 8.7: Parameter und ermittelte magnetische Eigenschaften für den co-resonant gekoppelten Sensor M11.

	Sensor M11	
Einzelsysteme	**Cantilever**	**FeCNT**
Länge	$(85,1 \pm 2,6)$ µm	$(10,7 \pm 0,3)$ µm
Durchmesser Eisennanodraht	—	$(21,4 \pm 6)$ nm
Eigenfrequenz $f_{1,2}$ (unangepasst)	(723080 ± 1) Hz	(2082080 ± 10) Hz
Federkonstante k	(134 ± 8) N/m	$(0,009 \pm 0,005)$ N/m
Gütefaktor Q	3390	450
Eigenfrequenz $f_{1,2}$ (angepasst)	(723080 ± 1) Hz	(725610 ± 1) Hz
effektive Masse m_{eff}	$(6,5 \pm 0,4) \cdot 10^{-12}$ kg	$(4,1 \pm 2,7) \cdot 10^{-16}$ kg
gekoppeltes System	**Linker Peak - ω_a**	**Rechter Peak - ω_b**
Resonanzfrequenz $f_{a,b}$	(720680 ± 10) Hz	(728051 ± 83) Hz
effektive Federkonstante k_{eff}	$(0,028 \pm 0,007)$ N/m	$(0,012 \pm 0,003)$ N/m
Schaltfeld B_s	(338 ± 17) mT	
magnetisches Moment m	$(4 \pm 1) \cdot 10^8 \mu_B$	

werden kann. Dies äußert sich in der großen Frequenzverschiebung von mehreren Kilohertz, welche für einen Sensor mit einer eisengefüllten Kohlenstoffnanoröhre als Nanocantilever gemessen wurde.

Wie schon die Diskussion in Kapitel 7.4 erlauben auch hier die Annahmen in Tabelle 8.6 nur eine erste Abschätzung der Messgrenzen und der Detektivität. Dennoch zeigt sie das große Potenzial des gekoppelten Systems, welches es ermöglicht mit der etablierten und einfachen Methode der Laserdeflektion an einem für Cantilever-Magnetometrie nur begrenzt sensitiven Cantilever sehr kleine magnetische Momente zu messen.

8.3.3 Messergebnisse mit weiteren Sensoren

Um die Reproduzierbarkeit des ko-resonant gekoppelten Systems zu überprüfen, wurden mehrere Sensoren mit eisengefüllten Kohlenstoffnanoröhren hergestellt und auf dieselbe Weise vermessen. In Tabelle 8.7 und 8.8 sind die wichtigsten Sensorparameter von zwei weiteren Sensoren sowie die Ergebnisse für die magnetischen Eigenschaften des Eisennanodrahtes zusammengefasst. Bei beiden Sensoren traten Frequenzverschiebungen von mehreren hundert Hertz bzw. von über einem Kilohertz auf. Ein Vergleich mit den theoretisch berechneten Werten in Tabelle 8.9 zeigt zudem im Rahmen der Ungenauigkeiten eine gute Übereinstimmung. Für den Sensor M14 fällt allerdings auf, dass das gemessene Schaltfeld an der unteren Grenze des theoretisch berechneten Wertes liegt. Als Grund hierfür wird eine mögliche Inhomogenität des Durchmessers oder der Kristallstruktur des Eisennanodrahtes, die bereits bei einem geringeren äußeren Magnetfeld zu einer Ummagnetisierung des Drahtes führt, vermutet.

Tabelle 8.8: Parameter und ermittelte magnetische Eigenschaften für den co-resonant gekoppelten Sensor M14.

	Sensor M14	
Einzelsysteme	**Cantilever**	**FeCNT**
Länge	$(77,7 \pm 2,3)$ µm	$(11 \pm 0,3)$ µm
Durchmesser Eisennanodraht	—	(23 ± 6) nm
Eigenfrequenz $f_{1,2}$ (unangepasst)	(812430 ± 1) Hz	(1531600 ± 10) Hz
Federkonstante k	(156 ± 9) N/m	$(0,0028 \pm 0,0017)$ N/m
Gütefaktor Q	3944	1125
Eigenfrequenz $f_{1,2}$ (angepasst)	(812430 ± 1) Hz	(810811 ± 1) Hz
effektive Masse m_{eff}	$(6 \pm 0,4) \cdot 10^{-12}$ kg	$(1 \pm 0,6) \cdot 10^{-16}$ kg
gekoppeltes System	**Linker Peak - ω_a**	**Rechter Peak - ω_b**
Resonanzfrequenz $f_{a,b}$	(809388 ± 20) Hz	(813653 ± 12) Hz
effektive Federkonstante k_{eff}	$(0,004 \pm 0,001)$ N/m	$(0,01 \pm 0,005)$ N/m
Schaltfeld B_s	(167 ± 9) mT	
magnetisches Moment m	$(8 \pm 1) \cdot 10^8 \mu_B$	

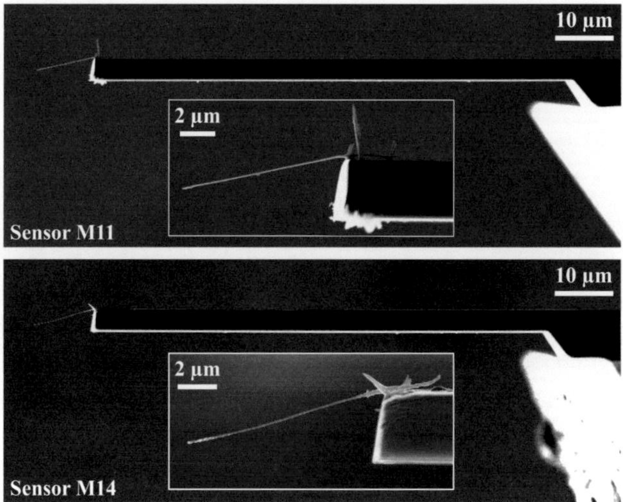

Abbildung 8.21: Seitenansicht der Sensoren M11 und M14 mit eisengefüllter Kohlenstoffnanoröhre als Nanocantilever.

8.3.4 Vergleich mit anderen Experimenten

Die eisengefüllten Kohlenstoffnanoröhren wurden als Nanocantilever ausgewählt, da ihre magnetischen Eigenschaften bereits in verschiedenen Experimenten untersucht wurden und so einen

Tabelle 8.9: Theoretisch berechnete Werte für den Eisennanodraht der Sensoren M11 und M14.

Größe	Sensor M11	SensorM14
Schaltfeld B_s	(343 ± 169) mT	(302 ± 165) mT
eff. Monopolmoment q	$(6,2 \pm 3,5) \cdot 10^{-10}$ Am	$(7,1 \pm 4,4) \cdot 10^{-10}$ Am
magnetisches Moment m	$(6,6 \pm 4) \cdot 10^{-15}$ Am^2	$(7,6 \pm 4,9) \cdot 10^{-15}$ Am^2
m/μ_B	$(7 \pm 4) \cdot 10^8$	$(8 \pm 5) \cdot 10^8$

Tabelle 8.10: Vergleich der mit den ko-resonanten Sensoren M7, M11 und M14 bestimmten Eigenschaften des Eisennanodrahtes mit Ergebnissen anderer Experimente. B_s magnetisches Schaltfeld, m magnetisches Moment, μ_B *Bohr*sches Magneton.

Experiment	Ø Fe-Draht	B_s	m	Methode
M7	24 nm	(302 ± 12) mT	$(2 \pm 0,5) \cdot 10^9 \mu_B$	ko-resonante Cantilever-Magnetometrie
M11	21 nm	(338 ± 17) mT	$(4 \pm 1) \cdot 10^8 \mu_B$	ko-resonante Cantilever-Magnetometrie
M14	23 nm	(167 ± 9) mT	$(8 \pm 1) \cdot 10^8 \mu_B$	ko-resonante Cantilever-Magnetometrie
Lutz et al. [108]	k. A.	$(125 - 425)$ mT	k. A.	Magnetkraftmikroskopie
Philippi et al. [80]	28 nm	k. A.	$2 \cdot 10^9 \mu_B$	Cantilever-Magnetometrie (nur CNT)
Lipert et al. [50]	26 nm	265 mT (T < 60 K)	k. A.	Mikro-*Hall*-Magnetometrie
Banerjee et al. [63]	25 nm	222 mT (T = 32 K)	$1 \cdot 10^9 \mu_B$	Cantilever-Magnetometrie

Vergleich mit den Messwerten der ko-resonanten Sensoren ermöglichen. Tabelle 8.10 zeigt eine Übersicht für Schaltfelder und magnetische Momente, die mit verschiedenen Methoden bestimmt wurden. Dabei wurden in allen Experimenten außer dem von Lutz et al. eisengefüllte Kohlenstoffnanoröhren vom selben Substrat untersucht, welches auch in dieser Arbeit verwendet wurde. Dementsprechend kann davon ausgegangen werden, dass die Eigenschaften der FeCNTs zumindest ähnlich sind, da sie alle mit denselben Prozessparametern hergestellt wurden. Allerdings variieren die Durchmesser der Eisenfüllungen und die Längen $((10 \dots 20)$ µm$)$ der FeCNTs in den verschiedenen Experimenten, was die beobachteten Unterschiede der magnetischen Momente und der Schaltfelder erklären kann.

Lutz et al. haben das Schaltverhalten von Ensembles von eisengefüllten Kohlenstoffnanoröhren mit Hilfe von Magnetkraftmikroskopie untersucht und konnten den angegeben Bereich für die Schaltfelder bestimmen [108]. Wie Tabelle 8.10 zeigt, besteht eine gute Übereinstimmung zu den mit ko-resonanten Sensoren gemessen Schaltfeldern.

Bei Philippi et al. wurde ein einzelnes FeCNT als Cantilever verwendet. Die gemessenen Frequenzverschiebungen im Magnetfeld lagen im Kilohertzbereich und waren ähnlich wie bei den Messungen des ko-resonant gekoppelten Systems. Jedoch war die Detektion der Schwingung ungenau und aufwändig, da diese auf Grund der kleinen Abmessungen des Nanoröhre nur mit Hilfe von REM-Aufnahmen möglich war [80]. Dieses Experiment unterstreicht erneut das Potenzial der Verwendung von Nanoröhren als Cantilever.

Die beiden genannten Experimente wurden ebenso wie die Messungen in der vorliegenden Arbeit bei Raumtemperatur durchgeführt. Es gibt jedoch auch Tieftemperaturexperimente, bei denen die FeCNT mit Mikro-*Hall*-Magnetometrie [50] und mit Cantilever-Magnetometrie [63] untersucht wurden. Wiederum kann eine gute Übereinstimmung für die Schaltfelder und das magnetische Moment mit den Werten aus ko-resonanten Messungen festgestellt werden. Dabei ist insbesondere das Experiment von Banerjee et al. in [63] interessant, denn dieses wurde mit einer klassischen Cantilever-Magnetometrieanordnung durchgeführt. Die FeCNT wurde als Probe am freien Ende des Cantilevers so abgelegt, dass die lange Achse der Nanoröhre entlang der Cantileverachse gerichtet war. Dabei stand die Nanoröhre aber nur etwa 1 µm über den Rand des Cantilevers über. Die Messung wurde bei einer Temperatur von unter 40 K und mit einem sehr weichen Cantilever (Federkonstante 0,157 N/m) durchgeführt [63]. Die gemessene Frequenzverschiebung betrug in diesem Experiment lediglich einige Milihertz. Dennoch zeigt die Kurve die für das magnetische Schalten charakteristischen Frequenzsprünge und es konnten das magnetische Moment sowie das Anisotropiefeld ermittelt werden [63]. Dieses Experiment unterstreicht einmal mehr das Potenzial des ko-resonanten Sensorkonzeptes, welches bei Raumtemperatur und mit einem wesentlichen härten Cantilever (Federkonstanten > 100 N/m) ein Messsignal von einigen hundert Hertz bis hin zu wenigen Kilohertz erzeugte.

All diese Betrachtungen zeigen, dass das ko-resonante Sensorkonzept eine geeignete Möglichkeit darstellt, um magnetische Eigenschaften von sehr kleinen und schwach magnetischen Proben zu untersuchen, während gleichzeitig eine einfache Detektionsmöglichkeit mit etablierten optischen Methoden am Mikrocantilever gegeben ist. Das gekoppelte System ließe sich noch weiter optimieren und dessen Detektivität steigern, indem weichere Mikrocantilever verwendet würden und als Nanocantilever ungefüllte mehrwandige oder sogar einwandige Kohlenstoffnanoröhren mit entsprechend kleinerer Federkonstante zum Einsatz kämen. Mit einer solchen Anordnung könnten magnetische Momente bis hinunter zu einigen wenigen μ_B messbar werden.

9 Anwendung des Sensorkonzeptes in der Cantilever-Magnetometrie

In den bisherigen Betrachtungen wurde für das ko-resonante gekoppelte System stets ein Siliziumcantilever und eine eisengefüllte Kohlenstoffnanoröhre (FeCNT) verwendet. Die FeCNT erfüllte dabei sowohl die Funktion des Nanocantilevers als auch der magnetischen Probe, wobei sich der Eisennanodraht über die gesamte Länge des Nanocantilevers erstreckte. In den folgenden Experimenten wird dagegen ein Magnetometrie-Aufbau verwendet, bei dem sich die Probe nur am freien Ende des Nanocantilevers, welcher durch eine ungefüllte Kohlenstoffnanoröhre realisiert wird, befindet. Untersucht werden zwei verschiedene Proben: zum einen eine Kohlenstoffnanoröhre, die mit Nanopartikeln einer *Heusler*-Verbindung gefüllt ist und zum anderen ein Kristallit aus endohedralen Metallofullerenen.

Für beide Proben wurde zunächst ein Sensor mit den in Abschnitt 8.1 beschriebenen Methoden hergestellt, wobei ungefüllte Kohlenstoffnanoröhren gemäß Abschnitt 6.2 verwendet werden. Diese eignen sich sehr gut als Nanocantilever, da sie während ihrer Herstellung hochtemperaturbehandelt wurden, so dass keine magnetischen Katalysatorpartikel mehr vorhanden sind und die Nanoröhren diamagnetisches Verhalten zeigen [50]. Die hergestellten Sensoren wurden zunächst im Zustand ohne Frequenzanpassung in Schwingungsexperimenten charakterisiert, um die Eigenfrequenzen und Federkonstanten zu ermitteln. Anschließend wurde mit Hilfe eines Mikromanipulators die jeweilige Probe am freien Ende der Nanoröhre platziert und die Eigenfrequenzen angepasst. Mit diesen Sensoren wurden mit dem in Abschnitt 8.2 beschriebenen Aufbau Magnetometrie-Experimente durchgeführt.

9.1 Magnetometrie-Messung von Heusler-Nanopartikeln

Heusler-Verbindungen sind eine Klasse von intermetallischen Materialien, welche aus über 1500 bisher bekannten Vertretern besteht [162] und der ein breites Anwendungspotential zugeschrieben wird [163]. Insbesondere die magnetischen Eigenschaften zusammen mit sehr guten Transporteigenschaften machen sie zu interessanten Kandidaten für Anwendungen zum Beispiel in der Spintronik [162], [164]. Eine sehr gute Übersicht zu Arten, Herstellung und Anwendung dieser Materialklasse wird zum Beispiel von Graf et al. [162] gegeben. Darin wird unter anderem aufgezeigt, dass sich die magnetischen Eigenschaften von Nanopartikeln aus *Heusler*-Verbindungen (im Folgenden kurz als *Heusler-Nanopartikel bezeichnet*) deutlich von denen des Volumenmaterials unterscheiden und deshalb ein attraktives Forschungsfeld mit Anwendungen in der Medizin oder für Datenspeicher sind [162]. Um *Heusler*-Nanopartikel herzustellen, werden verschiedene Methoden verwendet. Eine davon ist das Füllen von Kohlenstoffnanoröhren mit diesen Verbindungen. Die Kohlenstoffnanoröhren bilden nicht nur eine schützende Hülle um die Partikel, sondern begrenzen gleichzeitig deren räumliche Ausdehnung, so dass nahezu sphärische Nanopartikel mit gezielten Größen hergestellt werden können [165]. Eine solche mit *Heusler*-Nanopartikeln gefüllte Kohlenstoffnanoröhre soll mit dem ko-resonanten Sensor in einem Magnetometrie-Experiment untersucht werden, wobei es sich bei der Verbindung um Kobalt-Eisen-Gallium (Co_2FeGa) handelt, welches eine ferromagnetische Verbindung darstellt [165]. [1]

Da bei der Herstellung der gefüllten Nanoröhren nicht nur die gewünschte *Heusler*-Verbindung, sondern zum Beispiel auch Cobalt-Nanopartikel entstehen, werden die Nanoröhren zunächst im Transmissionselektronenmikroskop (TEM) untersucht. Im Hinblick auf den Transfer vom Substrat auf den Sensor müssen zudem Nanoröhren ausgewählt werden, welche leicht mit einer Wolframnadel aufgenommen werden können. Abbildung 9.1 zeigt eine TEM-Aufnahme einer solchen Nanoröhre auf einem Substrat aus Kohlenstoff, welche mit mehreren *Heusler*-Nanopartikeln gefüllt ist. Nachdem die gewünschte Nanoröhre identifiziert ist, muss diese im Rasterelektronenmikroskop mit einer Wolframnadel und dem Mikromanipulator vom Substrat aufgenommen und am freien Ende der ungefüllten Nanoröhre des Magnetometrie-Sensors abgelegt werden. Die Schwierigkeit hierbei ist, dass die mit *Heusler*-Nanopartikeln gefüllten Nanoröhren sehr spröde sind und bei Kontakt mit der Wolframnadel leicht brechen. Der Transfer konnte mit der in Abbildung 9.1 gezeigten Nanoröhre jedoch erfolgreich durchgeführt werden.

Nach Sensorcharakterisierung (Tabelle 9.1), Transfer der Probe auf den Sensor und Frequenzanpassung wird der Sensor für die Magnetometrie-Messung in das Magnetkraftmikroskop eingebaut. Im Gegensatz zur Messung der eisengefüllten Kohlenstoffnanoröhren wird für die *Heusler*-Nanopartikel nur ein geringes Frequenzverschiebungssignal im Magnetfeld erwartet. Dies legen Untersuchungen der Co_2FeGa-Verbindungen mit SQUIDs nahe, bei deren Auswertung ein magnetisches Moment von nur ca. 5 μ_B pro Einheitszelle bestimmt wurden. Weiterhin konnte bei diesen Messungen gezeigt werden, dass die Nanopartikel Koerzitivfelder von 11 mT und nur eine geringe magnetische Hysterese selbst bei tiefen Temperaturen aufweisen [164], [166].

Abbildung 9.2 zeigt den Sensor mit der mit *Heusler*-Nanopartikeln gefüllten Nanoröhre und Abbildung 9.3a die im Magnetkraftmikroskop aufgenommene Resonanzkurve des Sensors ohne äußeres Magnetfeld. Es sind die beiden Resonanzpeaks ω_a und ω_b des gekoppelten Systems erkennbar. Für die Messung wird allerdings nur der Peak mit der größeren Amplitude ausgewertet,

---

[1] Die Proben wurden am IFW Dresden von M. Gellesch hergestellt und von M. Haft vorcharakterisiert.

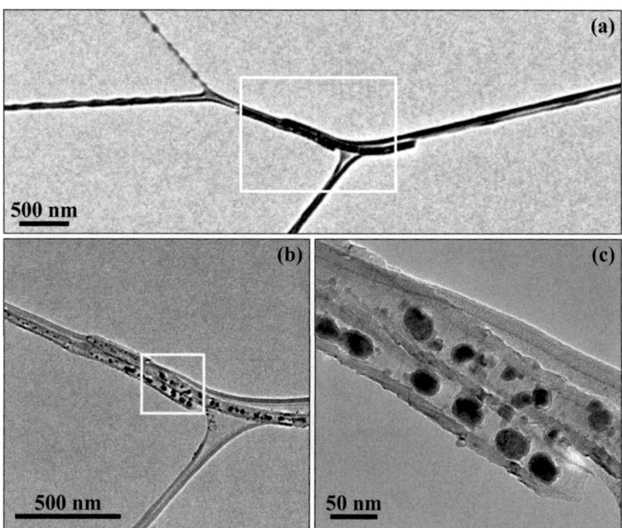

Abbildung 9.1: TEM-Aufnahmen einer mit *Heusler*-Nanopartikeln gefüllten Kohlenstoffnanoröhre auf einem Substrat aus Kohlenstoff (Lacey carbon):(a) Übersicht, (b) und (c) Vergrößerungen des umrahmten Bereiches. Aufnahmen mit freundlicher Genehmigung von M. Haft, IFW Dresden.

da dieser ein wesentliches größeres SNR aufweist als der kleinere Peak. Um die Messunsicherheit des Frequenzverschiebungssignals zu reduzieren, wird außerdem das Vorgehen bei der Messung im Magnetfeld gegenüber dem von Abschnitt 8.3.2 etwas verändert. Anstatt wie bisher bei verschiedenen Abständen zwischen Magnet und Sensor eine Resonanzkurve aufzunehmen und die zum Amplitudenmaximum gehörige Frequenz zu ermitteln, werden an jedem Messpunkt fünf aufeinander folgende Amplitudenkurven aufgenommen. Dabei wird die Frequenz nur in einem kleinen Bereich um das Maximum der Amplitude mit einer Frequenzschrittweite von 5 mHz und einer Haltezeit pro Frequenzwert von 10 ms durchfahren. So wird eine möglichst genaue Messung des Maximums der Amplitudenkurve erreicht. In der Auswertung der Messdaten wird für jeden Messpunkt eine mittlere Amplitudenkurve aus den fünf gemessenen Kurven erstellt und darauf ein *Lorentz*fit angewendet, um die Resonanzfrequenz so genau wie möglich zu bestimmen. Zusätzlich wird für jede Einzelresonanzkurve eines Messpunktes ein *Lorentz*fit durchgeführt und aus der Standardabweichung der ermittelten Resonanzfrequenzen die Messunsicherheit für die Frequenz und demzufolge für die Frequenzverschiebung an jedem Messpunkt bestimmt. Dieses Vorgehen ermöglicht zwar eine genaue Ermittlung der Frequenz, ist aber zeitaufwändig. Eine Verkürzung der Messzeit ließe sich zum Beispiel durch einen veränderten Messaufbau und automatisierte Messung der Frequenzverschiebung mittels einer Phasenregelschleife des Gerätes erreichen.

Die gemessenen Werte für die Frequenzverschiebung in Abhängigkeit vom äußeren Magnetfeld

Tabelle 9.1: Eigenschaften der Einzelkomponenten und des gekoppelten Systems für den Sensor zur Messung der mit *Heusler*-Nanopartikeln gefüllten Kohlenstoffnanoröhre.

Einzelkomponenten	Cantilever	CNT
Länge	$(104,1 \pm 3,1)$ µm	$(14 \pm 0,4)$ µm
Durchmesser CNT	—	(110 ± 6) nm
Eigenfrequenz $f_{1,2}$ (unangepasst)	(447837 ± 1) Hz	(461904 ± 10) Hz
Federkonstante k	(47 ± 3) N/m	$(0,0006 \pm 0,0001)$ N/m
Gütefaktor Q	7910	227
Eigenfrequenz $f_{1,2}$ (angepasst)	(447837 ± 1) Hz	(445567 ± 100) Hz
effektive Masse m_{eff}	$(5,9 \pm 0,4) \cdot 10^{-12}$ kg	$(7,6 \pm 1,4) \cdot 10^{-17}$ kg
Gekoppeltes System	**Linker Peak - ω_a**	**Rechter Peak - ω_b**
Resonanzfrequenz $f_{a,b}$	(440327 ± 10) Hz	$(448131 \pm 0,5)$ Hz
effektive Federkonstante $k_{eff}^{a,b}$	$(0,0005 \pm 0,0001)$ N/m	$(0,008 \pm 0,0003)$ N/m

sind in Abbildung 9.3b dargestellt. Trotz der verwendeten Auswertetechniken ist die Messunsicherheit für die Frequenzverschiebung von ca. $\pm$ 1 Hz noch relativ groß. Trotzdem ist die Frequenzverschiebung mit steigendem äußerem Magnetfeld deutlich zu erkennen. Die Interpretation der gemessenen Daten ist, wie eingangs erwähnt, schwierig, da nicht nur ein einzelnes *Heusler*-Nanopartikel sondern, wie Abbildung 9.1 zeigt, mehrere Partikel unterschiedlicher Größe gemessen wurden. Dies legt nahe, dass eine Interaktion zwischen den Magnetisierungen der Partikel auftritt. Da die Vorzugsrichtungen der Magnetisierung der Partikel nicht bekannt sind, können kaum Aussagen über magnetische Eigenschaften, wie zum Beispiel das magnetische Moment, getroffen werden.

Offensichtlich ist jedoch, dass für ein negatives äußeres Magnetfeld eine Verringerung der Resonanzfrequenz (negative Frequenzverschiebung) auftritt. Im Gegensatz dazu erhöht sich die Resonanzfrequenz für positive äußere Feldwerte zunächst (positive Frequenzverschiebung), nimmt dann aber mit weiter zunehmendem äußeren Magnetfeld wieder ab. An dieser Stelle sei noch einmal darauf hingewiesen, dass die Festlegung „positives" und „negatives" Feld im Experiment willkürlich war, da die Magnetisierungsrichtung der verwendeten Magnete nicht bestimmt wurde. Eine Vertauschung der Bezeichnung der Orientierungen führt jedoch lediglich zu einer Spiegelung der Messkurve an der y-Achse. Im Hinblick auf die Messergebnisse hat dies keine Auswirkungen auf das gezeigte Sensorverhalten. Allerdings sind mit den bisherigen Messergebnissen Aussagen dazu, ob zum Beispiel die Interaktion zwischen den Partikeln dieses Verhalten hervorruft oder ob möglicherweise sogar eine Magnetisierungsumkehr in einem oder mehreren Partikeln auftritt, noch nicht möglich. Dies erfordert tiefergehende theoretische Überlegungen und experimentelle Verbesserungen, die aber nicht Gegenstand dieser Arbeit sein sollten.

In Tabelle 9.2 sind weiterhin die Kenngrößen des Sensors von Tabelle 9.1 zur Betrachtung der Messgrenzen zusammengefasst. Dabei wird wieder davon ausgegangen, dass das thermische Rauschen dominant ist.

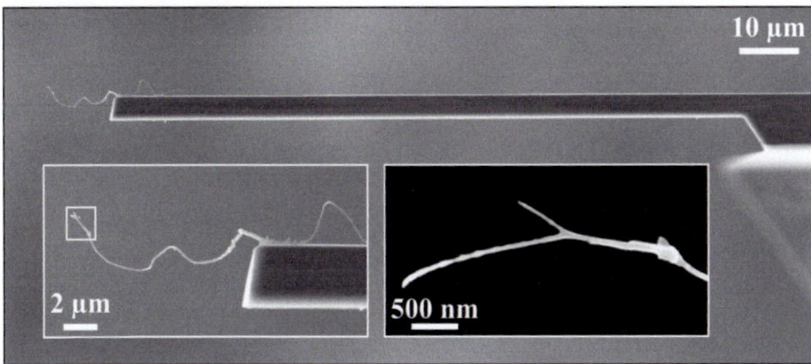

Abbildung 9.2: Ko-resonanter Sensor mit einer mit *Heusler*-Nanopartikeln gefüllten Kohlenstoffnanoröhre als Probe für die Magnetometrie-Messung.

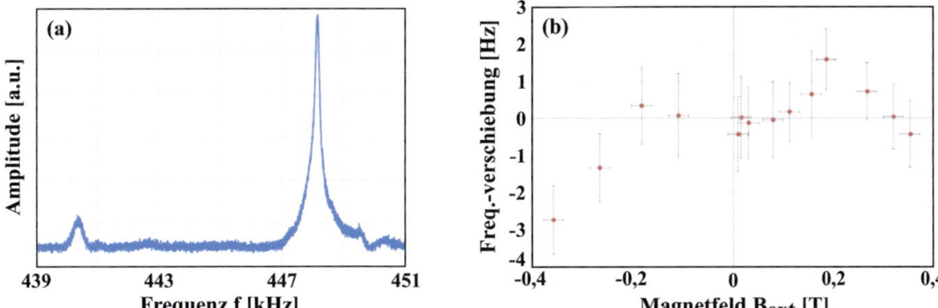

Abbildung 9.3: (a) Resonanzkurve des gekoppelten Systems ohne äußeres Magnetfeld und (b) Frequenzverschiebung in Abhängigkeit vom äußeren Magnetfeld für eine mit *Heusler*-Nanopartikeln (Co_2FeGa) gefüllte Kohlenstoffnanoröhre.

Es zeigt sich auch hier, dass das minimal messbare magnetische Moment für das gekoppelte System durch die Frequenzanpassung zwischen Nanoröhre und Cantilever um mehrere Größenordnungen kleiner ist als bei dem einzelnen Cantilever und damit die Detektivität des gekoppelten Systems stark steigt.

Für den in der Messung verwendeten Resonanzpeak mit der größeren Amplitude wird aber auch deutlich, dass die Messung der *Heusler*-Nanopartikel nahe an der Messgrenze des Sensors liegt, was gut zu den gemessenen Frequenzverschiebungswerten von wenigen Hertz passt.

Um auszuschließen, dass die gemessene Frequenzverschiebung nicht doch durch die ungefüllte Nanoröhre hervorgerufen wird, wurde zudem ein weiterer ko-resonant angepasster Sensor mit einer solchen Nanoröhre und ohne magnetische Probe dem äußeren Magnetfeld ausgesetzt. In diesem Experiment war keine Verschiebung der Resonanzfrequenzen des Sensors messbar. Dies stimmt mit früheren Untersuchungen überein, bei denen diamagnetisches Verhalten dieser Nanoröhren festgestellt werden konnte [167]. Zwar wurde nur eine Nanoröhre auf diese Art überprüft, aber da alle Röhren zusammen im selben Prozess hergestellt wurden, kann davon ausgegangen werden, dass sie sehr ähnliche Eigenschaften haben und demzufolge in der Regel

Tabelle 9.2: Parameter und Kennwerte der Einzelkomponenten Cantilever und Nanoröhre sowie des gekoppelten Sensors zur Messung der mit *Heusler*-Nanopartikeln gefüllten Kohlenstoffnanoröhre (Temperatur $T = 293$ K, Bandbreite $B_w = 1$ Hz, externes Magnetfeld $B_{ext} = 400$ mT) [3], [55]. Δf_{min}^{th} minimale Frequenzverschiebung durch thermisches Rauschen, m_{min} minimales magnetisches Moment, μ_B *Bohr*sches Magneton.

	Einzelsysteme		**Gekoppeltes System**
Parameter	Cantilever	Nanoröhre	Rechter Peak ω_b
Eigenfrequenz f	447837 Hz	461904 Hz	448131 Hz
Federkonstante k	47 N/m	0,0006 N/m	0,008 N/m
Gütefaktor Q	7910	227	2040
Amplitude A	100 nm	1 µm	100 nm
Länge Sensor	104 µm	14 µm	14 µm
$\Delta f_{min}^{th}\,[Hz]$	0,0004	0,066	0,059
m_{min} [Am^2]	$1,17 \cdot 10^{-15}$	$4,4 \cdot 10^{-20}$	$5,5 \cdot 10^{-19}$
m_{min}/μ_B	$1,3 \cdot 10^{8}$	4780	$6 \cdot 10^{4}$

nichtmagnetisches Verhalten zeigen.

9.2 Magnetometrie-Messung eines Kristallits aus endohedralen Metallofullerenen

Alle bisher durchgeführten Messungen erfolgten mit Proben aus ferromagnetischem Material. Die im Folgenden untersuchten endohedralen Metallofullerene enthalten jedoch Verbindungen, welche bei Raumtemperatur paramagnetisches Verhalten zeigen und erst bei tiefen Temperaturen ferromagnetisch werden [168]. Wie die Betrachtungen aus Abschnitt 4.3.2 gezeigt haben, ist für Paramagneten ein ganz anderes Verhalten im Magnetfeld zu erwarten als bei ferromagnetische Materialien und insbesondere sind die messbaren Frequenzverschiebungen sehr klein. In einem Experiment von Gysin et al. wird dies an einer bei Raumtemperatur paramagnetischen Schicht aus Dysprosium (Dicke ca. 33 nm) mit Cantilever-Magnetometrie gezeigt [55]. Der dünne magnetische Filme wird dabei am freien Ende eines weichen Cantilevers mit einer Federkonstante von 80 mN/m aufgebracht [55].

Die Frequenzverschiebung hängt quadratisch vom äußeren Magnetfeld ab und die Form der Frequenzverschiebungskurve ist durch die Entmagnetisierungsfaktoren und die magnetische Suszeptibilität des untersuchten Materials bestimmt. Bei einem Magnetfeld von 1 T wurde eine Frequenzverschiebung von etwa 2 Hz erreicht [55].

Für das Experiment in dieser Arbeit wurde eine neuartige Verbindung untersucht, bei der es sich um einen Kristalliten aus gefüllten Fullerenen handelt. Fullerene sind eine Modifikation von Kohlenstoff, bei der sich kugelförmige Strukturen mit einer bestimmten Anzahl an Kohlenstofatomen bilden. Die hier verwendeten Fullerene bestehen aus 80 Kohlenstoffatomen (Abbildung

9.4a). Fullerene können mit Molekülen, Atomen und Ionen gefüllt sein und werden in diesem Fall als endohedrale Fullerene bezeichnet. Bei einem endohedralen Metallofulleren handelt es sich bei den eingeschlossenen Verbindungen um Metalle [168], wobei eine große Anzahl verschiedener metallischer Verbindungen enthalten sein kann. Der Kohlenstoffkäfig dient dabei als Schutz der innen liegenden Verbindungen, so dass diese zum Beispiel als Kontrastmittel in der Magnetresonanztomographie eingesetzt werden könnten [168], [169]. Neben biologischen Anwendungen, zum Beispiel als Mittel zur Tumorbekämpfung, wird auch der Einsatz in der Supraleitung, als Nanospeicher und als ferroelektrisches Material in Betracht gezogen [168]. Dazu müssen jedoch die Eigenschaften dieser Verbindungen bekannt und verstanden sein, um geeignete Strukturen herstellen zu können. Einen guten Eindruck der Komplexität des Themas und der Bandbreite der herstellbaren Strukturen vermittelt ein Review von Popov et al. [168].

In der vorliegenden Arbeit wurden endohedrale Metallofullerene verwendet, die aus einer Verbindung von Holmium, Scandium und Stickstoff in einem Fulleren aus 80 Kohlenstoffatomen (Kurzbezeichnung $HoSc_2N@C_{80}$) bestehen (siehe auch [170]).[2] Einzelne dieser Fullerene sind jedoch zu klein, um sie gezielt auf einem Sensor platzieren zu können. Zudem weist ein einzelnes Holmiumatom nur ein magnetisches Moment von etwa 11 μ_B auf. Aus diesen Gründen können keine Einzelfullerene, sondern nur Zusammenballungen davon untersucht werden. Diese können würfelförmige kristallartige Strukturen ausbilden, wie Abbildung 9.4b zeigt. An dieser Stelle sei darauf hingewiesen, dass es sich nicht um einen Einkristall mit regelmäßiger Gitterstruktur handelt, sondern um die Zusammenballung von Fullerenen, die von amorphem Kohlenstoff zusammengehalten werden. Die Würfel können Kantenlängen zwischen einigen hundert Nanometern bis zu mehreren Mikrometern erreichen. Strukturen dieser Größenordnung können mit Hilfe eines Mikromanipulators und einer Wolframnadel vom Substrat aufgenommen und am freien Ende der Nanoröhre des Sensors platziert werden (Abbildung 9.4c). Die zugehörigen Daten des Sensors, welche aus der Geometrie und in Schwingungsexperimenten ermittelt wurden, sind in Tabelle 9.3 angegeben.

Die experimentelle Vorgehensweise wurde wie bei der Messung der mit *Heusler*-Nanopartikeln gefüllten Nanoröhre in Abschnitt 9.1 gewählt, d.h. an jedem Messpunkt wurden fünf Amplitudenkurven aufgenommen und für deren Mittelwert ein *Lorentz*fit durchgeführt, um die Resonanzfrequenz zu ermitteln. Die Messunsicherheit ergab sich wiederum aus der Streuung der Resonanzfrequenzen bei *Lorentz*fits der Einzelkurven für jeden Messpunkt. Die Aufnahme der Resonanzkurven erfolgte dabei mit einer Frequenzschrittweite von 2 mHz und einer Haltezeit pro Frequenzwert von 10 ms, um möglichst genaue Amplitudenkurven zu ermitteln.

Die Ergebnisse für die Frequenzverschiebung Δf in Abhängigkeit des äußeren magnetischen Feldes B_{ext} sind in Abbildung 9.5 dargestellt. Es sind drei verschiedene Messungen gezeigt: Zunächst wurde der Magnet, welchem das positive Feld zugeschrieben wurde, schrittweise an den Sensor angenähert (Lauf 1). Danach wurde dieser Magnet zurückgefahren, die Probenscheibe

---

[2]Herstellung durch D. Krylov, IFW Dresden

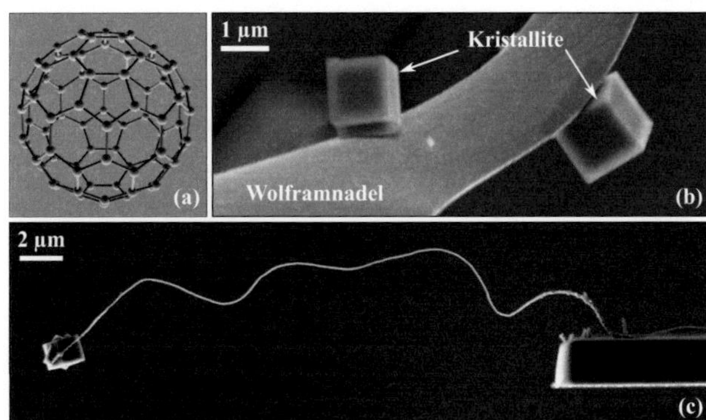

Abbildung 9.4: (a) Modell eines Fullerens, bestehend aus 80 Kohlenstoffatomen, erstellt mit der Software *Nanotube Modeler*. (b) Kristallite aus endohedralen Metallofullerenen, welche die Verbindung $HoSc_2N@C_{80}$ enthalten, an einer Wolframnadel, (c) am freien Ende der Nanoröhre eines ko-resonanten Sensors platzierter Kristallit.

gedreht und der andere Magnet mit der entgegengesetzten Orientierung des Magnetfeldes an den Sensor angenähert (Lauf 2). Anschließend wurde auch dieser Magnet wieder weggefahren und die Annäherung an den ersten Magneten wiederholt (Lauf 3).

Alle beobachteten Frequenzverschiebungen liegen im Bereich einiger hundert Milihertz. Trotzdem ist insbesondere bei einem stärkeren äußeren Magnetfeld für beide Orientierungen eine positive Frequenzverschiebung erkennbar. Dies entspricht dem nach der Theorie erwarteten Verhalten für ein paramagnetisches Material, welches eine quadratische Abhängigkeit vom äußeren Magnetfeld gemäß Gleichung (4.26) besitzt.

Interessant ist, dass die beiden Messungen des Magneten mit derselben Orientierung (Lauf 1 und Lauf 3) nicht übereinstimmen, sondern bei der zweiten Annäherung höhere Frequenzverschiebungen gemessen wurden. Dieses Verhalten kann bisher nicht erklärt werden. Zumindest ist aber eine Drift der Resonanzfrequenzen $\omega_{a,b}$ des Sensors auszuschließen, da diese nach jeder Annäherung an der feldfreien Messposition überprüft wurden. Möglicherweise liegt die Ursache in der Struktur der Kristallite bzw. der Fullerene. Dies könnte auch eine Erklärung dafür sein, weshalb die Frequenzverschiebungen bei beiden Orientierungen des Magnetfeldes für Felder von weniger als 100 mT nicht mehr dem Parabelverlauf folgen.

Für eine aussagekräftige Interpretation dieser Messergebnisse sind tiefergehende theoretische Betrachtungen und experimentelle Untersuchungen notwendig, insbesondere auch zur Struktur der Fullerene und deren Interaktionen untereinander sowie zum Aufbau der Kristallite [171]. Ein möglicher Ansatzpunkt für ein besseres Verständnis der Kristallite kann die Untersuchung anderer geometrischer Formen sein, bei denen eine ausgeprägte Vorzugsrichtung vorhanden ist (zum Beispiel Nadelform).

Die bisherigen Experimente zeigen, dass es mit dem ko-resonant gekoppelten Sensor möglich

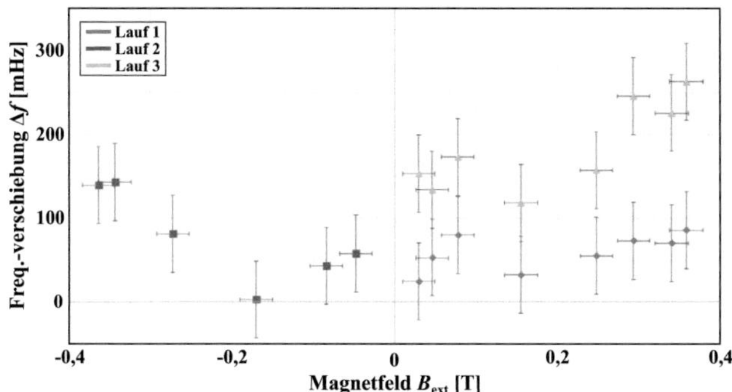

Abbildung 9.5: Gemessene Frequenzverschiebung Δf in Abhängigkeit vom äußeren Magnetfeld B_{ext} für einen Kristalliten aus endohedralen Metallofullerenen mit einem ko-resonanten Sensor.

Tabelle 9.3: Eigenschaften der Einzelkomponenten und des gekoppelten Systems für den Sensor zur Messung des Kristalliten aus endohedralen Metallofullerenen.

	Sensor für Kristallit-Messung	
Einzelsysteme	**Cantilever**	**CNT**
Länge	$(352,8 \pm 10,6)$ µm	$(30 \pm 0,9)$ µm
Durchmesser CNT	—	(110 ± 6) nm
Eigenfrequenz $f_{1,2}$ (unangepasst)	(25535 ± 1) Hz	(171120 ± 1) Hz
Federkonstante k	$(0,6 \pm 0,04)$ N/m	$(0,0002 \pm 0,00003)$ N/m
Gütefaktor Q	17558	387
Eigenfrequenz $f_{1,2}$ (angepasst)	(25535 ± 1) Hz	(24630 ± 100) Hz
effektive Masse m_{eff}	$(2,3 \pm 0,1) \cdot 10^{-11}$ kg	$(7 \pm 1) \cdot 10^{-15}$ kg
gekoppeltes System	**Linker Peak - ω_a**	**Rechter Peak - ω_b**
Resonanzfrequenz $f_{a,b}$	(24570 ± 10) Hz	$(25580 \pm 0,5)$ Hz
effektive Federkonstante $k_{eff}^{a,b}$	$(0,0002 \pm 0,00005)$ N/m	$(0,0035 \pm 0,001)$ N/m

ist, Kristallite aus bei Raumtemperatur paramagnetischen endohedralen Metallofullerenen mit Cantilever-Magnetometrie zu messen. Wie bei den Experimenten mit *Heusler*-Nanopartikeln wird der Sensor auch hier nahe an seiner Detektivitätsgrenze betrieben. Weitere Messungen erfordern eine Verbesserung des Messaufbaus und Maßnahmen zur Steigerung der Detektivität. Diese müssen jedoch zukünftigen Arbeiten vorbehalten bleiben.

10 Zusammenfassung und Ausblick

In der vorliegenden Arbeit wurde die Anwendung eines frequenzangepassten gekoppelten (sogenannten ko-resonanten) Systems, welches aus zwei schwingungsfähigen Balken (Cantilevern) besteht, untersucht. Bei den Balken handelt es sich um einen Mikro- und einen Nanocantilever, wobei letzterer in mindestens zwei Dimensionen Abmessungen im Nanometerbereich aufweist. Durch die Anpassung der Eigenfrequenzen der beiden Balken wird eine starke Wechselwirkung zwischen den Einzelsystemen hervorgerufen. Diese hat zur Folge, dass eine Interaktion des Nanocantilevers mit seiner Umgebung das Schwingungsverhalten des gesamten gekoppelten Systems verändert und dass diese Änderung in der Amplitudenkurve des Mikrocantilevers gemessen werden kann. Damit eignet sich das frequenzangepasste gekoppelte System sehr gut als Sensor, bei dem eine hohe Empfindlichkeit bei gleichzeitig einfacher Detektierbarkeit der Schwingung am Mikrocantilever erreicht wird.

Gekoppelte mikro- und nanomechanische Systeme sind in der Vergangenheit bereits als Massesensoren verwendet worden. Die vorliegende Arbeit soll nun[1] das systemtheoretische und messtechnische Verhalten von ko-resonant gekoppelten schwingenden Doppelcantilever-Anordnungen aufklären und ihre vorteilhafte Anwendung zur Messung kleinster magnetischer Momente zeigen.

Das gekoppelte Sensorsystem wird dabei systemtheoretisch als gekoppelter harmonischer Oszillator beschrieben. Durch Umwandlung in ein Netzwerkmodell (elektrisches Schaltungsmodell) kann der Sensor nicht nur mathematisch beschrieben, sondern auch auf sehr einfache Art simuliert werden. Dies ist insbesondere von Vorteil, wenn es um die Auslegung für eine bestimmte Anwendung geht, wo die Eigenschaften des Systems hinsichtlich spezieller Anforderungen optimiert werden sollen.

Die durch die Anpassung der Eigenfrequenzen von Mikro- und Nanocantilever erzeugte Wechselwirkung zwischen den Einzelsystemen führt dazu, dass die Eigenschaften des gekoppelten Systems nicht nur durch den wesentlich größeren Mikrocantilever dominiert werden, sondern durch die Eigenschaften der beiden einzelnen Cantilever und den Grad der Frequenzanpassung bestimmt sind.

Neben der theoretischen Beschreibung des ko-resonanten Sensorprinzips wurden verschiedene Sensoren hergestellt und für die Cantilever-Magnetometrie verwendet. Bei konventioneller

---

[1] neben einer weiteren Dissertation von Christopher F. Reiche, IFW Dresden

Cantilever-Magnetometrie wird ein einzelner schwingender Mikrocantilever genutzt, an dessen freiem Ende sich die Probe befindet, deren magnetische Eigenschaften untersucht werden sollen. Ein äußeres Magnetfeld, welches mit der Probe interagiert, führt zu einer Kraftwirkung auf den Cantilever, welche dessen Schwingungseigenschaften verändert. Diese Änderung wird in der Regel als Verschiebung der Resonanzfrequenz des Cantilevers ermittelt, aus der sich verschiedene magnetische Eigenschaften der Probe ableiten lassen.

Das Messverfahren stößt jedoch bei abnehmender Probengröße an Auflösungsgrenzen, da die Interaktion zwischen Probe und Magnetfeld schwächer wird und demzufolge die Frequenzverschiebung abnimmt. Diesem Problem könnte durch eine Verringerung der Sensorabmessungen entgegengewirkt werden, was jedoch einen gesteigerten Detektionsaufwand zur Folge hätte. An dieser Stelle kommt der Vorteil des ko-resonant gekoppelten Systems zum Tragen, bei dem die Schwingungsdetektion am Mikrocantilever, die Interaktion jedoch an einem sehr empfindlichen Nanocantilever erfolgt.

Die erreichbare hohe Empfindlichkeit wurde in der vorliegenden Arbeit am Beispiel von eisengefüllten Kohlenstoffnanoröhren demonstriert, die sowohl als Nanocantilever als auch als magnetische Probe fungierten. Der Vorteil dieser eisengefüllten Kohlenstoffnanoröhren liegt darin, dass ihre magnetischen Eigenschaften durch andere Messverfahren bereits gut bekannt sind. Damit lassen sich die Aussagen, welche aus den Magnetometrie-Experimenten des gekoppelten Sensors gewonnen worden, einfach überprüfen. Diese Experimente haben gezeigt, dass es möglich ist, aus den Messwerten des ko-resonanten Sensors zuverlässig magnetische Eigenschaften abzuleiten.

Weitere Magnetometrie-Experimente wurden mit neuen magnetischen Materialien durchgeführt, welche nur schwache magnetische Eigenschaften aufweisen und deshalb mit anderen Verfahren nur schwierig oder gar nicht messbar sind. Dabei handelte es sich zum einen um eine mit ferromagnetischen Heusler-Nanopartikeln gefüllte Kohlenstoffnanoröhre und zum anderen um einen Kristalliten aus endohedralen Metallofullerenen, der bei Raumtemperatur paramagnetisches Verhalten zeigt.

Mit dem ko-resonanten Sensorprinzip konnte das Schwingungsverhalten des gekoppelten Systems und damit die Interaktion zwischen Probe und äußerem Magnetfeld gemessen werden. Dabei sind zur Messung lediglich ein kommerziell erhältliches Rasterkraftmikroskop und eine geeignete Magnetfeldquelle, im einfachsten Fall Permanentmagnete, nötig. Die Messergebnisse demonstrieren das große Potenzial des ko-resonant gekoppelten Sensors.

Zur Steigerung der Detektivität, Beschleunigung der Messprozedur und Reduktion der Messunsicherheiten bedarf es weiterer Verbesserungen und Optimierungen des Messsystems. Einer der wichtigsten Punkte ist dabei die Erzeugung des äußeren Magnetfeldes, für das bisher Permanentmagnete eingesetzt wurden. Diese sollen für zukünftige Messungen durch einen Elektromagneten ersetzt werden, welcher es erlauben würde, die umfangreichen Kontroll- und Einstellmöglichkeiten des Magnetkraftmikroskopes auch für die Magnetometrie-Messungen zu nutzen. So müssten nicht mehr an jedem Messpunkt mehrere Resonanzkurven aufgenommen und aufwendig statistisch ausgewertet werden, sondern die Frequenzverschiebung könnte direkt in Abhängigkeit vom Strom und damit vom Feld der Elektrospule aufgenommen werden. Dies würde die Messzeit für das Durchfahren des kompletten Magnetfeldbereiches auf wenige Sekunden verkürzen und gleichzeitig die Messgenauigkeit verbessern. Bei einem solchen Messaufbau müssen jedoch die geometrische Gegegebenheiten des Messsystems, Anforderungen bezüglich der Vakuumtauglichkeit, thermische Effekte des Elektromagneten und deren Auswirkungen auf den Sensor und den Messprozess sowie die unter diesen Bedingungen erreichbare Stärke des Magnetfeldes berücksichtigt werden.

Mit den Ergebnissen in dieser Arbeit wurde das Verständnis der ko-resonant gekoppelten Sensorsysteme erweitert und die Grundlage für dessen Anwendung in der Cantilever-Magnetometrie gelegt. Eine Reihe von Fragen bedürfen jedoch einer genaueren Untersuchung. Dazu gehören beispielsweise die Ursachen und Wirkungen von Amplitudenänderungen, welche möglicherweise ebenfalls genutzt werden könnten, um Informationen über die Eigenschaften der Probe abzuleiten. Eine weitere Frage betrifft die Frequenzstabilität des Sensors und den Einfluss nichtlinearer Effekte der Schwingung des Nanocantilevers. Letztere können sich auf Grund der hohen Amplitudenverstärkung bei ko-resonanter Kopplung ergeben. Möglicherweise folgt daraus ein minimal notwendiger Frequenzabstand der Eigenfrequenzen. Weiterhin ist ein besseres Verständnis von Rauschprozessen des gekoppelten Systems notwendig, um dessen Detektivität und Messgrenzen zu bestimmen und gegebenenfalls weiter zu verbessern.

Das ko-resonante Sensorkonzept ist nicht auf die Anwendung in der Cantilever-Magnetometrie beschränkt. Eine weitere Verwendung als Sensor in der dynamischen Rasterkraftmikroskopie wird bereits untersucht, aber ebenso ist ein Einsatz zum Beispiel als Masse- oder Drucksensor denkbar. Für diese Anwendungen ist es von Vorteil, wenn ko-resonant gekoppelte Systeme integriert in Silizium mit Methoden der Mikrostrukturierung herstellbar wären, was entsprechende technologische Herstellungsverfahren erfordert.

Literaturverzeichnis

[1] M. A. Poggio, A. W. McFarland, J. S. Colton, and L. A. Bottomley. A method for calculating the spring constant of atomic force microscopy cantilevers with a nonrectangular cross section. *Analytical Chemistry*, 77(4):1192, 2005.

[2] H. Pakdast and M. Lazzarino. Triple coupled cantilever systems for mass detection and localization. *Sensors and Actuators A: Physical*, 175:127, 2012.

[3] B. C. Stipe, H. J. Mamin, T. D. Stowe, T. W. Kenny, and D. Rugar. Magnetic dissipation and fluctuations in individual nanomagnets measured by ultrasensitive cantilever magnetometry. *Physical Review Letters*, 86(13):2874, 2001.

[4] T. D. Rossing and N. H. Fletcher. *Principles of Vibration and Sound*. Springer-Verlag, Berlin Heidelberg, 2. Auflage, 2004.

[5] H. Balke. *Einführung in die Technische Mechanik - Festigkeitslehre*. Springer Vieweg, Berlin, Heidelberg, 3. Auflage, 2014.

[6] S. M. Han, H. Benaroya, and T. Wie. Dynamics of transversely vibrating beams using four engineering theories. *Journal of Sound and Vibration*, 225(5):935, 1999.

[7] L. Meirovitch. *Elements of Vibration Analysis*. McGraw-Hill, New York, 1975.

[8] I. N. Bronstein, K. A. Semendjajew, G. Musiol, and H. Mühlig. *Taschenbuch der Mathematik*. Verlag Harri Deutsch, Frankfurt am Main, 6. Auflage, 2005.

[9] D. Sarid. *Scanning Force Microscopy - With Applications to Electric, Magnetic and Atomic Forces*. Oxford University Press, New York, Oxford, 1994.

[10] C. F. Reiche. *Novel Sensors for Scanning Force Microscopy Based on Carbon Nanotube Mechanical Resonators*. PhD thesis, Technische Universität Dresden, Fakultät Mathematik und Naturwissenschaften, 2015.

[11] G. Häehner. Dynamic spring constants for higher flexural modes of cantilever plates with applications to atomic force microscopy. *Ultramicroscopy*, 110(7):801, 2010.

[12] J. A. Sidles, J. L. Garbini, K. J. Bruland, Rugar D., O. Züger, S. Hoen, and C. S. Yannoni. Magnetic resoance force microscopy. *Review of Modern Physics*, 67(1):249, 1995.

[13] S. Rast, C. Wattinger, U. Gysin, and E. Meyer. Dynamics of damped cantilevers. *Review of Scientific Instruments*, 71(7):2772, 2000.

[14] C. A. Clifford and M. P. Seah. The determination of atomic force microscope cantilever spring constants via dimensional methods for nanomechanical analysis. *Nanotechnology*, 16(9):1666, 2005.

[15] C. F. Reiche, S. Vock, V. Neu, L. Schultz, B. Büchner, and T. Mühl. Bidirectional quantitative force gradient microscopy. *New Journal of Physics*, 17(1):013014, 2015.

[16] J. Lübbe, L. Doering, and M. Reichling. Precise determination of force microscopy cantilever stiffness from dimensions and eigenfrequencies. *Measurement Science and Technology*, 23(4):045401, 2012.

[17] D. P. Weber. *Dynamic Cantilever Magnetometry of Individual Ferromagnetic Nanotubes*. PhD thesis, Universität Basel, Fakultät für Naturwissenschaften, 2014.

[18] F. J. Giessibl. Advances in atomic force microscopy. *Review of Modern Physics*, 75(3):949, 2003.

[19] P. A. Tipler and G. Mosca. *Physik für Wissenschaftler und Ingenieure*. Springer, Heidelberg, Berlin, 7. Auflage, 2015.

[20] C. F. Reiche, J. Körner, B. Büchner, and T. Mühl. Introduction of a co-resonant detection concept for mechanical oscillation-based sensors. *Nanotechnology*, 26(33):335501, 2015.

[21] S. Morita, F. J. Giessibl, and R. Wiesendanger, Hrsg. *Noncontact Atomic Force Microscopy*. Springer, Berlin, 2. Auflage, 2009.

[22] F. A. Fischer. *Grundzüge der Elektroakustik*. Fachverlag Schiele und Schön, Berlin, 2. Auflage, 1959.

[23] W. Reichardt. *Grundlagen der Elektroakustik*. Akademische Verlagsgesellschaft Geest und Portig, Leipzig, 3. Auflage, 1960.

[24] W. Hähnle. Die Darstellung elektromechanischer Gebilde durch rein elektrische Schaltbilder. *Veröffentlichungen aus dem Siemens-Konzern*, XI(1):1 – 23, 1931.

[25] K. Klotter. Die Analogien zwischen elektrischen und mechanischen Schwingorn. *Ingenieur Archiv*, 18(5):291, 1950.

[26] F. A. Firestone. A new analogy between mechanical and electrical systems. *Journal of the Acoustical Society of America*, 4(3):249, 1933.

[27] F. A. Firestone. The mobility method of computing the vibration of linear mechanical and acoustical systems: mechanical-electrical analogies. *Journal of Applied Physics*, 9:373, 1938.

[28] S. Paul and R. Paul. *Grundlagen der Elektrotechnik und Elektronik 2*. Springer Vieweg, Berlin, Heidelberg, 2012.

[29] R. G. Ballas, G. Pfeifer, and R. Werthschützky. *Elektromechanische Systeme in Mikrotechnik und Mechatronik*. Springer-Verlag, Berlin, Heidelberg, 2. Auflage, 2009.

[30] W. Heisenberg. Zur Theorie des Ferromagnetismus. *Zeitschrift für Physik*, 49(9–10):619, 1928.

[31] S. Blundell. *Magnetism in Condensed Matter*. Oxford University Press, Oxford, 12. Auflage, 2012.

[32] K. Küpfmüller, W. Mathis, and A. Reibiger. *Theoretische Elektrotechnik*. Springer, Berlin, Heidelberg, 18. Auflage, 2008.

[33] A. Aharoni. *Introduction to the Theory of Ferromagnetism*. Oxford University Press, Oxford, 2. Auflage, 2000.

[34] C. Kittel. *Einführung in die Festkörperphysik*. R. Oldenburg Verlag, München, Wien, 10. Auflage, 1993.

[35] S. Chikazumi. *Physics of Magnetism*. John Wiley and Sons, London, Sydney, 1964.

[36] J. M. D. Coey. *Magnetism and Magnetic Materials*. Cambridge University Press, Cambridge, New York, 2009.

[37] E. M. Purcell. *Berkeley Physik Kurs 2: Elektrizität und Magnetismus*. Vieweg, Braunschweig, Wiesbaden, 4. Auflage, 1989.

[38] W. Nolting. *Quantentheorie des Magnetismus 1*. Vieweg + Teubner Verlag, Wiesbaden, 1986.

[39] B. D. Cullity. *Introduction to Magnetic Materials*. Addison-Wesley Publishing Company, London, Ontario, 1972.

[40] F. Wolny. *Magnetic Properties of Individual Iron Filled Carbon Nanotubes and Their Application as Probes for Magnetic Force Microscopy*. PhD thesis, Technische Universität Dresden, Fakultät Mathematik und Naturwissenschaften, 2011.

[41] E. C. Stoner and E. P. Wohlfarth. Mechanism of magnetic hysteresis in heterogeneous alloys. *IEEE Transactions on Magnetics*, 27(4):3475, 1991.

[42] L. Sun, Y. Hao, C.-L. Chien, and P. C. Searson. Tuning the properties of magnetic nanowires. *IBM Journal of Research and Development*, 49(1):79, 2005.

[43] R. Pulwey. *Magnetkraftmikroskopie an polykristallinen und epitaktischen Nanomagneten*. PhD thesis, Universität Regensburg, Naturwissenschaftliche Fakultät II - Physik, 2007.

[44] J. A. Osborn. Demagnetizing factors of the general ellipsoid. *Physical Review*, 67(11–12):351, 1945.

[45] B. K. Pugh, D. P. Kramer, and C. H. Chen. Demagnetizing factors for various geometries precisely determined using 3-d electromagnetic field simulation. *IEEE Transactions on Magnetics*, 47(10):4100, 2011.

[46] A. Aharoni. Demagnetizing factors for rectangular ferromagnetic prisms. *Journal of Applied Physics*, 83:3432, 1998.

[47] U. Stille. Der Entmagnetisierungsfaktor und Entelektrisierungsfaktor für Rotationsellipsoide. *Archiv für Elektrotechnikk*, 38(3–4):91, 1944.

[48] C. Tannous and J. Gieraltowski. The stoner-wohlfarth model of ferromagnetism. *European Journal of Physics*, 29(3):475, 2008.

[49] A. Aharoni. Magnetization buckling in elongated particles of coated iron oxides. *Journal of Applied Physics*, 63:4605, 1988.

[50] K. Lipert, S. Bahr, F. Wolny, P. Atkinson, U. Weissker, T. Mühl, O. G. Schmidt, B. Büchner, and R. Klingeler. An individual iron nanowire-filled carbon nanotube probed by micro-hall magnetometry. *Applied Physics Letters*, 97:212503, 2010.

[51] S. Philippi. *The Mechanical Response of Individual Ferromagnetic Nanowires in Applied Fields*. PhD thesis, Technische Universität Dresden, Fakultät Mathematik und Naturwissenschaften, 2012.

[52] R. D. Rawlings, Hrsg. *Material Science and Engineering*. EOLSS Publishers, 2. Auflage, 2009.

[53] J.-P. Cleuziou, W. Wernsdorfer, V. Bouchiat, T. Ondarcuhu, and M. Monthioux. Carbon nanotube superconducting quantum interference device. *Nature Nanotechnology*, 1:53, 2006.

[54] J. D. Webster and H. Eren. *Measurement, Instrumentation and Sensors Handbook*. CRC Press, Taylor & Francis Group, Boca Raton, London, New York, 2. Auflage, 2014.

[55] U. Gysin, S. Rast, A. Aste, T. Speliotis, C. Werle, and E. Meyer. Magnetic properties of nanomagnetic and biomagnetic systems analyzed using cantilever magnetometry. *Nanotechnology*, 22(28):285715, 2011.

[56] M. Löhndorf, J. Moreland, P. Kabos, and N. Rizzo. Microcantilever torque magnetometry of thin magnetic films. *Journal of Applied Physics*, 87:5995, 2000.

[57] F. Martín-Hernández, I. M. Bominaar-Silkens, M. J. Dekkers, and J. K. Maan. High-field cantilever magnetometry as a tool for the determination of the magnetocrystalline anisotropy of single crystals. *Tectonophysics*, 418:21, 2005.

[58] T. Höpfl, D. Sander, H. Höche, and J. Kirschner. Ultrahigh vacuum cantilever magnetometry with standard size single crystal substrates. *Review of Scientific Instruments*, 72(2):1495, 2001.

[59] J. G. E. Harris, D. D. Awschalom, F. Matsukura, H. Ohno, K. D. Maranowski, and A. C. Gossard. Integrated micromechanical cantilever magnetometry of $Ga_{1-x}Mn_xAs$. *Applied Physics Letters*, 75(8):1140, 1999.

[60] A. Buchter, J. Nagel, D. Rüeffer, F. Xue, P. D. Weber, O. F. Kieler, T. Weinmann, J. Kohlmann, A. B. Zorin, E. Russo-Averchi, R. Huber, P. Berberich, A. Fontcuberta i Morral, M. Kemmler, R. Kleiner, D. Koelle, D. Grundler, and M. Poggio. Reversal mechanism of an individual Ni nanotube simultaneously studied by torque and SQUID magnetometry. *Physical Review Letters*, 111(6):067202, 2013.

[61] D. P. Weber, D. Rüffer, A. Buchter, F. Xue, E. Russo-Averchi, R. Huber, P. Berberich, J. Arbiol, A. Fontcuberta i Morral, D. Grundler, and M. Poggio. Cantilever magnetometry of individual Ni nanotubes. *Nano Letters*, 12(12):6139, 2012.

[62] G. Tosolini, Michalik. J. M., R. Córdoba, J. M. de Teresa, F. Pérez-Murano, and J. Bausells. Magnetic properties of cobalt microwires measured by piezoresistive cantilever magnetometry. *Nanofabrication*, 1(1):80, 2014.

[63] P. Banerjee, F. Wolny, D. V. Pelekhov, M. R. Herman, K. C. Fong, U. Weissker, T. Mühl, Yu. Obukhov, A. Leonhardt, B. Büchner, and C. Hammel. Magnetization reversal in an individual 25 nm iron-filled carbon nanotube. *Applied Physics Letters*, 96:252505, 2010.

[64] J. W. van Honschoten, W. W. Koelmans, S. M. Koning, L. Abelmann, and M. Elwenspoek. Nanotesla torque magnetometry using a microcantilever. In *Proceedings of Eurosensors XXII, the European Conference on Solid-State Transducers*, page 597, Germany, 2008.

[65] J. Jang, R. Budakian, and Y. Maeno. Phase-locked cantilever magnetometry. *Applied Physics Letters*, 98:132510, 2011.

[66] J. Brugger, M. Despont, C. Rossel, H. Rothuizen, P. Vettinger, and M. Willemin. Microfabricated ultrasensitive piezoresistive cantilevers for torque magnetometry. *Sensors and Actuators*, 73:235, 1999.

[67] H. Lavenant, V. Naletov, O. Klein, G. de Loubens, L. Casado, and J. M. De Teresa. Mechanical magnetometry of cobalt nanospheres deposited by focused electron beam at the tip of ultra-soft cantilevers. *Nanofabrication*, 1(1):65, 2014.

[68] I. N. Bronstein, K. A. Semendjajew, G. Musiol, and H. Mühlig. *Taschenbuch der Mathematik*. Verlag Harri Deutsch, Frankfurt, 6. Auflage, 2005.

[69] H. Lüth, Hrsg. *Solid Surfaces, Interfaces and Thin Films*. Springer, Heidelberg, Dordrecht, 5. Auflage, 2010.

[70] C. Schwarz. *Mechanische Verlustmessungen an Materialien für die Präzisionsmesstechnik*. PhD thesis, Friedrich-Schiller Universität Jena, Physikalisch-Astronomische Fakultät, 2012.

[71] U. Gysin, S. Rast, P. Ruff, E. Meyer, D. W. Lee, P. Vettinger, and C. Gerber. Temperature dependence of the force sensitivity of silicon cantilevers. *Physical Review B*, 69(4):45403, 2004.

[72] T. R. Albrecht, P. Grütter, D. Horne, and D. Rugar. Frequency modulation detection using high-Q cantilevers for enhanced force microscope sensitivity. *Journal of Applied Physics*, 69(2):668, 1991.

[73] T. D. Stowe, K. Yasumura, T. W. Kenny, D. Botkin, K. Wago, and D. Rugar. Attonewton force detection using ultrathin silicon cantilevers. *Applied Physics Letters*, 71(2):288, 1997.

[74] D.-W. Lee, J.-H. Kang, U. Gysin, S. Rast, E. Meyer, M. Despont, and C. Gerber. Fabrication and evaluation of single-crystal silicon cantilevers with ultra-low spring constants. *Journal of Micromechanics and Microengineering*, 15(11):2179, 2005.

[75] H.-J. Butt and M. Jaschke. Calculation of thermal noise in atomic force microscopy. *Nanotechnology*, 6(1):1, 1995.

[76] F. J. Giessibl, F. Pielmeier, T. Eguchi, T. An, and Y. Hasegawa. Comparison of force sensors for atomic force microscopy based on quartz tuning forks and length-extensional resonators. *Physical Review B*, 84(12):125409, 2011.

[77] Y. Martin, C. C. Williams, and H. K. Wickramasinghe. Atomic force microscope-force mapping and profiling on a sub 100-A scale. *Journal of Applied Physics*, 61:4723, 1987.

[78] Y. M. Blanter and M. Büttiker. Shot noise in mesoscopic conductors. *Physics Reports*, 336(1-2):1, 2000.

[79] D. Gross, W. Ehlers, P. Wriggers, J. Schröder, and R. Müller. *Formeln und Aufgaben zur Technischen Mechanik 1 - Statik*. Springer, Heidelberg, Dodrecht, 10. Auflage, 2011.

[80] S. Philippi, U. Weissker, T. Mühl, A. Loonhardt, and B. Büchner. Room temperature magnetometry of an individual iron filled carbon nanotube acting as nanocantilever. *Journal of Applied Physics*, 110(8):084319, 2011.

[81] D. C. Joy and J. B. Pawley. High-resolution scanning electron microscopy. *Ultramicroscopy*, 47(1-3):80, 1992.

[82] W. Zhou and Z. L. Wang, Hrsg. *Scanning Electron Microscopy for Nanotechnology: Techniques and Applications*. Springer, New York, 2006.

[83] J. Goldstein, D.E. Newbury, P. Echlin, D.C. Joy, A.D. Romig, C.E. Lyman, C. Fiori, and E. Lifshin. *Scanning Electron Microscopy and X-Ray Microanalysis*. Plenum Press, London, New York, 2. Auflage, 1992.

[84] P. F. Schmidt, L. J. Balk, R. Balschke, W. Bröcker, E. Demm, L. Engel, R. Göcke, H. Hantsche, R. Hauert, E.R. Krefting, Th. Müller, H. Raith, M. Roth, and J. Woodtli. *Praxis der Raserelektronenmikroskopie und Mikrobereichsanalyse*. expert, Renningen-Malmsheim, 1994.

[85] T. E. Everhart and R. F. M. Thornley. Wide-band detector for micro-microampere low-energy electron currents. *Journal of Scientific Instruments*, 37(7):246, 1960.

[86] K. Furuya. Nanofabrication by advanced electron microscopy using intense and focused beam. *Science and Technology of Advanced Materials*, 9(1):014110, 2008.

[87] M. Song and K. Furuya. Fabrication and characterization of nanostructures on insulator substrates by electron-beam-induced deposition. *Science and Technology of Advanced Materials*, 9(2):023002, 2008.

[88] L. A. Giannuzzi and F. A. Stevie. A review of focused ion beam milling techniques for tem specimen preparation. *Micron*, 30(3):197, 1999.

[89] S. Matsui, T. Kaito, J. Fujita, M. Komuro, K. Kanda, and Y. Haruyama. Three-dimensional nanostructure fabrication by focused-ion-beam chemical vapor deposition. *Journal of Vacuum Science and Technology B*, 18(6):3181, 2000.

[90] Angaben aus dem Gerätetestbericht aus dem Jahr 2011. Persönliches Gespräch mit Tina Sturm am 19.10.2015.

[91] L. Brand, M. Gierlings, A. Hoffknecht, V. Wagner, and A. Zweck. Kohlenstoff-Nanoröhren: Potenziale einer neuen Materialklasse für Deutschland. *Zukünftige Technologien Consulting der VDI Technologiezentrum GmbH*, 2009.

[92] V. Derycke, R. Martel, J. Appenzeller, and P. Avouris. Carbon nanotube inter- and intramolecular logic gates. *Nano Letters*, 1(9):453, 2001.

[93] D. J. Riley, M. Mann, D. A. MacLaren, P. C. Dastoor, and W. Allison. Helium detection via field ionization from carbon nanotubes. *Nano Letters*, 3(10):1455, 2003.

[94] P. Pötschke, T. D. Fornes, and D. R. Paul. Rheological behavior of multiwalled carbon nanotube/polycarbonate composites. *Polymer*, 43(11):3247, 2002.

[95] D. Pantarotto, C. D. Partidos, J. Hoebeke, F. Brown, E. Kramer, J. P. Birand, S. Muller, M. Prato, and A. Bianco. Immunization with peptide-functionalized carbon nanotubes enhances virus-specific neutralizing antibody responses. *Chemistry and Biology*, 10(10):961, 2003.

[96] J. N. Dastegerdi, G. Marquis, and M. Salimi. The effect of nanotubes waviness on mechanical properties of CNT/SMP composites. *Composites Science and Technology*, 86:164, 2013.

[97] F Wolny, T Mühl, U Weissker, K Lipert, J Schumann, A Leonhardt, and B Büchner. Iron filled carbon nanotubes as novel monopole-like sensors for quantitative magnetic force microscopy. *Nanotechnology*, 21(43):435501, 2010.

[98] X. Hou and K.-L. Choy. Processing and applications of aerosol-assisted chemical vapor deposition. *Chemical Vapor Deposition*, 12(10):583, 2006.

[99] A. Leonhardt, S. Hampel, C. Müller, I. Mönch, R. Koseva, M. Ritschel, D. Elefant, K. Biedermann, and B. Büchner. Synthesis, properties, and applications of ferromagnetic-filled carbon nanotubes. *Chemical Vapor Deposition*, 12(6):380, 2006.

[100] A. D. McNaught and A. Wilkinson, Hrsg. *IUPAC. Compendium of Chemical Terminology*. Blackwell Scientific Publications, Oxford, 2. Auflage, 1997.

[101] A. Leonhardt, M. Ritschel, R. Kozhuharova, A. Graff, T. Mühl, R. Huhle, I. Mönch, D. Elefant, and C. M. Schneider. Synthesis and properties of filled carbon nanotubes. *Diamond and Related Materials*, 12(3):790, 2003.

[102] C. Müller, D. Golberg, A. Leonhardt, S. Hampel, and B. Büchner. Growth studies, TEM and XRD investigations of iron-filled carbon nanotubes. *Physica Status Solidi (a)*, 203(6):1064, 2006.

[103] U. Weissker. *Synthesis and Mechanical Properties of Iron-Filled Carbon Nanotubes*. PhD thesis, Technische Universität Dresden, Fakultät Mathematik und Naturwissenschaften, 2013.

[104] A. Krüger, Hrsg. *Carbon Materials and Nanotechnology*. Wiley-VCH Verlag, Weinheim, 2010.

[105] Informationen zur Software *Nanotube Modeler*. Heruntergeladen Oktober 2015 von *http://www.jcrystal.com/products/wincnt/index.htm*.

[106] E. W. Wong, P. E. Sheehan, and C. M. Lieber. Nanobeam mechanics: Elasticity, strength, and toughness of nanorods and nanotubes. *Science*, 277(5334):1971, 1997.

[107] N. J. Ginga, W. Chen, and S. K. Sitaraman. Waviness reduces effective modulus of carbon nanotube forests by several orders of magnitude. *Carbon*, 66:57, 2014.

[108] M. U. Lutz, U. Weissker, F. Wolny, C. Müller, M. Löffler, T. Mühl, A. Leonhardt, B. Büchner, and R. Klingeler. Magnetic properties of α-Fe and Fe_3C nanowires. *Journal of Physics: Conference Series*, 200(7):072062, 2010.

[109] H. Kronmüller and D. Goll. Micromagnetic theory of the pinning of domain walls at phase boundaries. *Physica B: Codensed Matter*, 319(1-4):122, 2002.

[110] A. Aharoni. Magnetization curling. *Physica Status Solidi (b)*, 16(1):3, 2002.

[111] Persönliches Gespräch mit Robert Fuge am 21.10.2015.

[112] H. F. Bettinger. The reactivity of defects at the sidewalls of single-walled carbon nanotubes: The Stone-Wales defect. *Journal of Physical Chemistry B*, 109(15):6922, 2005.

[113] S. Paunikar and S. Kumar. Effect of CNT waviness on the effective mechanical properties of long and short CNT reinforced composites. *Computational Materials Science*, 95:21, 2014.

[114] J. M. Nichol, E. R. Hemesath, L. J. Lauhon, and R. Budakian. Displacement detection of silicon nanowires by polarization-enhanced fiber-optic interferometry. *Applied Physics Letters*, 93(19):193110, 2008.

[115] T. Kouh, D. Karabacak, D. H. Kim, and K. L. Ekinci. Diffraction effects in optical interferometric displacement detection in nanoelectromechanical systems. *Applied Physics Letters*, 86:013106, 2005.

[116] J. K. Vandiver and S. Mitome. Method and apparatus for absorbing dynamic forces on structures. Patent US 4226554, 1980.

[117] H. Frahm. Device for damping vibrations of bodies. Patent US 989958, 1911.

[118] M. Cavacece and L. Vita. Optimal cantilever dynamic vibration absorbers by Timoshenko beam theory. *Shock and Vibration*, 11(3-4):199, 2002.

[119] R. Viguié and G. Kerschen. Nonlinear vibration absorber coupled to a nonlinear primary system: A tuning methology. *Journal of Sound and Vibration*, 326:780, 2009.

[120] M. Spletzer, A. Raman, A. Q. Wu, X. Xu, and R. Reifenberger. Ultrasensitive mass sensing using mode localization in coupled microcantilevers. *Applied Physics Letters*, 88(25):254102, 2006.

[121] B. E. DeMartini, J. F. Rhoads, S. W. Shaw, and K. L. Turner. A single input-single output mass sensor based on a coupled array of microresonators. *Sensors and Actuators A*, 137:147, 2007.

[122] S. D. Solares and G. Chawla. Dual frequency modulation with two cantilevers in series: a possible means to rapidly acquire tip-sample interaction force curves with dynamic afm. *Measurement Science and Technology*, 19(5):055502, 2008.

[123] S.-B. Shim, M. Imboden, and P. Mohanty. Synchronized oscillation in coupled nanomechanical oscillators. *Science*, 316(5821):95, 2007.

[124] T. Ono, K. Tanno, and Y. Kawai. Synchronized micromechanical resonators with a non-linear coupling element. *Journal of Micromechanics and Microengineering*, 24(2):025012, 2014.

[125] X. Li, T. Ono, R. Lin, and M. Esashi. Resonance enhancement of micromachined resonators with strong mechanical-coupling between two degrees of freedom. *Microelectronic Engineering*, 65(1-2):1, 2003.

[126] T. S. Biswas, J. Xu, X. Rojas, C. Doolin, A. Suhel, K. S. D. Beach, and J. P. Davis. Remote sensing in hybridized arrays of nanostrings. *Nano Letters*, 14(5):2541, 2014.

[127] G. Uma, M. Umapathy, and S. Meenatchisundaram. Dynamic simulation of microresonator-based differential pressure sensor. In *Proceedings of SPIE*, volume 6528, page 65281G, 2007.

[128] F. Torres, G. Abadal, J. Arcamone, J. Teva, J. Verd, A. Uranga, J. Ll. López, X. Borrisé, F. Pérez-Murano, and N. Barniol. Coupling resonant micro and nanocantilevers to improve mass responsivity by detectability product. In *Processdings of the 14th International Conference on Solid-State Sensors, Actuators and Microsystems (Transducers 2007)*, page 237, 2007.

[129] G. Vidal-Álvarez, J. Agustí, F. Torres, G. Abadal, N. Barniol, J. Llobert, M. Sansa, M. Fernández-Regúlez, F. Pérez-Murano, A. San Paulo, and O. Gottlieb. Top-down silicon microcantilever with coupled bottom-up silicon nanowire for enhanced mass resolution. *Nanotechnology*, 26(14):145502, 2015.

[130] E. Gil-Santos, D. Ramos, A. Jana, M. Calleja, A. Raman, and J. Tamayo. Mass sensing based on deterministic and stochastic responses of elastically coupled nanocantilevers. *Nano Letters*, 9(12):4122, 2009.

[131] D.F. Wang, T. Itoh, T. Ikehara, and R. Maeda. Doubling flexural frequency response using synchronized oscillation in a micormechanically coupled oscillator system. *Micro & Nano Letters*, 7(8):771, 2012.

[132] T. Ono, D. F. Wang, and M. Esashi. Mass sensing with resonating ultrathin double beams. In *Proceedings of IEEE Sensors 2003*, volume 2, page 825, 2003.

[133] D. F. Wang, T. Ikehara, M. Nakajima, and R. Maeda. Characterisation of micromechanically coupled U-shaped cantilever-based oscillators with and without micromechanical elements for synchronised oscillation-based applications. *Micro & Nano Letters*, 7(2):188, 2012.

[134] E. Gil-Santos, D. Ramos, J. Martinez, M. Fernandez-Regulez, R. Garcia, A. San Paulo, M. Calleja, and J. Tamayo. Nanomechanical mass sensing and stiffness spectrometry based on two-dimensional vibrations of resonant nanowires. *Nature Nanotechnology*, 5:641, 2010.

[135] K. Moran, B. E. DeMartini, K. L. Turner, and K. J. Astrom. Frequency resolution of a multi degree of freedom resonator. In *Proceedings of IEEE Sensors 2009*, page 865, 2009.

[136] R. C. Dorf and J. A. Svoboda. *Introduction to electric circuits*. John Wiley and Sons, New York, 8. Auflage, 2010.

[137] Y. S. Joe, A. M. Satanin, and C. S. Kim. Classical analogy of Fano resonances. *Physica Scripta*, 74(2):259–266, 2006.

[138] F. Axisa. *Modelling of Mechanical Systems - Discrete Systems*. Kogan Page Science, London, 2. Auflage, 2004.

[139] S. Belbasi, M. E. Foulaadvand, and Y. S. Joe. Anti-resonance in a one-dimensional chain of driven coupled oscillators. *American Journal of Physics*, 82(1):32–38, 2014.

[140] L. Novotny. Strong coupling, energy splitting, and level crossings: A classical perspective. *American Journal of Physics*, 78(11):1199, 2010.

[141] J. R. Rubbmark, M. M. Kash, M. G. Littman, and D. Kleppner. Dynamical effects at avoided level crossings: A study of the Landau-Zener effect using Rydberg atoms. *Physical Review A*, 23(6):3107, 1981.

[142] W. Weißgerber. *Elektrotechnik für Ingenieure - Formelsammlung*. Vieweg + Teubner, Wiesbaden, 3. Auflage, 2009.

[143] B. Bhushan, Hrsg. *Springer Handbook of Nanotechnology*. Springer, London, New York, 3. Auflage, 2010.

[144] J. Körner, C. F. Reiche, B. Büchner, G. Gerlach, and T. Mühl. Signal enhancement in cantilever magnetometry based on a co-resonantly coupled sensor. *in preparation*, 2015.

[145] J. E. Sader, J. A. Sanelli, B. D. Adamson, J. P. Monty, X. Wei, S. A. Crawford, J. R. Friend, I. Marusic, P. Mulvaney, and E. J. Bieske. Spring constant calibration of atomic force microscope cantilevers of arbitrary shape. *Review of Scientific Instruments*, 83(10):103705, 2012.

[146] J. P. Cleveland, S. Manne, D. Bocek, and P. K. Hansma. A nondestructive method for determining the spring constant of cantilevers for scanning force microscopy. *Review of Scientific Instruments*, 64(2):403–405, 1993.

[147] E. Meyer, H. J. Hug, and R. Bennewitz. *Scanning Probe Micorscopy*. Springer-Verlag, Berlin, Heidelberg, 2004.

[148] E. Majorana and Y. Ogawa. Mechanical thermal noise in coupled oscillators. *Physics Letters A*, 233(3):162, 199.

[149] P. R. Saulson. Thermal noise in mechanical experiments. *Physical Review D*, 42(8):2437, 1990.

[150] Informationen zum Funktionsgenerator Rigol DG1032Z. Heruntergeladen Januar 2016 von *http://www.rigolna.com/products/waveform-generators/dg1000z/dg1032z/*.

[151] H. Schubert and M. Regier, Hrsg. *The microwave processing of foods*. Woodhead Publishing, Cambridge, 2005.

[152] K. J. Jensen. *Nanomechanics of Carbon Nanotubes*. PhD thesis, Massachusetts Institute of Technology, 2003.

[153] Informationen zu den verwendeten Cantilevern. Heruntergeladen Januar 2016 von *http://www.nanosensors.com/Tipless-Contact-Mode-afm-tip-TL-CONT*.

[154] L. Pastewka, R. Salzer, A. Graff, F. Altmann, and M. Moseler. Surface amorphization, sputter rate, and intrinsic stresses of silicon during low energy Ga+ focused-ion beam milling. *Nuclear Instruments and Methods in Physics Research B*, 267(18):3072, 2009.

[155] K. Y. Yasumura, T. D. Stowe, E. M. Chow, T. Pfafman, T. W. Kenny, B. C. Stipe, and D. Rugar. Quality factors in micron- and submicron-thick cantilevers. *Journal of Microelectromechanical Systems*, 9(1):117, 2000.

[156] X. Li, T. Ono, Y. Wang, and M. Esashi. Ultrathin single-crystalline-silicon cantilever resonators: Fabrication technology and significant specimen size effect on Young's modulus. *Applied Physics Letters*, 83(15):3081, 2003.

[157] Datenblatt für die verwendeten NdFeB Magnete (grade 48). Heruntergeladen Februar 2015 von *http://www.mtsmagnete.de/*.

[158] Informationen zur Simulationssoftware Finite Element Method Magnetics. Heruntergeladen Juni 2015 von *http://www.femm.info/wiki/HomePage*.

[159] K. R. Lang. *The Cambridge Guide to the Solar System*. Cambridge University Press, Cambridge, New York, 2003.

[160] Dichte von Siliziumcantilevern nach Angaben des Herstellers. Heruntergeladen Februar 2016 von *http://www.nanoandmore.com/afm-cantilevers.php*.

[161] S. Vock, F. Wolny, T. Muhl, R. Kaltofen, L. Schultz, B. Büchner, C. Hassel, J. Lindner, and V. Neu. Monopolelike probes for quantitative magnetic force microscopy: Calibration and application. *Applied Physics Letters*, 97(25):252505, 2010.

[162] T. Graf, C. Felser, and S. S. P. Parkin. Simple rules for the understanding of Heusler compounds. *Progress in Solid State Chemistry*, 39(1):1, 2011.

[163] C. Felser, L. Wollmann, S. Chadov, G. H. Fecher, and S. S. P. Parkin. Basics and prospectives of magnetic Heusler compounds. *APL Materials*, 3(4):041518, 2015.

[164] C. H. Wang, Y. Z. Guo, F. Casper, B. Balke, G. H. Fecher, C. Felser, and Y. Hwu. Size correlated long and short range order of ternary Co_2FeGa Heusler nanoparticles. *Applied Physics Letters*, 97:103106, 2010.

[165] M. Gellesch, M. Dimitrakopoulou, M. Scholz, C. G. F. Blum, M. Schulze, J. van de Brink, S. Hampel, S. Wurmehl, and B. Büchner. Facile nanotube-assisted synthesis of ternary intermetallic nanocrystals of the ferromagnetic Heusler phase Co_2FeGa. *Crystal Growth and Design*, 13(7):2707, 2013.

[166] L. Basit, C. Wang, C. A. Jenkins, B. Balke, V. Ksenofontov, G. H. Fecher, C. Felser, E. Mugnaioli, U. Kolb, S. A. Nepijko, G. Schönhense, and M. Klimenkov. Heusler compounds as ternary intermetallic nanoparticles: Co_2FeGa. *Journal of Physics D: Applied Physics*, 42:084018, 2009.

[167] K. Lipert, F. Kretzschmar, M. Ritschel, A. Leonhardt, R. Klingeler, and B. Büchner. Nonmagnetic carbon nanotubes. *Journal of Applied Physics*, 105:063906, 2009.

[168] A. A. Popov, S. Yang, and L. Dunsch. Endohedral fullerenes. *Chemical Reviews*, 113(8):5989, 2013.

[169] B. Náfrádi, Á. Antal, Á. Pásztor, L. Forró, L. F. Kiss, T. Fehér, É. Kováts, S. Pekker, and A. Jánossy. Molecular and spin dynamics in the paramagnetic endohedral fullerene Gd_3NC_{80}. *Journal of Physical Chemistry Letters*, 3(22):3191, 2012.

[170] Y. Zhang, A. A. Popov, S. Schiemenz, and L. Dunsch. Synthesis, isolation, and spectroscopic characterization of holmium-based mixed-metal nitride clusterfullerenes: $Ho_xSc_{3-x}NC_{80}$ (x=1,2). *Chemistriy - A European Journal*, 18(31):9691, 2012.

[171] Persönliches Gespräch mit Robert Fuge am 03.12.2015.

Danksagung

An erster Stelle gilt mein Dank meinem Doktorvater Prof. Gerald Gerlach, der mich mit sehr viel Engagement, Geduld und guten Ideen in jeder Hinsicht unterstützt hat und bei Fragen und Problemen stets für ein Gespräch zur Verfügung stand. Ich danke ihm außerdem für die sorgfältige Korrektur und die vielen guten Hinweise, insbesondere bei dieser Arbeit aber auch bei vielen anderen Manuskripten.

Weiterhin gilt mein Dank meinem Betreuer und Gruppenleiter Dr. Thomas Mühl am IFW Dresden, der mit kritischen Anmerkungen und Nachfragen immer versucht hat, alle Ungenauigkeiten und Unsicherheiten aufzudecken und mich so manches Mal zum Nachdenken gebracht hat. Außerdem danke ich ihm für die Bereitschaft, zu jeder Zeit jedes noch so kleine Problem zu diskutieren und neue, auch unkonventionelle Ideen und Fragen aufzuwerfen.

Ich danke Prof. Bernd Büchner für die Möglichkeit, am IFW Dresden meine Dissertation anfertigen zu können und dafür, dass mir neben der Arbeit auch der Besuch von Konferenzen und Workshops ermöglicht wurde.

Besonderer Dank gilt meinem Kollegen Christopher Reiche für die vielen Stunden guter Zusammenarbeit an der FIB und im Büro, das immer offene Ohr für Fragen, Probleme und Diskussionsbedarf jeglicher Art, und nicht zuletzt für das ausdauernde und kritische Korrekturlesen von Paperentwürfen, Konferenzbeiträgen und dieser Arbeit. Außerdem bewundere ich seine Fähigkeiten bei der Mikromanipulation, mit denen er so manches aussichtslos erscheinende Experiment doch noch zum Erfolg führen konnte.

Vielen Dank an Robert Fuge für die Bereitstellung verschiedener Arten von Nanotubes mit Sonderwünschen und die Geduld, mir alles für diese Dissertation Wichtige ausführlich zu erklären.

Mein Dank gilt ebenso Dr. Uhland Weissker für die Herstellung der Probe mit eisengefüllten Kohlenstoffnanoröhren und Dr. Bernd Rellinghaus sowie Dr. Thomas Gemming für den Zugriff auf die FIB-Systeme.

Weiterhin danke ich der gesamten Belegschaft des IFW Dresden, mit der ich während meiner Doktorandenzeit stets gut zusammen arbeiten konnte.

Mein Dank geht ebenso an Sebastian Killge und Lajos Domokos, die nicht nur diese Arbeit Korrektur gelesen, sondern immer an mich geglaubt haben, auch wenn ich selbst an allem zweifelte.

Vielen Dank auch an Prof. Gunther Göbel für das Korrekturlesen der Arbeit, die künstlerische Visualisierung des vorgestellten Sensorkonzeptes und viele interessante Diskussionen.

Bedanken möchte ich mich außerdem bei meiner Familie für die Unterstützung während meiner gesamten Studien- und Promotionszeit.